趣味 Visual FoxPro 程序设计集锦

杨克昌　刘志辉　编著

内 容 提 要

本书以各类趣题的 Visual FoxPro（简称 VFP）程序设计求解为主线，取材注重典型性与趣味性，程序设计注重结构化与可读性。精选的趣解包括典型的数值求解，常见的数据处理，有趣的智力游戏，巧妙的模拟探索，新颖的图表创建。大多趣题是引导入门的基础题、常规题，也适当涉及少量难度较大的综合题与经典名题，难度适宜，深入浅出。

为适应不同基础的读者学习与欣赏，对有些趣题采用多种思路设计与多个程序实现。其中少量难度较大、要求较高的问题，在目录中用“*”标注，可供学习“VFP 程序设计”课程的同学进行课程设计时选用。

本书着眼于应用 VFP 程序设计求解问题的基本方法与技巧，可作为 VFP 程序设计的科普读物与学习 VFP 程序设计的教学参考书，以期提高通过 VFP 程序设计解决实际问题的能力。

本书适合普通高校本专科学生、职业技术学院学生与程序设计爱好者学习 VFP 程序设计时参考，也可供参加各级程序设计选拔赛、计算机等级考试与计算机程序员水平考试参考，还可供中学信息学（计算机）奥林匹克指导与 IOI，NOI 培训选用。

图书在版编目（CIP）数据

趣味Visual FoxPro程序设计集锦 / 杨克昌，刘志辉编著. -- 北京 : 中国水利水电出版社，2010.1
ISBN 978-7-5084-6985-0

Ⅰ. ①趣… Ⅱ. ①杨… ②刘… Ⅲ. ①关系数据库—数据库管理系统，Visual FoxPro—程序设计 Ⅳ. ①TP311.138

中国版本图书馆CIP数据核字(2009)第209132号

策划编辑：杨庆川　　**责任编辑：李　炎**　　**封面设计：李　佳**

书　　名	**趣味 Visual FoxPro 程序设计集锦**
作　　者	杨克昌　刘志辉　编著
出版发行	中国水利水电出版社 （北京市海淀区玉渊潭南路 1 号 D 座　100038） 网址：www.waterpub.com.cn E-mail：mchannel@263.net（万水） sales@waterpub.com.cn 电话：（010）68367658（营销中心）、82562819（万水）
经　　售	全国各地新华书店和相关出版物销售网点
排　　版	北京万水电子信息有限公司
印　　刷	北京市天竺颖华印刷厂
规　　格	170mm×237mm　16 开本　22 印张　451 千字
版　　次	2010 年 1 月第 1 版　2010 年 1 月第 1 次印刷
印　　数	0001—3000 册
定　　价	**35.00 元**

前　言

从当前高校各专业计算机语言课程的系统开设，到中小学信息技术（计算机）课的相继开出，推动了计算机文化在神州大地的广泛普及。为顺应信息技术迅猛发展与计算机教育不断深入的潮流，帮助包括大中专在校学生在内的广大青少年逐步掌握计算机程序设计的设计思路与基本技能，在程序设计中开拓求解思路，解决实际问题，培养创新意识，激发提出问题与应用程序设计解决问题的欲望与兴趣，不断提高程序设计水平与应用求解能力，是我们计算机教育工作者义不容辞的职责。

当前，大专院校理工科专业一般学习 C（C++）语言程序设计，而文科专业一般学习 VFP 程序设计。各种面向大专院校的程序设计教材繁杂而重复，而配合程序设计教学的参考书与课外读物却是凤毛麟角。鉴于此，特推出计算机程序设计科普读物《趣味 C 程序设计集锦》与《趣味 Visual FoxPro 程序设计集锦》，以期推动广大本专科学生与程序设计爱好者学习程序设计的不断深入，促进程序设计水平与应用求解能力的逐步提高。

学习计算机语言的目的是什么？当然是程序设计！那么，程序设计的目的又是什么？毫无疑义，程序设计的目的是求解问题，求解靠人工计算或推理一时无从下手的各类实际应用问题。你应用程序设计解决的问题越多、越普遍、越深刻，你的程序设计成绩就越大，你的程序设计能力就越强。而应用程序设计求解各类实际应用问题，恰恰是现今大多数程序设计教材所忽略的环节，也是造成广大在校学生学习程序设计语言缺乏兴趣的直接原因。

本书以各类中外趣味问题的程序设计求解为主线，取材注重趣味性与典型性，题型丰富多彩，内容新颖丰富。精选程序设计趣味问题，包括各类整数求解，数据处理，智力游戏，模拟探索，图表创建，大多是引导入门的基础题与常规题，也适当涉及少量难度较大的综合题与经典名题，难度适宜，深入浅出。书中部分选题取自国际国内信息学（计算机）奥林匹克与各类程序设计竞赛，同时参考了网上读者集中探讨的程序设计热点问题，有利于高校学生与程序设计爱好者在计算机实例求解上开阔视野，在程序设计思路开拓与应用技巧上有一个深层次的练习与提高。部分难度较大、要求较高的问题在目录中用“*”标注，可供在校学生进行课程设计时选用。

本书力求突出以下四个特色：

突出求解**问题生动有趣**。选取的程序设计趣题应为程序设计爱好者所喜爱。这些趣题通常是著名的中外名题，或应用常规的推理与人工计算难以解决的问题，以充分体现程序设计求解的优势。为了避免一味拔高而降低趣味性，删除了若干枯燥难懂、学术性较强的问题。

注重求解**程序简单易懂**。题解程序选用广大青少年与在校本专科学生正在学习的、使用率最高的计算机语言编写程序。同时在算法上尽量避免使用学术性强的专业算法。对其中有些典型问题，采用不同设计思路与表现形式设计出不同的求解程序，以适应程序设计基础不同的读者学习与欣赏。

力求问题**结果直观明了**。尽可能给出求解程序的输出结果与运行示例，并作必要的讨论与分析，使读者对问题求解结果一目了然，以帮助读者对所求解问题的清晰理解与对设计程序的深入掌握。

重视**程序变通与问题引伸**。对求解程序进行必要的改进、变通与优化，是促进应用程序设计解决实际问题能力的培养，切实提高程序设计水平的必要手段与有效途径。同时，对有些求解趣题作适当的引伸与拓广，引导有兴趣的爱好者对相关问题作进一步的探索与研究。

本书作为计算机程序设计的教学参考书与科普读物，适合在校本专科学生与广大程序设计爱好者学习参考，也可供各级程序设计选拔赛与国际大学生程序设计竞赛（ACM）、计算机等级考试与计算机程序员水平考试复习使用，也可供中学信息学（计算机）奥林匹克指导与IOI，NOI及各省程序设计竞赛培训参考。

在书稿的编写过程中，湖南理工学院计算机学院院长王岳斌教授、周持中教授以及严权锋、郭华等老师提出了很好的修改意见，笔者在此深表感谢！

尽管每一道题解都经反复检查，每一个程序都经多次运行调试，因涉及内容较广，难免存在各种差错，恳请读者指正。

杨克昌　刘志辉

2009年10月

目　录

前言

一、奥运奖牌榜——数据表的处理范例 1

1 数据表记录、字段顺序调整 1

2 含个人所得税的工资表处理 4

3 奥运奖牌榜 6

4 大奖赛现场统分 9

二、舍罕王的失算——不可忽视的和与积 12

5 舍罕王的失算 12

6 分数不等式 14

7 阶乘与阶乘和数 16

8 综合高精度计算 19

9 图形点扫描 22

三、勾股数——古老文明的精华 25

10 最大公约数与最小公倍数 25

11 水仙花数 28

12 勾股数 31

13 完全数 35

14 相亲数 39

15 守形数 41

四、素数——上帝用来描写宇宙的文字 45

16 素数 45

17 乌兰现象 48

18 孪生素数 51

19 梅森尼数 53

20 金蝉素数 55

21 素数多项式 57

22 等差素数列 60

23 验证歌德巴赫猜想 62

24 合数世纪探求 63

五、桥本分数式——优美的智慧 67

25 逆序乘积式 67

26 巧妙的三组平方 71
27 完美和式 74
28 完美乘积式 77
29 完美综合运算式 80
30 桥本分数式 83
31 埃及分数式 87
六、斐波那契序列——递推的学问 92
32 分数数列 92
33 斐波那契序列与卢卡斯序列 95
34 幂序列 99
35 双关系递推数列 103
36 基于 2x+3y 的递推数列 105
37 汉诺塔问题 107
38 猴子吃桃 110
39 猴子爬山 112
40 购票排队 115
*41 神秘的数组 116
七、韩信点兵——远古的神机妙算 123
42 破解数字魔术 123
43 鸡兔同笼与羊犬鸡兔问题 124
44 百鸡问题 127
45 韩信点兵 129
46 整币兑零 131
*47 解佩尔方程 134
八、泊松分酒——奇妙的分解 140
48 分解质因数 140
49 积最大的整数分解 143
50 整数的分划 145
*51 泊松分酒 148
*52 西瓜分堆 153
*53 水手分椰子 160
九、角谷猜想——精巧的转化 166
54 分数化小数 166
55 金额大写转化 168
56 数制转换 169

57 角谷猜想 172
58 黑洞数 495 与 6174 174
59 回文数 178
十、幻方——古今中外的数阵奇葩 183
60 杨辉三角 183
61 数字三角形 185
62 折叠方阵与旋转方阵 190
*63 幻方 195
*64 三阶素数幻方 202
十一、插入乘号——决策的最优化 206
65 数列最优压缩 206
*66 最长公共子串与子序列 207
67 删除中的最值问题 212
68 古尺神奇 215
69 数码珠串 219
*70 数阵中的最优路径 223
*71 插入乘号问题 228
72 智能甲虫的安全点 233
73 点的覆盖圆 236
十二、尾数前移——运算模拟的典范 239
74 均位奇观探索 239
75 多少个 1 能被 2009 整除 241
76 01 串积问题 244
77 连写数整除问题 247
78 尾数前移问题 251
*79 求圆周率 π 到 n 位 253
十三、外索夫游戏——博弈策略的秘诀 257
80 围圈循环报数 257
*81 围圈中的无忧位与绝望位 258
82 列队顺逆报数 262
83 洗牌复原 264
84 翻币倒面 267
85 黑白棋子移动 269
86 外索夫游戏 271
十四、多格式万年历——变幻多姿的图表 276

87 新颖的 p 进制乘法表 276
88 多格式万年历 280
89 金字塔图案 283
90 带中空金字塔 286
91 菱形与灯笼图案 289
92 函数 y=sin(x)/x 图形 297
十五、高斯八皇后——排列组合的精彩 299
93 排列中的平方数 299
94 实现 A(n, m)与若干复杂排列 302
95 实现 C(n, m)与允许重复组合 309
96 高斯八后问题 312
*97 皇后控制棋盘问题 316
*98 伯努利装错信封问题 323
*99 别出心裁的情侣拍照 327
*100 德布鲁金环序列 329
附录 335
附录 A VFP 语法提要 335
附录 B VFP 常用函数 338
参考文献 343

一、奥运奖牌榜——数据表的处理范例

1 数据表记录、字段顺序调整

1. 问题提出

VFP 操作命令与系统函数非常丰富，但没有任意调整表中记录物理顺序的命令，也没有简单调整字段顺序的函数。为操作方便，试设计交换数据表中两指定记录的位置、交换表中两指定字段位置的自定义函数。多次交换即可完成任意顺序的调整。

2. 交换数据表中两指定记录位置函数设计

（1）设计思路

在 VFP 系统中可通过排序改变记录的物理顺序，也可通过索引改变记录的逻辑顺序。如果我们要交换已有数据表中两指定记录（例如第 m 条记录与第 n 条记录）的位置，需要定义数组，通过数据从当前记录传送到数组命令 scatter 与从数组覆盖当前记录的命令 gather 来完成交换。

（2）自定义函数（swr.prg）设计

```
*  交换两指定记录位置 f011
function swr
parameters  m,n
t=reccount()                    && t 为表的记录数
if m>t or n>t
   ?［参数超界！］
   return
endif
k=fcount()                      && k 为表的字段数
dimension szm(k),szn(k)         && 定义用于交换的两个数组
? ″   原表为：″
list off
go m
scatter to szm  memo            &&  第 m 条记录到 szm 数组
go n
scatter to szn  memo            &&  第 n 条记录到 szn 数组
```

```
go m
gather from szn  memo         &&  szn 数组覆盖当前记录
go n
gather from szm  memo         &&  szm 数组覆盖当前记录
? "   交换指定记录位置后表为："
list off                      &&  显示交换后的表记录
return
```

（3）调用函数 swr()交换记录示例

对已打开的"工资表"，在命令窗口输入命令：swr(2,4)

原表为：

姓名	基本工资	津贴	保险	所得税	实发
张山	3521.00	4213.00	165.40	771.80	6796.80
李大明	4831.00	3118.00	188.80	814.80	6945.40
杨义	4682.00	2131.00	276.50	596.95	5939.55
王天际	2361.00	4245.00	132.60	565.90	5907.50
刘小娟	3500.00	3230.00	156.00	584.50	5989.50

交换指定记录位置后表为：

姓名	基本工资	津贴	保险	所得税	实发
张山	3521.00	4213.00	165.40	771.80	6796.80
王天际	2361.00	4245.00	132.60	565.90	5907.50
杨义	4682.00	2131.00	276.50	596.95	5939.55
李大明	4831.00	3118.00	188.80	814.80	6945.40
刘小娟	3500.00	3230.00	156.00	584.50	5989.50

表中的第 2，4 两条记录位置已完成交换，表中的所有数据没有改变。

3. 交换数据表中两指定字段位置函数设计

（1）设计思路

要交换已打开的数据表中两指定字段（例如第 m 个字段与第 n 个字段）的位置，可应用数据表的复制命令，把交换后的字段顺序分段组织成一个字符串 fz，作为数据表复制命令中 field 子句的内容。

（2）自定义函数（swf.prg）设计

```
* 交换两指定字段位置  f012
function swf
parameters  m,n
if m>n                    &&  确保前一个参数小于后一个
   x=m
   m=n
   n=x
endif
k=fcount()                &&  k 为当前表的字段数
if n>k
```

```
  ? [   参数太大,超过表的字段数!]
  return
endif
? "   原表为:"
list off
fz=[]                          && 以下分段组织字符串 fz
for j=1 to  m-1
   fz=fz+field(j)+[,]
endfor
fz=fz+field(n)+[,]             && 实施第 m,n 个字段互换
for j=m+1 to  n-1
   fz=fz+field(j)+[,]
endfor
fz=fz+field(m)+[,]
for j=n+1 to  k-1
   fz=fz+field(j)+[,]
endfor
fz=fz+field(k)
copy to newf field &fz        && 交换后的表为 newf.dbf
use newf
? "   交换指定字段位置后表为:"
list  off
return
```

（3）调用函数 swf()交换字段示例

例如，对已打开的工资表，输入命令 swf(4,5)，得

原表为：

姓名	基本工资	津贴	所得税	保险	实发
张山	3521.00	4213.00	0.00	165.40	0.00
王天际	2361.00	4245.00	0.00	132.60	0.00
杨义	4682.00	2131.00	0.00	276.50	0.00
李大明	4831.00	3118.00	0.00	188.80	0.00
刘小娟	3500.00	3230.00	0.00	156.00	0.00

交换指定字段位置后表为：

姓名	基本工资	津贴	保险	所得税	实发
张山	3521.00	4213.00	165.40	0.00	0.00
王天际	2361.00	4245.00	132.60	0.00	0.00
杨义	4682.00	2131.00	276.50	0.00	0.00
李大明	4831.00	3118.00	188.80	0.00	0.00
刘小娟	3500.00	3230.00	156.00	0.00	0.00

表中的第 4，5 两个字段位置已完成交换，表中的所有数据没有改变。

2　含个人所得税的工资表处理

1. 问题提出

已有简单“工资表”如下，其中收入部分的“基本工资”与“津贴”两个字段有原始数据，需扣除部分的“保险”字段也有数据。需计算每人的“所得税”与“实发”。

姓名	基本工资	津贴	保险	所得税	实发
张山	3521.00	4213.00	165.40	0.00	0.00
王天际	2361.00	4245.00	132.60	0.00	0.00
杨义	4682.00	2131.00	276.50	0.00	0.00
李大明	4831.00	3118.00	188.80	0.00	0.00
刘小娟	3500.00	3230.00	156.00	0.00	0.00

其中个人所得税的计算是工资表处理中的难点。

2. 个人所得税计算要点

个人所得税按九级超额累进税率进行计算。根据新的个人所得税计算规则，新的起征点为 c=2000 元。收入扣除 2000 元后：

不超过 500 元的部分，征收 5%；

超 500～2000 元部分，征收 10%；

超 2000～5000 元部分，征收 15%；

超 5000～20000 元部分，征收 20%；

超 20000～40000 元部分，征收 25%；

超 40000～60000 元部分，征收 30%；

超 60000～80000 元部分，征收 35%；

超 80000～100000 元部分，征收 40%；

超 100000 元以上部分，征收 45%。

应用多分支情况语句 do case—endcase 计算所得税函数。设收入部分总和为 y，个人所得税为 x。为方便操作，设计求个人所得税自定义函数 sds(y)，返回所得税额 x。

为简化设计，我们在多分支结构中应用了调用自身函数 sds()。

3. 个人所得税自定义函数设计

```
* 个人所得税计算自定义函数 (sds.prg)f021
function sds             &&  函数名为 sds
parameters y
c=2000                   &&  确定起征点
do case
     case  y<=c
```

```
    x=0
  case  y<=c+500
    x=(y-c)*0.05
  case  y<=c+2000
    x=sds(c+500)+(y-c-500)*0.10          && 调用自身函数 sds()
  case  y<=c+5000
    x=sds(c+2000)+(y-c-2000)*0.15
  case  y<=2+20000
    x=sds(c+5000)+(y-c-5000)*0.20
  case  y<=c+40000
    x=sds(c+20000)+(y-c-20000)*0.25
  case  y<=c+60000
    x=sds(c+40000)+(y-c-40000)*0.30
  case  y<=c+80000
    x=sds(c+60000)+(y-c-60000)*0.35
  case  y<=c+100000
    x=sds(c+80000)+(y-c-80000)*0.40
  othe
    x=sds(c+100000)+(y-c-100000)*0.45
endcase
return  x
```

使用所得税函数 sds(y)（其中括号内 y 为总收入数），可简化对个人所得税的计算。例如，某人收入为 15500 元，在命令窗口输入：? sds(15500)，得个人所得税为：

2325.00

4．含个人所得税工资表处理程序实现

```
* 工资表处理程序 f022
set talk off
use 工资表
replace all  所得税 with sds(基本工资+津贴)
replace all  实发 with  基本工资+津贴-保险-所得税
list off
return
```

运行程序，结果如下：

姓名	基本工资	津贴	保险	所得税	实发
张山	3521.00	4213.00	165.40	771.80	6796.80
王天际	2361.00	4245.00	132.60	565.90	5907.50
杨义	4682.00	2131.00	276.50	596.95	5939.55
李大明	4831.00	3118.00	188.80	814.80	6945.40
刘小娟	3500.00	3230.00	156.00	584.50	5989.50

在自定义函数中设置起征点 c=2000，为以后修改函数提供方便。例如，若干时日后，起征点提高到 3000 元，而其他税率未变，则只需修改 c=3000 即可。

3 奥运奖牌榜

1. 问题提出

奥运会、全运会等大型竞赛都会随竞赛进程及时公布经排序的“奖牌榜”。“奖牌榜”的排序规则通常为：

1）首先按金牌数降序排列；当金牌数相同时按银牌数降序排列；当银牌数也相同时按铜牌数降序排列。

2）当金银铜三种奖牌数全相同时，排名的名次相同。

已有“奖牌表”中设置有字段：名次(N)，单位(C)，金牌(N)，银牌(N)，铜牌(N)，总数(N)。其中“名次”与“总数”字段无数据，其他字段均为最新的数据。

试根据“奖牌表”上的金银铜三种奖牌的数据，依“奖牌榜”的排序规则产生“奖牌榜”。或在不改变“奖牌表”记录物理顺序前提下自动填写表中的“排名”数据。

2. 产生奖牌榜

（1）设计要点

注意到奖牌榜改变了记录的物理顺序，可应用 VFP 的多级排序命令 sort：

```
sort to 奖牌榜 on 金牌/d,银牌/d,铜牌/d
```

为了实现当金银铜三种奖牌数全相同时，排名的名次相同，设置在按 sort 排序后的循环中每一条记录与上一记录比较：

若三种奖牌与上一记录不完全相同，则用本记录的记录号 recn()替换“排名”名次。

若三种奖牌与上一记录完全相同，则用上一条记录的排名数据 m 替换“排名”名次。

（2）产生奖牌榜程序设计

```
* 奖牌榜程序设计 f031
* 按金牌数由大到小排序，金牌数相同时按银牌数，再按铜牌数。
* 要求三种奖牌数相同时排名名次也相同。
use 奖牌表                                      && 打开更新三种奖牌数据
list  off                                       && 显示排序前的奖牌表
sort to  奖牌榜 on 金牌/d,银牌/d,铜牌/d         && 按奖牌榜要求排序
use  奖牌榜
stor 0 to a,b,c                                 && a,b,c 赋初值
do while !eof()
   if  金牌#a or 银牌#b or 铜牌#c               && 三种奖牌与上一记录不全同
       m=recn()                                 && 当前记录号赋值给 m
```

```
    endif
    replace 名次  with m                          && 用m替换产生新的排名数据
    a=金牌                                        && 当前记录值赋值给a,b,c
    b=银牌
    c=铜牌
    skip                                          && 记录指针下移
enddo
replace all 总数 with 金牌+银牌+铜牌              && 计算各记录奖牌总数
? [    奖牌榜：]
list off                                          && 显示排序后的奖牌榜
return
```

（3）运行程序示例

运行程序，显示如下：

名次	单位	金牌	银牌	铜牌	总数
0	A	15	14	21	0
0	B	12	13	12	0
0	C	17	15	11	0
0	D	5	6	7	0
0	E	12	13	12	0
0	F	11	14	10	0
0	G	5	6	7	0

奖牌榜：

名次	单位	金牌	银牌	铜牌	总数
1	C	17	15	11	43
2	A	15	14	21	50
3	B	12	13	12	37
3	E	12	13	12	37
5	F	11	14	10	35
6	D	5	6	7	18
6	G	5	6	7	18

3．填写奖牌表中的名次数据

要求按奖牌榜的排序规则排序，但不改变奖牌表中各记录的物理顺序，在奖牌表中自动填写名次数据。

（1）设计要点

注意到不能改变表中记录的物理顺序，显然不能用 sort 命令，只能用索引 index 命令来完成排序。

关键是索引表达式如何确定。索引表达式如果简单地定义为“金牌+银牌+铜牌”，势必按三种奖牌数的总和来排序，有违排序规定。

为突出主次三项排序的目的，注意到 VFP 中字符串比较是从左至右逐个字符按 ASCII 码比较，把三种奖牌数转换为字符串后相连作为索引表达式是适宜的。

例如设金牌数分别为 13、7，因“1”<“7”导致“13”<“7”；但用 str()函数转换为字符串，str(13)在“13”前有 8 个空格，而 str(7)在“7”前有 9 个空格，相同位置的字符比较，显然有“1”>“ ”，因而导致 str(13)>str(7)。

因此，设置按以下命令索引：

```
index on str(金牌)+str(银牌)+str(铜牌) tag  nf desc
```

可完成规定的排序。

（2）填写奖牌表中的排名数据程序设计

```
* 要求排名不改变表记录的物理顺序 f032
* 首先按金牌数由高到低排序，相同时按银牌数，再按铜牌数。
* 三种奖牌数完全相同时名次相同。
set talk off
use 奖牌表                                              && 打开并修改奖牌表数据
replace all 总数 with 金牌+银牌+铜牌                    && 计算并替换各记录奖牌总数
index on str(金牌)+str(银牌)+str(铜牌) tag  nf desc     && 按排序要求索引
stor 0 to a,b,c                    &&  a,b,c 赋初值
go top
for k=1 to recc()                  &&  按记录数循环
   if 金牌#a or 银牌#b or 铜牌#c     &&  若三种奖牌数与上一记录不全相同
      m=k                          &&  本记录逻辑顺序号赋值给 m
   endif
   replace 名次  with  m            &&  用 m 替换填写本记录的名次
   a=金牌                          &&  按本记录的值为 a,b,c 赋值，为下次比较作准备
   b=银牌
   c=铜牌
   skip                            &&  记录指针下移
endfor
set index to                       &&  关闭索引，恢复记录的原顺序
list  off                          &&  显示填写了排名数据的奖牌表
return
```

（3）程序运行示例

运行程序，得

名次	单位	金牌	银牌	铜牌	总数
2	A	15	14	21	50
3	B	12	13	12	37
1	C	17	15	11	43
6	D	5	6	7	18
3	E	12	13	12	37
5	F	11	14	10	35
6	G	5	6	7	18

可知奖牌表的各记录的物理顺序未变，已按排序要求自动填写了“名次”数据。

对其他各类竞赛或需排名次的活动，可参照本例完成排序。

4 大奖赛现场统分

1. 问题提出

某大奖赛有 n 个选手参赛，m（m>2）个评委为依次参赛的选手评判打分：最高 10 分，最低 0 分。

统分规则为：每个选手所得的 m 个得分（约定带一位小数，通常不打满分）中，去掉一个最高分，去掉一个最低分，然后平均分为该选手的最后得分（约定带两位小数）。

要求随竞赛进程，记录各评委对各位选手的评分，计算并记录最后得分。最后根据 n 个选手的最后得分从高分到低分排出名次表，以便确定获奖名单。

2. 设计要点

大奖赛开始前，各参赛选手抽签决定参赛顺序。设参赛选手 n=7 名，评委 m=5 个，设计竞赛“评分表”如下，其中“编号”字段的顺序为抽签结果排列，其他字段无数据。

编号	P1	P2	P3	P4	P5	最高分	最低分	最后得分
305	0.0	0.0	0.0	0.0	0.0	0.0	0.0	0.00
208	0.0	0.0	0.0	0.0	0.0	0.0	0.0	0.00
213	0.0	0.0	0.0	0.0	0.0	0.0	0.0	0.00
304	0.0	0.0	0.0	0.0	0.0	0.0	0.0	0.00
137	0.0	0.0	0.0	0.0	0.0	0.0	0.0	0.00
206	0.0	0.0	0.0	0.0	0.0	0.0	0.0	0.00
118	0.0	0.0	0.0	0.0	0.0	0.0	0.0	0.00

程序中，报分用 input 命令从键盘输入，记录数据用 replace 替换命令实现。

设置变量 s 求和统计每一个选手的总分，通过逐个比较得出最高分 maxf 与最低分 minf。显然最后得分为：

df=(s-maxf-minf)/(m-2)

按最后得分由高分到低分排序用 index 命令实现。

3. 程序实现

```
* 大奖赛现场统分 f041
input [请输入选手个数：] to n
input [请输入评委个数：] to m
? [  大奖赛开始，各选手按抽签顺序参赛！]
use 评分表
do while !eof()
   ?  [  ]+编号+[号选手参赛，各评委依次评分：]
   s=0
```

```
    maxf=0
    minf=10
    for k=1 to m
        t=str(k,1)
        input [  评委]+str(k,1)+[: ] to f      && 报分
        s=s+f
        if f>maxf      && 比较得最高分与最低分
           maxf=f
        endif
        if f<minf
           minf=f
        endif
        replace p&t with f
    endfor
    replace 最高分 with maxf
    replace 最低分 with minf
    df=(s-maxf-minf)/(m-2)              && 计算最后得分
    replace 最后得分 with round(df,2)
    ? [  去掉一个最高分：]+str(maxf,3,1)
    ? [  去掉一个最低分：]+str(minf,3,1)
    ? [  ]+编号+[号选手最后得分为：]+str(df,4,2)
    skip
enddo
index on 最后得分 tag df desc          && 经索引完成排序
? [  按选手最后得分由高到低排序为：]
list off
return
```

4．程序运行示例

输入 n=7，m=5（即有 7 个选手，5 个评委）

随竞赛进程输入的数据略，最后输出以下按最后得分降序排序结果：

编号	P1	P2	P3	P4	P5	最高分	最低分	最后得分
213	9.7	9.6	9.8	9.3	9.5	9.8	9.3	9.60
305	9.4	9.5	9.1	8.9	9.3	9.5	8.9	9.27
137	9.4	9.2	9.5	9.0	8.9	9.5	8.9	9.20
118	9.3	9.4	9.1	8.9	9.0	9.4	8.9	9.13
208	8.9	9.0	8.8	9.3	9.2	9.3	8.8	9.03
304	8.9	9.0	9.2	9.0	8.9	9.2	8.9	8.97
206	8.8	8.9	9.0	9.3	8.7	9.3	8.7	8.90

容易在以上排序表中根据名额确定获奖名单。

以往各类大奖赛的报分与统分脱节，参赛选手的最后得分要等到下一个选手赛完才报，影响竞赛的正常节奏，也不能满足观众的期待心理。本程序应用于现场统分，及时通报结果，方便快捷。

二、舍罕王的失算——不可忽视的和与积

5　舍罕王的失算

1. 问题提出

相传现在流行的国际象棋是古印度舍罕王（Shirham）的宰相达依尔（Dahir）发明的。舍罕王十分喜爱象棋，决定让宰相自己选择赏赐。这位聪明的宰相指着 8×8 共 64 格的象棋盘说：陛下，请您赏给我一些麦子吧，就在棋盘的第 1 个格中放 1 粒，第 2 格放 2 粒，第 3 格放 4 粒，以后每一格都比前一格增加一倍，依此放完棋盘上 64 格，我就感恩不尽了。

舍罕王让人扛来一袋麦子，他要兑现他的许诺。

请问，国王能兑现他的许诺吗？共要多少麦子赏赐他的宰相？合多少立方米（1 立方米麦子约 1.42e8 粒）？如果把这些麦子堆成一个正圆锥形的麦堆，这麦堆约有多高？

2. 求解要点

这是一个典型的等比数列求和问题。

第 1 格 1 粒，第 2 格 2 粒，第 3 格 $4=2^2$ 粒，……，第 i 格为 2^{i-1} 粒，于是总粒数为

$$s = 1 + 2 + 2^2 + 2^3 + \cdots + 2^{63}$$

为一般化，设共有 n 个格。

设置求和 i（2～n）循环，在循环中通过 t=t*2 计算第 i 格的麦粒数，体现每一格为其前一格的 2 倍。再通过 s=s+t 把每一格的麦粒数累加到和变量 s，即可实现该等比数列求和。

求出的总粒数为 s，折合为 v 立方米，则有：v=s/1.42e8。

设正圆锥形的麦堆的底半径为 r，高为 h，则有：

$$v = \frac{1}{3}\pi r^2 h,\quad h = \sqrt{3}\, r \quad \Leftrightarrow \quad h = \sqrt[3]{\frac{9}{\pi} v}$$

由和 s 算出体积 v，再算出高 h。

3. 程序实现

```
* 舍罕王的失算 f051
```

```
set talk off
input [  请输入 n: ] to n      && 输入格数 n
t=1
s=1
for i=2 to n
   t=t*2                     && 体现后一项是前一项 2 倍的规律
   s=s+t                     && 每一项 t 累加到和变量 s
endfor
v=s/1.42e8
h=(9/3.14159*v)^(1/3)
?  " 总麦粒数约为: "+str(s,10,3)+ "粒。"
?  " 折合体积约为: "+ltrim(str(v,15))+"立方米"
?  " 堆成正圆锥高约为: "+str(h,5)+"米"
return
```

4. 程序运行结果与说明

请输入 n：64
总麦粒数约为：1.845e+019
折合体积约为：129906648406 立方米
堆成正圆锥高约为：7193 米

这是一个非常宠大的数值，相当于全世界若干年的全部小麦。如果把这些麦子堆成一个正圆锥形的麦堆，这麦堆的高超过 7 千米，可与世界最高峰珠穆朗玛峰一比高低了。看来舍罕王失算了，他无法兑现他的诺言。

程序中设置通项量 t，从 t=1 开始，应用 t=t*2 累乘计算通项。显然，当 i=2 时，t=2；当 i=3 时，t=4；…，这一处理技巧是常用的。尤其是在要求通项与和必须是准确值时，采用上述累乘而不用通项公式 2^(i-1)。

一般对有通项公式 f(i)的求和，通常在循环外赋初值，在循环中应用 s=s+f(i)实现求和。

5. 失算的另一名题——买马钉

（1）问题提出

类似棋盘格放麦粒问题，俄罗斯学者马哥尼茨基的《算术》中有这样一道趣题：

某人以 156 卢布卖出一匹马。成交后，买主后悔并向卖主说："我上当了，你的马不值这个价钱。"

这时卖主提出另一笔交易："你既然嫌马太贵，那么你买马掌钉好了，这匹马就白送给你。每个马掌要钉 6 个钉，共需 24 个钉。钉的价格按如下方法计算：第 1 个钉 1 个包卢斯卡（俄罗斯货币单位，相当于 1/4 个卢比），第 2 个钉 2 个包卢斯卡，第 3 个钉 4 个包卢斯卡，……，以后每一个钉的价格为前一个钉的价格乘以 2，直到第 24 个。"

买主听后暗想，钉子如此便宜，马可白得，欣然同意。

请问：买主买马钉需花多少卢布（1 卢布等于 100 卢比，即 400 包卢斯卡）？

（2）买马钉程序设计

```
* 买马钉 f052
input ″ 请输入 n: ″ to n                    && 输入马钉数 n
 t=1
 s=1
 for i=2 to n
     t=t*2
     s=s+t                                  && 统计 s 个包卢斯卡
 endfor
 ? ″ 共需花费″+ltrim(str(s,16))+″个包卢斯卡，″
 ? ″ 合约″+str(s/400,10,4)+″ 卢布。″        && 换算成卢布输出
 return
```

（3）程序运行结果与点评

```
请输入 n: 24
共需花费 16777215 个包卢斯卡，
合约 41943.0375 卢布。
```

以上两例历史上广为流传的名题求解实际上是求一个等比数列之和。由这两题的计算结果给我们以启示：不可低估等比数列的和值，不可忽略求和与求积等计算基础。

6 分数不等式

1. 问题提出

试解下列两个关于正整数 m 的分数不等式：

$$10 < 1 + \frac{1}{2} + \frac{1}{3} + \cdots + \frac{1}{m} < 11 \qquad ①$$

$$4 < 1 + \frac{1}{2} - \frac{1}{3} + \frac{1}{4} + \frac{1}{5} - \frac{1}{6} + \cdots \pm \frac{1}{m} \text{（符号二个“+”后一个“-”号）} \qquad ②$$

2. 分数不等式①求解

（1）设计要点

为一般计，解不等式 $n < 1 + \frac{1}{2} + \frac{1}{3} + \cdots + \frac{1}{m} < n + 1$，这里正整数 n 从键盘输入。

设和变量为 s，在 s<n 的条件循环中，累加求和 s=s+1/i（i 从 1 开始递增 1 取值），直至出现 s>n 退出循环，赋值 c=i，所得 c 为 m 解区间的下限。

继续在 s<n+1 的条件循环中累加求和 s=s+1/i ，直至出现 s>=n+1 退出循环，通过赋值 d=i-1，所得 d 为 m 解区间的上限。

然后打印输出不等式的解区间[c,d]。

（2）程序实现

```
*  求解调和级数不等式 f061
?  "求 n<1+1/2+1/3+1/4+...+1/m<n+1 的正整数 m"
set talk off
set deci to 14
input  "请输入 n:" to n
i=0
s=0
do while s<n
   i=i+1
   s=s+1/i
enddo
c=i
do while s<n+1
   i=i+1
   s=s+1/i
enddo
d=i-1
?  "满足不等式的 m 为:"+ltrim(str(c,10))+"≤m≤"+ltrim(str(d,10))
return
```

（3）程序运行结果

```
求 n<1+1/2+1/3+1/4+...+1/m<n+1 的正整数 m
请输入 n: 10
满足不等式的 m 为: 12367≤m≤33616
请输入 n: 15
满足不等式的 m 为: 1835421≤m≤4989190
```

3. 分数不等式②求解

（1）设计要点

一般化，解不等式

$$d < 1 + \frac{1}{2} - \frac{1}{3} + \frac{1}{4} + \frac{1}{5} - \frac{1}{6} + \cdots \pm \frac{1}{m}$$

其中 d 为从键盘输入的正数，式中符号为两个“+”号后一个“-”号，即分母能被 3 整除时为“-”。

式中出现减运算，导致不等式的解可能分段。

设置条件循环，每三项（包含两正一负）一起求和，得一个区间解。然后回过头来一项项求和，得个别离散解。

（2）程序设计

```
* 解不等式：d<1+1/2-1/3+1/4+1/5-1/6+...+-1/m  f062
 set deci to 10
 input "  请输入 d：" to d
 ?  str(d,5,1)+"<1+1/2-1/3+1/4+1/5-1/6+…+-1/m 的解："
 s=0
 m=1
 do while .t.
    s=s+1/m+1/(m+1)-1/(m+2)
    if s>d
        exit
    endif
    m=m+3
 enddo
 ? "  m>="+ltrim(str(m))         &&  得一个区间解
 s=0
 k=1
 do while k<m
    if k%3>0
       s=s+1/k
    else
       s=s-1/k
    endif
    if s>d                       && 得一个离散解
       ? "  m="+ ltrim(str(k))
    endif
    k=k+1
enddo
return
```

（3）程序运行示例

```
请输入 d：4
4<1+1/2-1/3+1/4+1/5-1/6+…+-1/m 的解：
m>=10153
m=10151
```

注意：前一个是区间解，后一个是离散解。要特别注意，不要把后一个解遗失。

7　阶乘与阶乘和数

1. 问题提出

计算 n 的阶乘：$n!=1\cdot 2\cdot 3\cdots\cdots n$（正整数 n 从键盘输入）。

2．常规求解

设置 k（k=1，2，…，n）循环，在循环中用 t=t*k 实现阶乘计算。

求 n!的 VFP 程序设计：

```
*  求n的阶乘n!  f071
set talk off
input [请输入n： ] to n
t=1
for k=1 to n
   t=t*k
endfor
? ltrim(str(n,4))+[!=]+ltrim(str(t,20))
return
```

运行程序，

```
    请输入n：15
    15！=1307674368000
```

3．递归设计

递归定义：n!=n*(n-1)!

边界条件：1!=1

设置 fac(n)=n!，当 n=3 时，fac(3)的递归求解可表示为：

fac(3)=3*fac(2)=3*2*fac(1)=3*2*1=6

求 n!的递归设计：

```
*  递归求n! f072
set talk off
input [请输入n:] to n
? str(n)+"!="+ltrim(str(fac(n),20))
return
function fac       && 定义递归函数fac()
para n
if n=1
  f=1
else
  f=n*fac(n-1)
endif
return f
```

运行程序，

```
    请输入n:12
    12!=479001600
```

4．变通为求排列数 A(n,m)与组合数 C(n,m)

（1）设计要点

注意到从 n 个元素中取 m 个的排列数为

$A(n,m)=(n-m+1)\times(n-m+2)\times\cdots\times n$

而从 n 个元素中取 m 个的组合数为

$C(n,m)=A(n,m)/m!=(n-m+1)/1\times(n-m+2)/2\times\cdots\times n/m$

则只要把求阶乘的程序 k 从 1 开始循环到 n 改变为从 n-m+1 开始循环到 n。

求排列数：t=t*k

求组合数：t=t*k/(k-n+m)

（2）求排列数 A(n,m)与组合数 C(n,m)程序设计

```
*  求排列数A(n,m)与组合数C(n,m)   f073
set talk off
accept  " 请选择计算排列数“A”，或计算组合数“C”：" to z
input  " 请输入n：" to n
input  " 请输入m(m<=n)：" to m
if upper(z)= "A"
   ? "  A("+str(n,2)+","+str(m,2)+")="
else
   ? "  C("+str(n,2)+","+str(m,2)+")="
endif
t=1
for k=n-m+1 to n
    if upper(z)= "A"            && 通过乘运算计算排列数或组合数
       t=t*k
    else
       t=t*k/(k-n+m)
    endif
endfor
?? ltrim(str(t,20))
return
```

（3）程序运行示例

```
请选择计算排列数“A”，或计算组合数“C”：A
请输入n：10
请输入m(m<=n)：8
A(10,8)=1814400
请选择计算排列数“A”，或计算组合数“C”：C
请输入n：30
请输入m(m<=n)：20
C(30,20)=30045015
```

5. 阶乘和数

一个正整数如果等于组成它的各位数字的阶乘之和，该正整数称为阶乘和数。

试求出所有三位阶乘和数：abc=a!+b!+c!

（其中 a 为百位数字，b 为十位数字，c 为个位数字。约定 0!=1）。

（1）设计思路

通过循环累乘设计一个求阶乘的函数（子程序）：jc(x)=x!。

对任意一个三位数 m，分解为百位数字 a, 十位数字 b，个位数字 c。

条件判别：若 m 等于 jc(a)+jc(b)+jc(c)，则作打印输出。

也可通过 a，b，c 三重循环组合为三位数 m=a*100+b*10+c，然后作条件判别。

（2）三位阶乘和数程序设计

```
* 三位阶乘和数 f074
set talk off
? "三位阶乘和数有："
for m=100 to 999                && 穷举三位数 m
   a=int(m/100)                 && 分解百位数字 a
   b=mod(int(m/10),10)          && 分解十位数字 b
   c=mod(m,10)                  && 分解个位数字 c
   if m=jc(a)+jc(b)+jc(c)       && 阶乘和数条件判别
      ?? m
   endif
endfor
return
func jc                         && 定义求阶乘函数:jc(x)=x!
para x
p=1
for i=1 to x                    && 循环累乘:p=1*2*…*x
   p=p*i
endfor
return p
```

（3）程序运行结果

三位阶乘和数有：145

可见 145 是唯一的三位阶乘和数。

8 综合高精度计算

1. 问题提出

计算阶乘 n!，幂 m^n 与排列数 A(n,m)是程序设计的基本课题。当参数 m，n 比较大时，常规设计因计算结果超出计算机语言有效数字位数限制而不能得到准确结果或出错。在程序设计中应用数组可望实现高精度计算。

通过选择分别准确计算阶乘 n!，幂 m^n，排列数 A(n,m)的值。

2. 设计要点

本题的综合高精度计算，主要操作是乘运算。

为实现高精度，设置 a 数组进行运算存储：a(1)为个位数字，a(2)为十位数字，……，a(d)为最高位数字。约定 d=500，必要时可进行增减。

用数组元素模拟乘运算：

```
x=a(j)*b+f
f=int(x/10)
a(j)=x%10
```

其中 f 是进位数。乘数 b 随所选运算而定：

当选 2 时，计算幂 m^n，b 固定为 b=m。

当选 1 时，计算阶乘，b=i，(i=1,2,...n)。

当选 3 时，计算排列数 A(n,m)，b=i，(i=n-m+1,...,n)。

3. 综合（阶乘、乘方、排列）计算程序实现

```
* 高精度准确计算阶乘,乘方,排列 f081
clear
dime a(500)
a=0
? "    1:  计算阶乘 n!  "
? "    2:  计算乘方 m^n "
? "    3:  计算排列数 A(n,m) "
input "   请选择(1—3): " to z        &&  选择运算类型
input "   请输入正整数 n: " to n
if z#1
   input "   请输入正整数 m (m<=n): " to m
endif
d=500                              &&  约定最多 500 位，必要时可增减
t=1
if z=3
   t=n-m+1
endif
a(1)=1
for i=t to n
    if z=2
       b=m                         &&  确定乘数 b
```

```
    else
      b=i
    endif
    f=0
    for  j=1 to d
         x=a(j)*b+f              &&  实施乘运算
         f=int(x/10)
         a(j)=x%10
    endfor
endfor
j=d
do while  a(j)=0
    j=j-1                        && 去掉高位零
enddo
f=j
do case                          && 分情形打印前标
   case  z=1
         ?  str(n,8)+"!="
   case  z=2
         ?  str(m,6)+"^"+ltrim(str(n))+"="
   case  z=3
         ?  " A("+ltrim(str(n))+","+ltrim(str(m))+")="
endcase
d=0
for j=f to 1 step -1             && 从高位到低位输出各位数字
     d=d+1
     ??  str(a(j),1)
     if d%50=0                   && 每打印 50 位换行
        ? space(10)
     endif
endfor
? "    所得结果共"+ltrim(str(f))+"位."
return
```

4．程序运行示例

运行程序，选择 3（即计算排列数），输入 n=100，m=90，得

```
A(100,90)=25718203109552511210785724993459738891841922471445
          55265338209983884964726444827921322240519625124511
          85663850090463028434334174412800000000000000000000
          00
所得结果共 152 位.
```

运行程序，选择 2，n=64，m=2，得

    2^64=18446744073709551616

所得结果共 20 位.

因而前“舍罕王的失算”共 64 格的总麦粒数为：

    2^64-1=18446744073709551615

对于一道数学竞赛题：73!<37^73，笔者曾把该不等式加强为：73!<30^72。我们可应用以上程序验证加强结论是否成立。

运行程序，选择 1（即计算阶乘），输入 n=73, 得

    73!=44701154615126843408912571381250511100768007002829
        05015819080092370422104067183317016903680000000000
        000000

所得结果共 106 位。

选择 2 （即计算 m^n），输入 n=72, m=30, 得:

    30^72=225283995449391744118401478747726410000000000000000
          00000000000000000000000000000000000000000000000000
          0000000

所得结果共 107 位。

根据计算结果验证了上述加强结论是正确的。

9 图形点扫描

1. 问题提出

扫描统计是程序设计拓展求和的一个基本课题。

有一条“封闭”曲线划定的地图，界定曲线上的点用“1”表示，曲线内外的点用“0”表示（具体数据由另外的数据文件提供）。

试实施图形点扫描，统计地图的面积即“封闭”曲线内的“0”点数。

2. 设计要点

要统计用“1”标识的封闭曲线内“0”点的点数，关键在于如何识别哪些“0”点在封闭曲线内，哪些“0”点在封闭曲线外。

试对封闭曲线外的“0”点实施“扩散传染”处理，处理成“2”点，以与曲线内的“0”点相区别。考虑到连续曲线可能复杂的弯曲变化，用简单一次穷举检测难以区分曲线内与外的“0”，可把曲线外的“0”通过多次“扩散传染”逐个变为“2”，因封闭曲线隔离使得曲线内的“0”保持不变。

1）首先，四周边上的“0”无疑在曲线外，变为“2”。

2）凡与“2”相邻的“0”点通过“传染”变为“2”。即判断每一个“0”点，若它

的上下左右元素中有某一个为“2”点，即被扩散传染为“2”。

3）约定扫描 x*y（即图中点的个数）次。设置变量 w，每次扫描前，w=0；凡有扩散传染发生，w=1。每次扫描后检验，如果 w=0，表示该次扫描没有传染发生，即停止。

4）最后统计“0”的点数即为所求封闭曲线的面积。

3. 图形点扫描程序设计

```
* 图形点扫描 f091
acce [ input databas name:] to km
use &km                && 打开地形图数据表
x=fcount()
y=reccount()
dime a(y,x)
copy  to array a       && 把图形点数据复制到二维 a 数组
for i=1 to y
? ″    ″
for j=1 to x
   ?? str(a(i,j),3)
endfor
endfor                 && 以上为从数据表数据转化为数组数据
for i=1 to y
for j=1 to x
   if  a(i,j)=0 and (i=1 or i=y or j=1 or j=x)  && 实施边上转化
      a(i,j)=2
   endif
endfor
endfor
for k=1 to x*y
w=0
for i=2 to y-1
for j=2 to x-1
   if (a(i,j-1)=2 or a(i,j+1)=2 or a(i-1,j)=2 or a(i+1,j)=2) and a(i,j)=0
      a(i,j)=2         && 若上下左右有一个是 2 的,0 转化为 2
      w=1
   endif
endfor
endfor
if w=0                 && 没有任何转化时即结束
   exit
endif
endfor
```

```
s=0
? ″      ″
for i=1 to y
  ? ″      ″
  for j=1 to x
      if a(i,j)=0
         s=s+1             && 统计曲线内 0 的个数
      endif
      ??  str(a(i,j),3)
  endfor
endfor
?  ″     s=″+str(s,3)
return
```

4. 程序运行示例

运行程序，读入数据表 dt.dbf，数据统计结果见图 9-1。

```
0 0 0 1 0 0 0 1 0 0 0 0
0 1 1 0 1 0 1 0 1 1 1 0
1 0 0 0 1 1 0 0 0 0 1 1
1 0 0 0 0 0 0 0 0 1 0 0
0 1 0 0 0 1 0 0 0 0 1 0
1 0 0 0 1 0 1 1 0 0 0 1
0 1 0 1 0 0 0 1 0 0 1 0
0 1 0 1 0 0 1 0 0 0 0 1
1 0 0 0 1 0 0 1 0 0 1 0
0 1 0 0 0 1 0 0 1 0 1 0
0 0 1 0 0 1 0 0 1 1 0 0
0 0 0 1 1 0 0 0 0 0 0 0
```

（a）地图原始数据

```
2 2 2 1 2 2 2 1 2 2 2 2
2 1 1 0 1 2 1 0 1 1 1 2
1 0 0 0 1 1 0 0 0 0 1 1
1 0 0 0 0 0 0 0 0 1 2 2
2 1 0 0 0 1 0 0 0 0 1 2
1 0 0 0 1 2 1 1 0 0 0 1
2 1 0 1 2 2 2 1 0 0 1 2
2 1 0 1 2 2 1 0 0 0 0 1
1 0 0 0 1 2 2 1 0 0 1 2
2 1 0 0 0 1 2 2 1 0 1 2
2 2 1 0 0 1 2 2 1 1 2 2
2 2 2 1 1 2 2 2 2 2 2 2
s =49
```

（b）处理统计结果

图 9-1　读入地图原始数据与处理结果

三、勾股数——古老文明的精华

10　最大公约数与最小公倍数

1．问题提出

试求两个已知正整数 a，b 的最大公约数与最小公倍数。

为方便表述，记

(a,b)为正整数 a，b 的最大公约数。

{a,b}为正整数 a，b 的最小公倍数。

为简化设计，可应用 a，b 的最大公约数与最小公倍数的以下性质：

(a,b)*{a,b}=a*b

2．欧几里德算法经典求解

（1）欧几里德算法描述

求两个正整数 a,b(a>b)的最大公约数通常采用欧几里德算法，又称“辗转相除”法：

1）a 除以 b 得余数 r；若 r=0，则 b 为所求的最大公约数。

2）若 r≠0，以 b 为 a，r 为 b，继续步骤 1)。

注意到任两正整数总存在最大公约数，上述辗转相除过程中余数逐步变小，相除过程总会结束。

因而由求得的最大公约数即可据以上性质求得最小公倍数。

（2）实现欧几里德算法程序设计

```
*  求 a,b 的最大公约数与最小公倍数 f101
set talk off
input  "输入正整数 a:"  to  a
input  "输入正整数 b:"  to  b
st=ltrim(str(a,12))+","+ltrim(str(b,12))
m=a*b
r=mod(a,b)
do  while  r#0
   a=b                                   && 实施“辗转相除”法转化
   b=r
   r=mod(a,b)
```

```
enddo
? "("+st+")="+ltrim(str(b,15))
? "{"+st+"}="+ltrim(str(m/b))          && 由最大公约数推出最小公倍数
return
```

（3）运行程序示例

运行程序，输入 1104，1272，得

```
(1104,1272)=24
{1104,1272}=58512
```

3．按定义常规求解

实际上，直接按最大公约与最小公倍的定义来求解，显得更为直观，也更为方便。

（1）最大公约数的自定义函数 gy() 设计

```
* 最大公约数 gy(a,b) f102
function gy
parameters a,b
set talk off
d=min(a,b)
for c=d to 1 step -1                    && 从大到小，最早出现的为最大
  if a/c=int(a/c) and b/c=int(b/c)      && 判别 c 是否为 a,b 的公约数
     exit
  endif
endfor
return c
```

调用：? gy(1036,1484)=28

注意：这里用自定义函数设计是方便的。调用时采用？或赋值，不能用 do 命令。

（2）最小公倍数的自定义函数 gb() 设计

```
* 最小公倍数 gb(a,b) f103
function gb
parameters a,b
set talk off
for d=a to a*b step a          && d 为 a 的从小到大倍数，最早出现为最小
  if d/b=int(d/b)              && 判别 d 是否为 b 的倍数
     exit
  endif
endfor
return d
```

调用：? gb(1036,1484)=54908

4．求多个正整数的最大公约数与最小公倍数

求三个或三个以上正整数的最大公约数与最小公倍数，可通过反复运用求两个正整

数的最大公约数与最小公倍数的方法来实现。

为方便表述，记

(a1, a2, . . . , an)为 n 个正整数 a1，a2，. . . ，an 的最大公约数。

{a1, a2, . . . , an}为 n 个正整数 a1，a2，. . . ，an 的最小公倍数。

（1）算法设计

对于 3 个或 3 个以上正整数，最大公约数与最小公倍数有以下性质：

(a1, a2, a3)=((a1, a2), a3)

(a1, a2, a3, a4)=((a1, a2, a3), a4), . . .

{a1, a2, a3}={{a1, a2}, a3}

{a1, a2, a3, a4}={{a1, a2, a3}, a4}, . . .

应用这一性质，要求 n 个数的最大公约数，先求出前 n-1 个数的最大公约数 t，再求第 n 个数与 t 的最大公约数。求 n 个数的最小公倍数也一样。这样递推实现求多个正整数的最大公约数与最小公倍数。

（2）求 n 个正整数的最大公约数与最小公倍数程序设计

```
*  求n个正整数的最大公约数与最小公倍数 f104
set talk off
? "n个正整数的最大公约记为(a1,a2,...,an)"
? "n个正整数的最小公倍记为{a1,a2,...,an}"
? "n个正整数分别从键盘输入,以-1终止."
input "请输入一个正整数:" to a
input "请输入第二个正整数:" to b
t=ltrim(str(a))
c=a
d=a
do while b>0
   t=t+","+ltrim(str(b))
   c=gy(c,b)                        && 调用最大公约数函数gy
   d=gb(d,b)                        && 调用最小公倍数函数gb
   input "输入下一个正整数(输入-1结束):" to b
   if  b<0
      exit
   endif
enddo
? "("+t+")="+ltrim(str(c))          && 输出结果
? "{"+t+"}="+ltrim(str(d))
return
function gy                         && 定义最大公约数函数gy
parameters x,y
set talk off
for c=x to 1 step -1
```

```
  if x/c=int(x/c) and y/c=int(y/c)
     exit
  endif
endfor
return c
function gb                            && 定义最小公倍数函数 gb
parameters x,y
set talk off
for d=x to x*y step x
  if d/y=int(d/y)
     exit
  endif
endfor
return d
```

（3）程序程序示例

运行程序，依次输入 238，782，646，-1（作为结束标志），得

(238，782，646)=34

{238，782，646}=104006

（4）说明

以上程序设计中字符变量 t 的引入与赋值是为了方便按规定格式打印求得的最大公约数与最小公倍数。

特别注意，对 n（n>=3）个正整数，不存在最大公约数与最小公倍数的积等于这 n 个正整数之积的性质。因此，不能套用两个正整数的性质，以防出错。

11　水仙花数

1．问题提出

一个三位数如果等于它的三个数字的立方和，该三位数称为水仙花数。

试求出所有水仙花数。

2．基于分解的程序设计

设置 m（100～999）循环穷举所有三位数，把 m 分解出三个数字 a，b，c 后，检验 m 是否等于 a，b，c 的立方和。若相等，则作打印输出。

```
* 基于分解的程序设计 f111
set talk off
for m=100 to 999
   a=int(m/100)                     && 把 m 分解为三个数字 a,b,c
```

```
    b=int(m/10)%10
    c=m%10
    if(m==a*a*a+b*b*b+c*c*c)     && 检验是否满足条件
       ?? m
    endif
endfor
return
```

运行程序，得水仙花数：

```
    153     370     371     407
```

3．基于组合的程序设计

设置 a（1～9），b（0～9），c（0～9）三重循环对应三位数 m 的百位、十位与个位三个数字，由 a，b，c 组合为三位数 m 后，检验 m 是否等于 a，b，c 的立方和。

```
* 基于组合的程序设计 f112
set talk off
for a=1 to 9
for b=0 to 9
for c=0 to 9
    m=a*100+b*10+c               && 把三个数字 a，b，c 组合为三位数 m
    if(m==a*a*a+b*b*b+c*c*c)     && 检验是否满足条件
       ?? m
    endif
endfor
endfor
endfor
return
```

4．问题拓展

水仙花数的推广是自方幂数：一个 n 位正整数如果等于它的 n 个数字的 n 次方和，该数称为 n 位自方幂数。具体有：

三位自方幂数又称水仙花数。

四位自方幂数又称玫瑰花数。

五位自方幂数又称五角星数。

六位自方幂数又称六合数。

（1）求一般的三至六位自方幂数设计要点

设置 n 重循环，每位数设置一重循环：最高位数从 1～9，其余各位数从 0～9。

检验 n 个数字的 n 次方和，如果等于 n 个循环变量组合所得 n 位数，则打印输出。

（2）自方幂数的程序设计

```
* 求3—6位自方幂数  f113
set talk off
dime t(9),s(9,10)
t=0                                && t数组清零
for a1=1 to 9
for a2=0 to 9
for a3=0 to 9
   m3=a1*100+a2*10+a3
   n3=a1^3+a2^3+a3^3
   if m3=n3
      t(3)=t(3)+1
      s(3,t(3))=m3                && m3是三位水仙花数
   endif
   for a4=0 to 9
      m4=m3*10+a4
      n4=a1^4+a2^4+a3^4+a4^4
      if m4=n4
         t(4)=t(4)+1
         s(4,t(4))=m4             && m4 四位玫瑰花数
      endif
   for a5=0 to 9
      m5=m4*10+a5
      n5=a1^5+a2^5+a3^5+a4^5+a5^5
      if m5=n5
         t(5)=t(5)+1
         s(5,t(5))=m5             && m5是五位五角星数
      endif
   for a6=0 to 9
      m6=m5*10+a6
      n6=a1^6+a2^6+a3^6+a4^6+a5^6+a6^6
      if m6=n6
         t(6)=t(6)+1
         s(6,t(6))=m6             && m6是六位六合数
      endif
    endfor
    endfor
    endfor
 endfor
 endfor
 endfor
 for k=3 to 6
    ?  str(k,4)+"位自幂数有:"
```

```
   for j=1 to t(k)              && 输出所有自方幂数
      ??  s(k, j)
   endfor
endfor
return
```

（3）程序运行结果

```
3位自幂数有:        153        370        371        407
4位自幂数有:       1634       8208       9474
5位自幂数有:      54748      92727      93084
6位自幂数有:     548834
```

12 勾股数

1．问题提出

三元二次方程式

$$x^2 + y^2 = z^2 \quad ①$$

的正整数解 x，y，z 称为一组勾股数，又称为毕达哥拉斯三元数组。方程式①称为“商高方程”或“毕达哥拉斯方程”。

勾股数是最早引起人们兴趣的数学现象，在很远古的年代各民族都研究过勾股数。埃及最早发现 3，4，5 是一组勾股数。公元前一千五百年古巴比伦人就知道 119，120，169 是一个直角三角形的三边长。

我国早在《周髀算经》中就谈到“勾广三，股修四，弦隅五”，指边长为 3，4，5 的直角三角形。古代数学家刘徽在《九章算术》中有

$3^2+4^2=5^2$　　　$5^2+12^2=13^2$

$7^2+24^2=25^2$　　　$8^2+15^2=17^2$

等八组勾股数的记载。

试通过程序设计求指定区间[a, b]内的所有勾股数组。

2．经典求解

（1）求解要点

在勾股数组(x, y, z)中，如果其中任意两个数互素，则称为基本勾股数，否则称为派生勾股数。

我们先求基本勾股数，然后乘以一个正整数即得指定范围内的派生勾股数。

求基本勾股数方法也很多，常采用以下基本勾股数公式：

$$x = a^2 - b^2,\ y = 2ab,\ z = a^2 + b^2$$

其中正整数 a，b 互质且一奇一偶，a>b。

通过循环的上下限确保 a>b。如果 a，b 不是一奇一偶，则 a+b 必为偶数，可通过 b 增 1 来实现。对于 a，b 互素，引入标记 t=0，若 a，b 有某一公因数 k，即非互素，标记 t=1。这样，在满足基本勾股数公式的前提下，求出指定范围内基本的勾股数。并通过循环乘以正整数 i 得到所有勾股数。

（2）程序实现

```
*  求 m 以内的勾股数 f121
set talk off
input  ″   请输入区间下限值:″  to  m1
input  ″   请输入区间上限值:″  to  m2
?  ″   区间[″+ltrim(str(m1))+″,″+ltrim(str(m2))+″]中的勾股数组有：″
n=0
for  a=2 to sqrt(m2)
   for  b=1 to a-1
      if  (a+b)%2=0                  &&  保持 a,b 一奇一偶
         b=b+1
      endif
      t=0
      for  k=2 to b
         if  b%k=0 and a%k=0      &&  保持 a,b 互质
            t=1
         endif
      endfor
      if  t=0
          d=a*a-b*b
          e=2*a*b
          f=a*a+b*b
          for  i=1 to m2/f        &&  输出结果
             x=i*d
             y=i*e
             z=i*f
             if x<m1 or y<m1 or z>m2
                loop
             endif
             ?  str(x)+str(y)+str(z)
             n=n+1
          endfor
      endif
   endfor
endfor
```

```
? "  共"+ltrim(str(n))+"组勾股数."
return
```

（3）程序运行示例

运行程序，求得[10,30]中的勾股数：

```
区间[10,30]中的勾股数组有：
        12          16          20
        15          20          25
        18          24          30
        10          24          26
        21          20          29
共5组勾股数.
```

3. 常规求解

（1）求解要点

设区间为[m1,m2]，设置二重循环在指定区间内穷举 x，y（x<y），应用勾股数的定义式计算 z=sqrt(x*x+y*y)。

若 z>m2 或 z 不为整数，返回。否则，输出勾股数 x，y，z。

（2）程序设计

```
*  求[m1,m2]中的勾股数 f122
set talk off
input  "   请输入区间下限值:"  to  m1
input  "   请输入区间上限值:"  to  m2
?  "  区间["+ltrim(str(m1))+","
?? ltrim(str(m2))+"]中的勾股数组有："
n=0
for x=m1 to m2-2
   for y=x+1 to m2-1
       d=x*x+y*y
       z=sqrt(d)            &&  z 为 x,y 的平方和开平方
       if z>m2 or int(z)#z
          loop
       endif
       n=n+1
       ?  str(x)+str(y)+str(z)    &&  满足勾股数条件时输出
   endfor
endfor
?  "  共"+ltrim(str(n))+"组勾股数。"
Return
```

（3）程序运行示例

运行程序，输入 300，500，得

区间[300,500]中的勾股数组有：

```
300^2+315^2=435^2
300^2+400^2=500^2
319^2+360^2=481^2
320^2+336^2=464^2
325^2+360^2=485^2
340^2+357^2=493^2
```

共 6 组勾股数。

4. 求倒立的勾股数

把求勾股数变通为求倒立的勾股数。定义满足方程式

$$\frac{1}{x^2}+\frac{1}{y^2}=\frac{1}{z^2} \qquad ②$$

的正整数 x，y，z，称为一组倒立的勾股数。

试求指定区间[c,d]内的倒立勾股数组。

（1）设计要点

显然，倒立勾股数组中 x，y 不可能相等，且 x，y>z。为避免重复，不妨设 x>y>z。

在指定区间[c,d]上根据 x，y，z 的大小关系设置循环：z 从 c 至 d-2，y 从 z+1 至 d-1，x 从 y+1 至 d。

对每一组 x，y，z，如果直接应用条件式

```
1/(x*x)+1/(y*y)=1/(z*z)
```

作判别，因分数计算的不可避免的误差，可能把一些成立的倒立勾股数组解遗失，即造成遗漏。注意到上述分数条件式作通分可整理得到下面的整数条件式

```
(x*x+y*y)*z*z=x*x*y*y
```

程序中为防止发生解的遗漏，应用上述整数条件作判别是适宜的。

（2）求区间内倒立勾股数 VFP 程序设计

```
*  求指定区间内倒立勾股数 f123
?  " 倒立勾股数组 x,y,z: 1/x^2+1/y^2=1/z^2"
?  " 求指定区间[c,d]内的倒立勾股数组."
input  " 请输入区间下限 c: "  to  c
input  " 请输入区间上限 d: "  to  d
?  "区间["+ltrim(str(c))+","+ltrim(str(d))+"]内的倒立勾股数组有:"
?  "          x          y          z"
n=0
for  z=c to d-2                         &&  x,y,z 穷举取值
   for  y=z+1 to  d-1
      for  x=y+1 to  d
         if  z*z*(x*x+y*y)=x*x*y*y      &&  满足倒立勾股数条件，输出
            ?  str(x)+str(y)+str(z)
```

```
            n=n+1
        endif
    endfor
  endfor
endfor
? "共"+ltrim(str(n))+"组倒立勾股数."
return
```

（3）程序运行示例

运行程序，输入区间[1,60]，得

```
区间[1,60] 内的倒立勾股数组有:
x       y       z
20      15      12
40      30      24
60      45      36
共 3 组倒立勾股数.
```

13　完全数

1．问题提出

正整数 n 的所有小于 n 的正因数之和若等于 n 本身，则称数 n 为完全数。例如 6 的小于 6 的正因数为 1，2，3，而 6=1+2+3，则 6 是一个完全数。

试求指定区间内的完全数。

2．通过试商求解

（1）设计要点

对指定区间中的每一个正整数 a 实施穷举判别。根据完全数的定义，为了判别正整数 a 是不是完全数，用试商法找出 a 的所有小于 a 的因数 k。显然，1≤k≤a/2。注意到 1 是任何正整数的因数，先把因数 1 定下来，即因数和 s 赋初值 1。然后设置 k 从 2 到 a/2 的循环，用表达式 a%k=0 判别 k 是否是 a 的因数，并求出 a 的因数累加和 s。

最后若满足条件 a=s 说明 a 是完全数，作打印输出。同时把 n 的因数从 1 开始，由小到大排列成和式。

（2）求指定区间内的完全数程序设计

```
* 求区间[x,y]内完全数 f131
set talk off
input [  x=] to x
input [  y=] to y
? "  区间["+ltrim(str(x))+","+ltrim(str(y))+"]中的完全数: "
```

```
n=0
for a=x to y
    s=1
    for k=2 to a/2
        if a%k=0
            s=s+k                           && 累计 a 的因数和
        endif
    endfor
    if s=a                                  && 判别 a 是否为完全数
       n=n+1
       ? str(n,3)+": "+ltrim(str(a))+"=1"
       for k=2 to a/2
           if a/k=int(a/k)
              ??  "+"+ltrim(str(k,5))       && 打印完全数的因数和式
           endif
       endfor
    endif
endfor
return
```

（3）程序运行示例

运行程序，输入 x=2，y=1000，得

区间[2,1000]中的完全数:

1：6=1+2+3

2：28=1+2+4+7+14

3：496=1+2+4+8+16+31+62+124+248

3. 程序改进

上述程序求正因数 k 的试商循环中存在大量的无效循环，为了提高求解效率，可从减少 k 的循环次数入手。

（1）改进设计要点

注意到数 a 若为非平方数，它的大于 1 小于 a 的因数成对出现，每一对中的较小因数要小于 a 的平方根。若数 a 恰为正整数 b 的平方，此时 b 为 a 的一个因数而不是一对。因此，在作赋值 b=sqrt(a)之后，k 的循环可设置从 2 到 b 来完成，大大减少 k 循环次数，缩减程序的运行时间。

为了打印输出方便，需设置因数数组 c，d（预置下标为 100），定义 d(n)是与找到的不大于 b 的因数 c(n)配对的不小于 b 的因数，即 c(n)d(n)=a。显然，c(n)与 d(n)都要累加到因数和变量 s 中去。

最后，若 a 为 b 的平方，注意到因数 b 加了两次，应把多加一次的 b 从 s 中减去。

（2）程序设计

```
*  求[x,y]中的完全数改进 f132
set talk off
input "请输入区间下界 x: "  to  x
input "请输入区间上界 y: "  to  y
?  "  区间["+ltrim(str(x))+","+ltrim(str(y))+"]中的完全数: "
for  a=x to y
   s=1
   b=int(sqrt(a+0.1))
   for  k=2 to b
       if  a%k=0
           s=s+k+a/k      && k 与 a/k 都是 a 的因数
       endif
   endfor
   if  a=b*b
       s=s-b              && a 为平方数时减去已重复计算的因数 b
   endif
   if  s=a
       ?  str(a,6)+"=1"
       for  k=2  to  a/2
           if a%k=0
           ??  "+"+ltrim(str(k))
           endif
       endfor
       if a%2=1
          ?  [找到奇完全数!! ]
       endif
   endif
endfor
return
```

（3）改进程序运行结果与说明

运行程序，输入 x=1000，y=10000，得

区间[1000,10000]中的完全数:

8128=1+2+4+8+16+32+64+127+254+508+1016+3032+4064

以上程序中，当 a=b*b 时，s=s-b 的操作是去掉重复加的因数 b 而设置的。

至今为止，寻找到的完全数都是偶完全数。是否存在奇完全数，既不能证明，也不能否定。因此在以上程序中如果找到的完全数是奇数(a%2=1)时，可作“奇完全数!”的特别标注。

4. 问题引伸

引入正整数 a 的因数比 p(a)的概念：设正整数 a 的小于其本身的因数之和为 s，定义

p(a)=s/a

事实上，a 为完全数时，p(a)=1。

有些资料还介绍了因数之和为数本身 2 倍的正整数，如 p(120)=2。

试求指定区间[x,y]中正整数的因数比的最大值。

（1）设计要点

设置 max 存储因数比最大值。对区间内每一正整数 a，求得其因数和 s。通过 s/a 与 max 比较求取因数比最大值。

对比较所得因数比最大的正整数，通过试商输出其因数和式。

（2）程序实现

```
* 求[x,y]中正整数的因数比最大值 f133
set talk off
input "请输入区间下界 x: "  to  x
input "请输入区间上界 y: "  to  y
max=0
for  a=x to y
   s=1
   b=int(sqrt(a+0.1))
   for  k=2 to b
      if  a%k=0
         s=s+k+a/k     && k 与 a/k 为 a 的因数，求和
      endif
   endfor
   if  a=b*b
      s=s-b            && a 为平方数时减去已重复计算的因数 b
   endif
   if  s/a>max         && 比较，求因数比 s/a 的最大值
     max=s/a
     a1=a
     s1=s
   endif
 endfor
 ? [     正整数]+ltrim(str(a1))+[的因数比最大：]+ltrim(str(max,10,4))
 ?  str(a1,8)+[的因数和为：]
 ?  str(s1,8)+[=1]                && 输出其因数和式
 for  k=2  to  a1/2
     if a1%k=0
        ??  "+"+ltrim(str(k))
     endif
 endfor
 return
```

（3）程序运行示例

求区间[x,y]中正整数的因数比最大值，请输入正整数 x，y：1000，5000，得

```
正整数 2520 的因数比最大：2.7143
2520 的因数和为：
6840=1+2+3+4+5+6+7+8+9+10+12+14+15+18+20+21+24+28+30+35+36+40
      +42+45+56+60+63+70+72+84+90+105+120+126+140+168+180+210
      +252+280+315+360+420+504+630+840+1260
```

14 相亲数

1. 问题提出

两千五百年前数学大师毕达哥拉斯就发现，220 与 284 两数之间存在着奇妙的联系：

220 的真因数之和为：1+2+4+5+10+11+20+22+44+55+110=284

284 的真因数之和为：1+2+4+71+142=220

毕达哥拉斯把这样的数对 a，b 称为相亲数对：a 的所有真因数（小于本身的因数）之和为 b，而 b 的所有真因数之和为 a。

至今数学界对寻找相亲数对，并竞相打破最大相亲数记录的热情不减。

试求 4 位以内的相亲数对。

2. 设计要点

对指定区间中的每一个正整数 i 应用试商实施穷举判别。根据相亲数的定义，用试商法 i%j=0 找出 i 的所有小于 i 的真因数 j，并求出真因数的和 s。然后用同样方法找出正整数 s 的真因数之和 s1。如果有 s1=i，则 i，s 为相亲数对。

为减少试商 j 循环次数，注意到数 i 若为非平方数，它的大于 1 小于 i 的因数成对出现，每一对中的较小因数要小于 i 的平方根。若数 i 恰为正整数 t 的平方，此时 t 为 i 的一个因数而不是一对，因而在和 s 中减去多加的因数 t。这样试商 j 循环只要从 2 取到 i 的平方根 t=sqrt(i)，可大大减少 j 循环次数，缩减程序的运行时间。

最后按规格打印所找出相亲数对。

3. 求相亲数程序设计

```
* 求 4 位以内的相亲数 f141
set talk off
for  i=11  to  9999
   s=1
   t=int(sqrt(i)+.01)
   for  j=2  to  t
      if  i%j=0
          s=s+j+i/j           && i 的真因数 j 与 i/j 求和
```

```
        endif
    endfor
    if  i=t*t
        s=s-t                  &&  如果 i=t*t，去除多算的因数 t
    endif
    if  i<s                    &&  规定 i<s,避免重复
        s1=1
        t=int(sqrt(s)+0.1)
        for  j=2  to  t
           if  s%j=0
               s1=s1+j+s/j     && s 的真因数 j 与 s/j 求和
           endif
        endfor
        if  s=t*t
            s1=s1-t                && 如果 s=t*t，去除多算的因数 t
        endif
        if  s1=i
            ? "相亲数:"+str(i)+str(s)
            ? str(i,5)+"的真因数之和为: 1"
            for  j=2  to  i/2
                if  i%j=0
                    ??  "+"+ltrim(str(j))
                endif
            endfor
            ??  "="+ltrim(str(s))
            ? str(s,5)+"的真因数之和为: 1"
            for  j=2  to  s/2
                if  s%j=0
                    ??  "+"+ltrim(str(j))
                endif
            endfor
            ??  "="+ltrim(str(i))
         endif
     endif
 endfor
 return
```

4. 程序运行结果

运行程序，得 4 位以内的相亲数：

相亲数:　220　　284

220 的真因数之和为:1+2+4+5+10+11+20+22+44+55+110=284

```
284 的真因数之和为:1+2+4+71+142=220
相亲数:  1184    1210
1184 的真因数之和为:1+2+4+8+16+32+37+74+148+296+592=1210
1210 的真因数之和为:1+2+5+10+11+22+55+110+121+242+605=1184
相亲数:  2620    2924
2620 的真因数之和为:1+2+4+5+10+20+131+262+524+655+1310=2924
2924 的真因数之和为:1+2+4+17+34+43+68+86+172+731+1462=2620
相亲数:  5020   5564
5020 的真因数之和为:1+2+4+5+10+20+251+502+1004+1255+2510=5564
5564 的真因数之和为:1+2+4+13+26+52+107+214+428+1391+2782=5020
相亲数:  6232   6368
6232 的真因数之和为:1+2+4+8+19+38+41+76+82+152+164+328+779+1558+3116=6368
6368 的真因数之和为:1+2+4+8+16+32+199+398+796+1592+3184=6232
```

15　守形数

1．问题提出

若正整数 n 是它平方数的尾部，则称 n 为守形数，又称同构数。

例如，6 是其平方数 36 的尾部，76 是其平方数 5776 的尾部，6 与 76 都是守形数。

试求出指定区间[x,y]内所有守形数。

2．常规求解

（1）设计要点

对指定范围[x,y]内的每一个正整数 a（约定 a>1），求出其平方数 s；

计算 a 的位数 w，同时计算 b=10^w，a 的平方 s 的尾部 c=s%b；

比较 a，c，若 a=c 则输出守形数。

（2）程序实现

```
* 求区间[x,y]内的守形数常规设计 f151
 set talk off
 input [x=] to x
 input [y=] to y
 for a=x to y
     s=a*a          && 计算 a 的平方数 s
     b=1
     k=a
     do while k>0
        b=b*10
        k=int(k/10)
```

```
      enddo
      c=s%b            && c 为 a 的平方数 s 的尾部
      if a=c
         ? ltrim(str(a))+[^2=]+ltrim(str(s))
      endif
   endfor
   return
```

（3）程序运行示例

运行程序，输入 x=10,y=10000,得

```
25^2=625
76^2=5776
376^2=141376
625^2=390625
9376^2=87909376
```

3．应用字符串函数求解

（1）求解要点

对指定范围[x,y]内的每一个正整数 a 并转换为字符串 as;

求出 a 的平方数并转换为字符串 ms;

通过字符串子串比较,若 right(ms,ln)=as（其中 ln 为 a 的字符串的长度)，作打印输出。

（2）程序实现

```
* 应用字符串求指定范围[x,y]内的守形数
set talk off
input [x=] to x
input [y=] to y
for a=x to y
   as=ltrim(str(a,10))              && 数 a 转换为字符串
   ln=len(as)
   ms=ltrim(str(a*a,20))            && a*a 转换为字符串
   if as=right(ms,ln)               && 判断 a 是否为 a*a 尾部
      ? as+": 其平方为"+ms
   endif
endfor
return
```

（3）程序运行示例

运行程序，输入 x=1000，y=100000，得

```
9376: 其平方为 87909376
90625: 其平方为 8212890625
```

4. 探索n位守形数

（1）求解要点

为了拓展求守形数的范围，可应用守形数的性质：一个m位守形数的尾部m-1位数也是一个守形数。

道理很简单，a是一个m位数，a的平方数尾部的m-1位仅由a的尾部m-1位决定而与a的其他位无关。

实施易知一位守形数有三个：1，5，6。则二位守形数的个位数字只可能是1，5，6这三个数字。根据这一思路，我们可应用递推求出多位守形数串。

（2）求n位守形数程序设计

```
*   求n位守形数 f152
set talk off
input "所求守形数的位数n:"  to  n
dime   a(n), b(2*n)
for  z=1 to 9
   for  j=1 to 2*n
       b(j)=0
   endfor
   a(1)=z                                  && 给个位数a(1)赋值
   b(2)=int(z*z/10)
   b(1)=z*z-b(2)*10
   if  a(1)=b(1) and b(2)#0
       for  i=2 to n
           w=0
           for  k=0 to 9
               x=b(i)+2*k*a(1)
               if k=x-int(x/10)*10         && 递推逐个探索
                  w=1
                  exit
               endif
           endfor
           if  w=0
               return
           endif
           a(i)=k                          &&  递推得a(i)
           for j=1 to i-1
              y=2*k*a(j)
              b(i+j-1)=y-int(y/10)*10+b(i+j-1)
              b(i+j)=int(y/10)+b(i+j)
           endfor
```

```
        y=k*k+b(2*i-1)
        b(2*i)=int(y/10)
        b(2*i-1)=y-b(2*i)*10
        for  j=1 to 2*i-1
           y=int(b(j)/10)
           b(j)=b(j)-y*10        && 给平方数 b 数组赋值
           b(j+1)=b(j+1)+y
        endfor
      endfor
      if a(n)#0                      && 输出守形数结果
         ? str(n)+"位守形平方数:"
         for j=n to 1 step -1
             ?? right(str(a(j)),1)
         endfor
         ? "     该数的平方为:"
         W=2*N
         do while b(w)=0
             w=w-1
         enddo
         for  j=w to 1 step -1
             ??  right(str(b(j)),1)
         endfor
      endif
   endif
endfor
return
```

（3）程序运行示例

运行程序，输入 n=30，得

```
      30位守形平方数:106619977392256259918212890625
   该数的平方为:11367819579125235975036734004106619977392256259918212890625
      30位守形平方数:893380022607743740081787109376
   该数的平方为:798127864794612716138610952755893380022607743740081787109376
```

求这样多位的守形数，按常规处理是难以实现的。

四、素数——上帝用来描写宇宙的文字

16　素数

1. 问题提出

素数是上帝用来描写宇宙的文字（伽利略语）。

素数，又称为质数，是不能被 1 与本身以外的其他整数整除的整数。如 2，3，5，7，11，13，17 是前几个素数，其中 2 为唯一的偶素数。

与此相对应，一个整数如果能被除 1 与本身以外的整数整除，该整数称为合数，或复合数。例如，15 能被除 1 与 15 以外的整数 3，5 整除，15 是一个合数。

作为一类特殊的整数，素数是数论中探讨最多也是难度最大的一类整数，其中有些问题是著名数学家提出并研究过的经典趣题。

求素数的常用方法有试商判别法与筛法两种。试应用这两种方法求出指定区间上的所有素数，并统计该区间上素数的个数。

2. 试商判别法求素数

（1）设计要点

试商判别法是依据素数的定义来实施的。应用试商法来探求奇数 i（只有唯一偶素数 2，无须作试商判别）是不是素数，用奇数 j（取 3，5，…，直至 sqrt(i)）去试商。若存在某个 j 能整除 i，说明 i 能被 1 与 i 本身以外的整数 j 整除，i 不是素数。若上述范围内的所有奇数 j 都不能整除 i，则 i 为素数。

有些程序把试商奇数 j 的取值上限定为 i/2 或 i-1 也是可行的，但并不是可取的，这样无疑会增加了试商的无效循环。理论上说，如果 i 存在一个大于 sqrt(i) 且小于 i 的因数，则必存在一个与之对应的小于 sqrt(i) 且大于 1 的因数，因而从判别功能来说，取到 sqrt(i) 已足够了。

判别 j 整除 i，常用表达式 i%j=0 或 mod(i,j)=0 来实现。

（2）应用试商法求区间素数程序设计

```
*  试商法求指定区间上素数 f161
set talk off
? ″本程序求区间[c,d]上的素数:″
```

```
input  "输入区间下限 c:"  to  c
input  "输入区间上限 d:"  to  d
?  "区间["+ltrim(str(c))+","+ltrim(str(d))+"]上的素数有:"
n=0
if  c%2=0
c=c+1                          && 确保 c 为奇数
endif
? "  "
for  i=c to d step 2
   t=0
   for  j=3 to sqrt(i) step 2
      if  i%j=0                && 实施试商
          t=1
          exit
      endif
   endfor
   if  t=0                     && t=0 时 i 为素数
       ??  str(i,6)
       n=n+1
       if mod(n,10)=0
          ? "  "
       endif
   endif
endfor
?  "共"+ltrim(str(n))+"个素数."
return
```

（3）程序运行示例

```
本程序求区间[c,d]上的素数:
输入区间下限 c:2000
输入区间上限 d:2100
 2003 2011 2017 2027 2029 2039 2053 2063 2069 2081
 2083 2087 2089 2099
共 14 个素数.
```

3．筛法求素数

（1）筛法简介

求素数的筛法是公元前三世纪的厄拉多塞（Eratosthenes）提出来的：对于一个大整数 x，只要知道不超过 sqrt(x)的所有素数 p，划去所有 p 的倍数 2p，3p，...，剩下的整数就是不超过 x 的全部素数。

应用筛法求素数，为了方便实施“筛去”操作，应设置数组。每一数组元素对应一个待判别的奇数，并赋初值 0。如果该奇数为 p 的倍数则应筛去，对应元素加一个筛去标记，通常给该元素赋值-1。最后，打印元素值不是-1（即没有筛去） 的元素对应的奇数即所求素数。

在实际应用筛法的过程中，p 通常不限于取不超过 sqrt(x)的素数，而是适当放宽取不超过 sqrt(x)的奇数（从 3 开始）。这样做尽管多了一些重复筛去操作，但程序设计要简便些。

（2）应用筛法求素数设计要点

在指定区间[c,d](约定 c 为奇数)上所有奇数表示为 j=c+2k（k=0，1，...，e，这里 e=(d-c)/2)。于是 k=(j-c)/2 是奇数 j 在数组中的序号（下标)。如果 j 为奇数的倍数时，对应数组元素作划去标记，即 a[(j-c)/2+1]=-1。

根据 c 与奇数 i，确定 g=2*int(c/(2*i))+1，使得 gi 接近区间下限 c，从而使筛去的 gi，(g+2)i，...。在[c,d]中，减少无效操作，以提高对大区间的筛选效率。

最后，凡数组元素 a[k]≠-1，对应的奇数 j=c+2k 则为素数。

（3）筛法求素数程序实现

```
*  筛法求指定区间上素数 f162
set talk off
? "本程序求区间[c,d]上的素数:"
input  "输入区间下限 c:"  to  c
input  "输入区间上限 d:"  to  d
?  "区间["+ltrim(str(c))+","+ltrim(str(d))+"]上的素数有:"
? "  "
if  c%2=0
c=c+1                        && 确保 c 为奇数
endif
e=int((d-c)/2)
dime a(e+1)                  && [c,d]中共 e+1 个奇数
a=0
n=0
i=1
do while i<=sqrt(d)          && 在[c,d]中筛选素数
   i=i+2
   g=2*int(c/(2*i))+1
   if g*i>d
      loop
   endif
   if g=1
      g=3
   endif
   j=i*g
```

```
      do while j<=d
         if j>=c
            a(int((j-c)/2)+1)=-1     &&  作筛去标记-1
         endif
         j=j+2*i
      enddo
   enddo
   for k=0 to e-1
     if a(k+1)!=-1                   &&  输出所得素数
        n=n+1
        ?? str(c+2*k,8)
        if n%10=0
           ? " "
        endif
     endif
  endfor
  ? "共"+ltrim(str(n))+"个素数。"
  return
```

（4）程序运行示例

```
本程序求区间[c,d]上的素数:
输入区间下限 c:1671800
输入区间上限 d:1672000
区间[1671800,1672000]上的素数有：
1671907  1671941  1671947  1671961  1671977  1671983  1671997
共 7 个素数。
```

4. 点评

求素数的两个方法比较，各有所长。试商法较为直观，设计容易实现，因此常为程序设计爱好者所采用。筛法在较大整数的判别上效率更高一些，但设计上较难把握。

17 乌兰现象

1. 问题提出

美国著名数学家乌兰教授（S.Ulam）有一次参加一个科学报告会，为了消磨时间，他在一张纸上把 1，2，3，…，100 按反时针的方式排成一种螺旋形式，并标出全部素数。他突然发现这些素数大都扎堆于一些斜线形式。散会后，他在计算机上把 1～65000 的整数排成反时针螺旋式，并打印出来。他发现这些素数仍然具有挤成一条直线的特性。这种现象在数学上称为“乌兰现象”。

后来，数学家从“乌兰现象”中找到了素数的许多有趣性质。

设计程序，把整数序列 1，2，3，4，…排列成方螺线数阵，1 置于中心位置，以后各整数依次按逆时针方螺线位置排列。为清楚显示，设计用另一种颜色标注所有素数。

2. 设计要点

数字方螺线是从正中间开始的。随整数 n 的增加，位置呈逆时针方螺线展开。

设整数 n 所在的坐标(x, y)为（x(n), y(n)）。

在第 i 圈，分 4 步操作（分别在条件循环中实施）：

向上增长，n 每增 1，x(n)不变，y(n)增 1，直至 y(n)=i 时转向。

向左增长，n 每增 1，y(n)不变，x(n)减 1，直至 x(n)=-i 时转向。

向下增长，n 每增 1，x(n)不变，y(n)减 1，直至 y(n)=-i 时转向。

向右增长，n 每增 1，y(n)不变，x(n)增 1，直至 x(n)=i 时转下一圈。

设置 k 循环，k=1，2，3，…，在循环中应用 VFP 的格式输出语句：

```
@ y(k),x(k) say str(k,3)
```

作显示输出。为体现动态效果，每输出一个数，设置等待 0.1 秒。同时，为了增强素数的视觉效果，素数设置以醒目黄色标注。

3. 乌兰现象程序设计

```
* 乌兰现象 f171
set talk off
clear
input "请输入数阵的阶数m:"  to  m
dime  x((m+1)*(m+1)),y((m+1)*(m+1))
x(1)=0
y(1)=0
n=1
t=int(m/2)
for  i=1 to t
    n=n+1
    x(n)=x(n-1)+1
    y(n)=y(n-1)
    do  while  y(n)<i      && 分情况计算n所在的坐标
        n=n+1
        x(n)=x(n-1)
        y(n)=y(n-1)+1
    enddo
    do  while  x(n)>-i
        n=n+1
```

```
        x(n)=x(n-1)-1
        y(n)=y(n-1)
    enddo
    do  while  y(n)>-i
        n=n+1
        x(n)=x(n-1)
        y(n)=y(n-1)-1
    enddo
    do  while  x(n)<i
        n=n+1
        x(n)=x(n-1)+1
        y(n)=y(n-1)
    enddo
endfor
?  str(m,2)+"阶数字方螺线为:"
for k=1 to m*m
   r=0
   for j=2 to sqrt(k)
       if k%j=0
          r=1
          exit
       endif
   endfor
   if r=0 and k#1                       && 素数置黄色
      @ 25-y(k)*2,80+x(k)*5  say str(k,3)  color  GR+/R
   else
      @ 25-y(k)*2,80+x(k)*5  say str(k,3)
   endif
   wait wind time 0.1                   && 每显示一个数停留 0.1 秒
endfor
return
```

4. 程序运行示例

运行程序，输入 m=10，得 10 阶数字方螺线如图 17-1 所示。

我们可以看到图中素数沿斜线扎堆的乌兰现象。

在这些“素数斜线”上，也有 39；15，33，93；85；65 等非素数，分别为两个素数之积，都比较“接近”素数。

从图上还可看到，奇数的平方数在半条斜线上，而偶数的平方数在另半条斜线上。

100	99	98	97	96	95	94	93	92	91
65	64	63	62	61	60	59	58	57	90
66	37	36	35	34	33	32	31	56	89
67	38	17	16	15	14	13	30	55	88
68	39	18	5	4	3	12	29	54	87
69	40	19	6	1	2	11	28	53	86
70	41	20	7	8	9	10	27	52	85
71	42	21	22	23	24	25	26	51	84
72	43	44	45	46	47	48	49	50	83
73	74	75	76	77	78	79	80	81	82

图 17-1　乌兰现象再现

18　孪生素数

1．问题提出

相差为 2 的两个素数称为孪生素数。例如，3 与 5 是一对孪生素数，41 与 43 也是一对孪生素数。

试求出指定区间上的所有孪生素数对。

2．常规求解

（1） 求解要点

设置两个变量，当前素数变量 i 与相邻的前一个素数变量 f。在求出当前素数 i 后，求 i 与它相邻的前一个素数 f 的差。如果 i-f=2，则 f，i 为所求的一对孪生素数。每求出一个素数 i 并作判断后要注意把该素数 i 存储到 f，为继续寻求后面的孪生素数对做准备。

（2）程序实现

```
* 求指定区间上的孪生素数对 f181
set talk off
? "求区间[c,d]上的孪生素数对"
input "请输入 c(c>2): " to c
input "请输入 d: " to d
```

```
f=0
n=0
if c%2=0
   c=c+1                          && 确保起点 c 为奇数
endif
for i=c to d step 2
   t=0
   for j=3 to sqrt(i) step 2   && 试商判别素数
      if i%j=0
         t=1
         exit
      endif
   endfor
   if t=0                          &&  t 为 0 表明 i 为素数
      if i-f=2
         ??  "("+ltrim(str(f))+","+ltrim(str(i))+")  "
         n=n+1
      endif
      f=i                          && f 为 i 的前一个素数
   endif
endfor
?  "共"+ltrim(str(n))+"对孪生素数。"
return
```

（3）程序运行示例

运行程序，输入区间 101，200，得

(101,103)　(107,109)　(137,139)　(149,151)　(179,181)
(191,193)　(197,199)
共 7 对孪生素数。

3. 设置数组求解

（1）求解要点

求出指定区间内的所有素数并依次存储到 a 数组。数组中相邻元素之差若为 2，对应的两个素数相差为 2，即为一对孪生素数。

（2）程序实现

```
* 应用数组求指定区间上的孪生素数对 f182
set talk off
? "求区间[c,d]上的孪生素数对"
input "请输入 c(c>2): " to c
input "请输入 d: " to d
dime a((d-c)/2)
```

```
m=0
n=0
if c%2=0
   c=c+1                          && 确保起点 c 为奇数
endif
for i=c to d step 2
   t=0
   for j=3 to sqrt(i) step 2   && 试商判别素数
      if i%j=0
         t=1
         exit
      endif
   endfor
   if t=0                         &&  t 为 0 表明 i 为素数
      m=m+1
      a(m)=i                      && i 为素数给 a 数组赋值
   endif
endfor
for j=2 to m
   if a(j)-a(j-1)=2               && 相邻素数相差为 2 即输出
      ??  "("+ltrim(str(a(j-1)))+","+ltrim(str(a(j)))+")  "
       n=n+1
   endif
endfor
?  "共"+ltrim(str(n))+"对孪生素数。"
return
```

（3）程序运行示例

运行程序，输入区间 c=2001，d=2100，得

(2027,2029) (2081,2083) (2087,2089)

共 3 对孪生素数。

19 梅森尼数

1. 问题提出

形如 2^n-1 的素数称为梅森尼数（Mersenne Prime）。例如 $2^2-1=3$，$2^3-1=7$ 都是梅森尼数。1722 年，双目失明的数学大师欧拉证明了 $2^{31}-1=2147483647$ 是一个素数，堪称当时世界上“已知最大素数”的第一个记录。

求出指数 n<50 的所有梅森尼数。

2．设计要点

设置指数 n 循环（2～50），循环体中通过累乘 t=t*2，得 t=2^n。 根据梅森尼数的构造形式，对 m=t-1 应用试商法实施素数判别。若 m 为素数，即为所寻求的梅森尼数，作打印输出。

3．求梅森尼数程序实现

```
* 求梅森尼数:2^n-1 形式的素数 f191
set talk off
clear
s=0
t=2
for n=2 to 50
   t=t*2                              && 累乘量 t 为 2^n
   m=t-1
   x=0
   for j=3 to sqrt(m)+1 step 2       && 试商法判别 m 是否素数
      if m%j=0
         x=1
         exit
      endif
   endfor
   if x=0                             && 输出所求得的素数 m
      s=s+1
      ? "   2^"+ltrim(str(n))+"-1="+ltrim(str(m))
   endif
endfor
? "  指数 n 于[2,50]中梅森尼数共有"+ltrim(str(s))+"个。"
return
```

4．程序运行结果与讨论

```
2^2-1=3
2^3-1=7
2^5-1=31
2^7-1=127
2^13-1=8191
2^17-1=131071
2^19-1=524287
2^31-1=2147483647
指数 n 于[2,50]中的梅森尼数共有 8 个。
```

顺便指出，若 2^n-1 为梅森尼数，则 n 必为素数。以上程序的运行结果也可以验证这一点。若需求更大的梅森尼数，指数 n 可限定为素数，以减少搜索量。

对于很大的素数 n，要判断 2^n-1 是否为素数，工作量都艰辛无比，以上的穷举难以胜任，需要一些特殊的理论和方法。1996 年美国数学家及程序设计师乔治·沃特曼编制了一个梅森素数寻找程序，并把它放在网页上供数学家和数学爱好者免费使用。这就是著名的“因特网梅森尼素数大搜索”（GIMPS）项目。该项目采取网格计算方式，利用大量普通计算机的闲置时间来获得相当于超级计算机的运算能力。目前，全球约 7 万多名志愿者参加该项目，并动用 20 多万台计算机联网来进行大规模的分布式计算，以寻找新的梅森尼素数。2006 年 12 月 4 日，美国密苏里大学 Curtis Cooper 和 Steven Boone 领导的工作组打破了他们自己的记录，发现了最新的第 44 个梅森尼数 2^23582657-1，它是一个 9808358 位数。

20　金蝉素数

1. 问题提出

某古寺的一块石碑上依稀刻有一些的神秘自然数。

专家研究发现：这些数是由 1，3，5，7，9 这 5 个奇数字排列组成的 5 位素数，且同时去掉它的最高位与最低位数字后的三位数还是素数，同时去掉它的高二位与低二位数字后的一位数还是素数。 因此，人们把这些神秘的素数称为金蝉素数，喻意金蝉脱壳之后仍为美丽的金蝉。

试求出石碑上的金蝉素数。

2. 设计要点

本题求解的金蝉素数是一种极为罕见的素数，实际上是素数的一个子集。

设置五位数 k 循环，对每一个 k，进行以下 4 步判别：

1）应用试商法检查 k 是否为素数。

2）应用取整与求余操作对素数 k“脱壳”之后的三位数 d，应用试商法判定 d 是否为素数。

3）对于 k 与 d 同时为素数，分离出其 5 个数字赋值给 a 数组。设置二重循环比较，检查 k 是否存在相同数字。

4）检查 k 的五个数字中是否存在偶数字，其中间数字 a(3)是否为 1 与 9（奇数字中 1，9 非素数）。

设置标志量 t，t 赋初值 t=0。每一步检查若未通过，则 t=1。

最后若 t=0，则打印输出 k 即为金蝉素数。

3. 金蝉素数程序实现

```
*  金蝉素数 f201
 dime a(5)
 ? "金蝉素数为："
 for  k=10001 to 99999 step 2
    t=0
    for j=3 to  sqrt(k) step 2
       if k%j=0     &&  试商求素数
          t=1
          exit
       endif
    endfor
    if t=0            &&  k 为 5 位素数
       a(1)=k%10
       a(5)=int(k/10000)
       d=int(k/10)%1000
       for j=2 to  sqrt(d)
         if d%j=0     &&  试商求素数
            t=1
            exit
         endif
       endfor
    endif
    if t=0            &&  d 为 3 位素数
       a(2)=d%10
       a(4)=int(d/100)
       a(3)=int(d/10)%10
       for i=1 to 4        && 比较确保没有相同数字
           for j=i+1 to 5
              if a(i)=a(j)
                 t=1
                 exit
              endif
           endfor
       endfor
    endif
    if  t=0
        for j=1 to 5    && 排除偶数字与中间数字为 1, 9
           if a(j)%2=0 or a(3)=1 or a(3)=9
              t=1
```

```
              exit
           endif
       endfor
   endif
   if t=0
       ??  k             && 输出金蝉素数
   endif
 endfor
 return
```

4．程序运行结果

程序运行，得 5 个金蝉素数：

13597　53791　79531　91573　95713

在输出的这 5 个金蝉素数中，13597 与 79531 是互逆的金蝉素数。

21　素数多项式

1．问题提出

早在 1772 年，欧拉就发现当 x=1，2，...，40 时二次多项式 $x^2 - x + 41$ 的值都是素数。从此，引发了关于素数多项式的探求。

设计程序验证以上素数多项式结论是否正确，并探索其他素数多项式。

2．验证欧拉素数多项式

（1）设计要点

一般地，为了验证二次三项式 $y = x^2 - x + f$ 当 x 取值从 1 至 f-1 时 y 是否为素数。用通常的试商判别 y 是不是素数，通过 k=2，3，...，sqrt(y)的试商，若 y 不能被 k 整除，说明 y 是素数，标注“素数”。否则，打印 y 的一个因数分解式，表明 y“非素”。

（2）验证素数多项式程序设计

```
*  验证素数多项式 f211
set talk off
m=0
input ″  请输入 f: ″ to f
?  ″  y=x^2-x+″+str(f,2)+″, ″
?? ″当 x 取值在[1,″+str(f-1,2)+″],y 的素数分布：″
?  ″  ″
for x=1 to f-1
```

```
    y=x*x-x+f
    t=0
    for k=3 to sqrt(y) step 2
        if y%k=0
           t=1
           exit
        endif
    endfor
    if t=0                          && t=0 时，y 为素数
       ?? "x="+str(x,2)+"时,"+str(y,4)+"素数.  "
       m=m+1
       if m%4=0
         ? "  "
       endif
    else
        ?? "x="+str(x,2)+"时，"+str(y,4)
        ??  "="+str(k,3)+"*"+str(y/k,3)
    endif
endfor
return
```

（3）程序运行示例与讨论

请输入 f: 41

```
y=x^2-x+41, 当x取值在[1,40],y的素数分布：
x= 1时,  41素数.  x= 2时,  43素数.  x= 3时,  47素数.  x= 4时,  53素数.
x= 5时,  61素数.  x= 6时,  71素数.  x= 7时,  83素数.  x= 8时,  97素数.
x= 9时, 113素数.  x=10时, 131素数.  x=11时, 151素数.  x=12时, 173素数.
x=13时, 197素数.  x=14时, 223素数.  x=15时, 251素数.  x=16时, 281素数.
x=17时, 313素数.  x=18时, 347素数.  x=19时, 383素数.  x=20时, 421素数.
x=21时, 461素数.  x=22时, 503素数.  x=23时, 547素数.  x=24时, 593素数.
x=25时, 641素数.  x=26时, 691素数.  x=27时, 743素数.  x=28时, 797素数.
x=29时, 853素数.  x=30时, 911素数.  x=31时, 971素数.  x=32时,1033素数.
x=33时,1097素数.  x=34时,1163素数.  x=35时,1231素数.  x=36时,1301素数.
x=37时,1373素数.  x=38时,1447素数.  x=39时,1523素数.  x=40时,1601素数.
```

验证了当 x=1，2，...，40 时，二次多项式 $x^2 - x + 41$ 的值均为素数。

3. 寻求新的素数多项式

（1）素数多项式定义

分析二次三项式 $y = x^2 - x + f$ 的取值：

当 f 为偶数时，无论 x 取哪些整数，y 的取值总是偶数，不可能为奇素数。

当 x=f 时，y 能被 f 整除，不是素数。

因此，二次三项式 $y = x^2 - x + f$（其中 f 为大于 1 的奇数）只有当 x 取值为[1, f-1]时，y 的值才有可能全为素数。

定义 $y = x^2 - x + f$ 为素数多项式：其中 f 为大于 1 的奇数，当 x=1，2，…，f-1 时，y 的值都是素数。

试设计程序寻求新的素数多项式。

（2）寻求 f 在区间[c,d]的素数多项式程序设计

```
* 寻求素数多项式 x^2-x+f  f212
? " 寻求 f 在区间[c,d]的素数多项式。"
input " 请输入 c: " to c
input " 请输入 d: " to d
? " 常数项 f 在["+str(c,2)+","+str(d,2)+"]中的素数多项式有："
if c%2=0
   c=c+1
endif
for f=c to d step 2   && 确保 f 为奇数
    m=0
    for x=1 to f-1
        y=x*x-x+f
        t=0
        for k=3 to sqrt(y)
            if y%k=0
               t=1
               exit
            endif
        endfor
        if t=0
           m=m+1   && t=0 时，y 为素数
        else
           exit    && t=1 表示非素数多项式，返回进入下一个数的探索
        endif
    endfor
    if m=f-1
        ? "  x^2-x+"+str(f,2)+" 是素数多项式！"
    endif
endfor
return
```

（3）程序运行示例

请确定输入区间[c,d]的下上限：11， 99

常数项 f 在[11,99]中的素数多项式有：

x^2-x+11 是素数多项式！

x^2-x+17 是素数多项式！

x^2-x+41 是素数多项式！

其中前两个是新的素数多项式。

22 等差素数列

1. 问题提出

我们知道，小于 10 的素数中有 3，5，7 组成等差数列。30 以内的素数中，有 11，17，23，29 组成等差数列。

在小于 2009 的所有素数中，最多有多少个素数成等差数列？

2. 设计要点

为一般计，指定区间[w0,w]中有 n 个素数成等差数列，求 n 的最大值，并输出其中一个 n 项的素数等差数列。

应用试商法求出指定区间[w0,w]中的所有奇素数，存入 a 数组 a(1)，a(2)，...，a(u)。

若以 m=a(n)为首项，公差 d=a[i]-a[n]为数组中两素数之差，用 h 标记等差数列中当前项的下标，m1 表示等差数列中已有项数。如果 m1>max，则 max=m1，同时标记此时等差数列的首项 m=a(n)与公差 d1=d。

最后打印输出所求的项数最大值为 max 的素数等差数列。

3. 等差素数列程序设计

```
* 等差素数列 f221
? "求指定区间内等差素数列的最多项数."
input "请输入区间下限 w0:"  to w0
input "请输入区间上限 w :"  to w
dime a((w-w0)/2)
u=0
if w0%2=0
   w0=w0+1
endif
for k=w0 to w step 2        && 求出区间内的奇素数
    t=0
    for j=3 to sqrt(k) step 2
      if k%j=0
         t=1
         exit
      endif
    endfor
    if t=0
```

```
      u=u+1
      a(u)=k
   endif
endfor
max=0
for n=1 to u-1              && a(n)为首项,d 为公差
  p=a(u)-a(n)
  for j=n+1 to u
     d=a(j)-a(n)
     if  d>p/3
        exit                && 终止无意义的搜索
     endif
     h=j
     m1=2
     for i=j+1 to u
        if a(i)-a(h)=d
           h=i
           m1=m1+1
        endif
        if max<m1           && 比较得 max 最大值
          max=m1
          m=a(n)
          d1=d
        endif
     endfor
  endfor
endfor
?  "  区间["+ltrim(str(w0))+","+ltrim(str(w))+"]"
?? "内等差素数列最多有"+ltrim(str(max))+"项。"
? "  "
for i=1 to max
   ?? ltrim(str(m+(i-1)*d1))+"  "
endfor
return
```

4. 程序运行示例

求指定区间内等差素数列的最多项数.
请输入区间下限 w0:3
请输入区间上限 w:2009
区间[3,2009]内等差素数列最多有 9 项。
199 409 619 829 1039 1249 1459 1669 1879

Chapter 4

```
请输入区间下限 w0:101
请输入区间上限 w:1000
区间[101,1000]内等差素数列最多有 6 项。
107  137  167  197  227  257
```

23 验证歌德巴赫猜想

1. 问题提出

德国数学家哥德巴赫（Goldbach）在 1725 年写给欧拉（Euler）的信中提出了以下猜想：任何大于 2 的偶数都是两个素数之和（俗称为 1+1）。

两个多世纪过去了，这一猜想既无法证明，也没有被推翻。

试设计程序验证指定区间[c, d]上这一猜想是否成立。

2. 设计要点

对于[c, d]上的所有偶数 i，分解为奇数 j 与 k=i-j（j=3，5，...，i/2）之和。用试商法对奇数 j, k 作检验判别，即用奇数 x（3，5，...，sqrt(k)）试商 j 与 k（试商 j*k 即可）。

若存在 x 整除 j*k（标记 t=1），则 j 增 2，用一组新的奇数 j，k 再试。

若对某一组奇数 j，k，上述所有指定的 x 都不能整除 j*k，则偶数 i 找到分解的素数 j，k，打印分解和式。

若某一偶数 i 穷举的所有奇数分解式都不存在同时为两素数情形，即已找到反例，推翻了哥德巴赫猜想。打印找到反例信息（作为完整的验证程序设计，这一步骤不能省）。

3. 验证哥德巴赫猜想程序设计

```
*  验证哥德巴赫猜想 f231
set talk off
? ″ 在区间[c,d]中验证哥德巴赫猜想.″
input ″ 请输入区间下限 c=″  to c
input ″ 请输入区间上限 d=″  to d
if c%2#0
   c=c+1                          &&  确保 c 为偶数
endif
for i=c to d step 2
   j=1
   do while j<=i/2
      j=j+2
      k=i-j                       &&  把 i 分解为两整数 j 与 k 之和
      t=0
```

```
          for x=3 to sqrt(k) step 2
              if (j*k)%x=0       &&  若 j 或 k 不是素数则 t=1
                 t=1
                 exit
              endif
          endfor
          if t=0                 &&  j 与 k 都是素数，则输出分解结果
             ? "   "+ltrim(str(i))+"="+ltrim(str(j))+"+"+ltrim(str(k))
             exit
          endif
       enddo
    endfor
    if t=1                 &&  偶数 i 不能分解为两素数之和，则输出反例
       ? "  找到反例："+ltrim(str(i))+"不能分解为两素数之和。"
    else
       ? "  哥德巴赫猜想在区间["+ltrim(str(c))+","+ltrim(str(d))+"]中正确."
    endif
    return
```

4．程序运行示例与说明

```
请输入区间下限 c=2000
请输入区间上限 d=2012
在区间[2000,2012]中验证哥德巴赫猜想.
2000=67+1933
2002=53+1949
2004=53+1951
2006=73+1933
2008=59+1949
2010=59+1951
2012=61+1951
哥德巴赫猜想在区间[2000,2012]中正确.
```

已有人在高速计算机上验证哥德巴赫猜想到了相当大的偶数，都没有找到这一猜想的反例。尽管如此，这仅仅是一个局部验证，并不能代替哥德巴赫猜想的证明，更不能由此验证断言哥德巴赫猜想成立。

24　合数世纪探求

1．问题的提出

运行以上求区间素数的程序可知 20 世纪的 100 个年号[1901—2000]中有 13 个素数，而 21 世纪的 100 个年号[2001，2100]中有 14 个素数。

那么，是否存在一个世纪，该世纪的 100 个年号中一个素数都没有？

定义一个世纪的 100 个年号中不存在一个素数，即 100 个年号全为合数的世纪称为合数世纪。

试设计程序探索最早的合数世纪。

这一与素数探求相关的趣题最早于 1996 年由杨克昌教授在《中国电脑教育报》"编程实践"栏中提出并设计求解。

2. 设计要点

应用穷举搜索，设置 a 世纪的 50 个奇数年号（偶数年号无疑均为合数）为 b，用 k 试商判别 b 是否为素数，用变量 s 统计这 50 个奇数中的合数的个数。

对于 a 世纪，若 s=50，即 50 个奇数都为合数，找到 a 世纪为最早的合数世纪，打印输出后退出循环结束。

3. 合数世纪程序设计

```
* 合数世纪探求 f241
set talk off
for a=21 to 20000              && 在约定区间内穷举世纪
   s=0
   for b=a*100-99 to a*100-1 step 2  && 穷举 a 世纪奇数年号 b
      x=0
      for k=3 to sqrt(b) step 2
         if b%k=0
            x=1
            exit
         endif
      endfor
      if x=0   && 当前为非合数世纪时，跳出循环进入下一个世纪的探求
         exit
      endif
      s=s+x                && 年号 b 为合数时，x=1，s 增 1
   endfor
   if s=50                 && s=50，即 50 个奇数均为合数
      ? " 最早出现的合数世纪为"+ltrim(str(a))+" 世纪!"
      ? " 该世纪的 100 个年号["+ltrim(str(a*100-99))
      ?? ","+ltrim(str(a*100-1))+"]全为合数。"
      exit
   endif
endfor
return
```

4．程序运行示例

运行程序，得

最早出现的合数世纪为 16719 世纪!

该世纪的 100 个年号[1671801，1671900]全为合数。

这是一个非常漫长的年代，可谓天长地久，地老天荒！

5．最小的连续 n 个合数

最小连续 3 个合数为[8,10]，最小连续 5 个合数为[24,28]。

试求出最小的连续 n 个合数（其中 n 是键盘输入的任意正整数）。

这一问题与合数世纪问题密切相关，解的存在性毋庸置疑。对任意正整数 n，总存在连续 n 个合数。例如，n=100 时，易知 101!+2，101!+3，...，101!+101 为连续 100 个合数，它们分别被 2，3，...，101 整除。

然而，要具体找出最小的连续 n 个合数谈何容易，这不是一般简单推理所能完成的。

（1）设计要点

求出区间[c,d]内的所有素数（区间起始数 c 可由小到大递增），检验其中每相邻两素数之差。若某相邻的两素数 m，f 之差大于 n，即 m-f>n，则区间[f+1,f+n]中的 n 个数为最小的连续 n 个合数。

应用试商法求指定区间[c,d]（约定起始数 c=3，d=c+10000）上的所有素数。求出该区间内的一个素数 m，设前一个素数为 f，判别：

若 m-f>n，则输出结果[f+1,f+n]后结束；

否则，作赋值 f=m，为求下一个素数作准备。

如果在区间[c,d]中没有满足条件的解，则作赋值：c=d+2，d=c+10000，继续试商下去，直到找出所要求的解。

（2）程序实现

```
* 求最小的连续 n 个合数 f242
set talk off
? "求最小的 n 个连续合数,"
input "输入 n(2--100):" to n
c=3
d=c+10000
f=3
do while .t.
   for m=c to d step 2
      t=0
      for j=3 to sqrt(m) step 2
```

```
            if m%j=0
               t=1
               exit
            endif
         endfor
         if t=0 and m-f>n
            ? "最小的"+str(n,3)+"个连续合数区间为:"
            ??  "["+ltrim(str(f+1))+","+ltrim(str(f+n))+"]."
            return
         endif
         if t=0       && 每求出一素数m, 赋值给f
            f=m
         endif
      endfor
      if m=d+2
         c=d+2        && 为下一轮试商作准备
         d=c+10000
      endif
enddo
return
```

（3）程序运行示例

```
求最小的n个连续合数,输入n(2--100):30
最小的30个连续合数区间为:[1328,1357]
求最小的n个连续合数,输入n(2--100):100
最小的100个连续合数区间为: [370262, 370361]。
```

建议运行前面求区间素数的程序验证这些区间上是否存在素数。

五、桥本分数式——优美的智慧

25 逆序乘积式

1．问题提出

选择数字完成以下逆序乘积式

DE×FG=ED×GF　①

DEF×GHK=FED×KHG　②

DEFG×K=GFED　③

每一式中的每一个字母代表一个数字，不同的字母代表不同的数字。

式①表述为：用 4 个不同的数字组成两个 2 位数，这两个 2 位数的乘积等于这两个 2 位数的逆序数的乘积。

式②表述为：用 6 个不同的数字组成两个 3 位数，这两个 3 位数的乘积等于这两个 3 位数的逆序数的乘积。

式③表述为：用 5 个不同的数字组成一个 4 位数与一个 1 位数，这个 4 位数乘以 1 位数的乘积等于这个 4 位数的逆序数。

试找出所有符合要求的逆序乘积式。为避免重复，约定式①中的 4 个数字中 D 为最小；式②中的 4 个百位数字 D，G，F，K 中 D 为最小。

2．2 位逆序乘积式求解

（1）求解思路

由 de*fg=ed*gf 且 d 最小可知 e，g 必位于 d，f 之间。于是必有 d<=6 且 f>=d+3。由此建立如下 4 重循环：

d 从 1 递增到 6；

f 从 9 递减到 d+3；

e 从 d+1 递增到 f-1；

g 从 d+1 递增到 f-1；

若 e!=g 且 de*fg=ed*gf 则输出结果，并用 n 统计解的个数。

（2）程序实现

```
*  二位逆积式 f251
```

```
? "  二位逆序式： DE*FG=ED*FG"
? ""
n=0
for d=1 to 6                    && 设置 4 个数字循环
for f=9 to d+3 step -1
for e=d+1 to f-1
for g=d+1 to f-1
    if e!=g and (10*d+e)*(10*f+g)=(10*e+d)*(10*g+f)
       n=n+1
       ?? str(n,5)+": "+str(d*10+e,2)+"*"+str(f*10+g,2)+"="
       ?? str(e*10+d,2)+"*"+str(g*10+f,2)
       if n%2=0
          ? ""
       endif
    endif
endfor
endfor
endfor
endfor
? "  共有 "+str(n,2)+"个解。 "
return
```

（3）程序运行结果

```
二位逆序式：DE*FG=ED*GF
1: 12*84=21*48      2: 14*82=41*28
3: 12*63=21*36      4: 13*62=31*26
5: 23*96=32*69      6: 26*93=62*39
7: 23*64=32*46      8: 24*63=42*36
9: 34*86=43*68     10: 36*84=63*48
共有 10 个解。
```

3．3 位逆序乘积式求解

（1）求解思路

为了寻求两个没有重复数字的三位数之积等于它们的逆序数之积，设置 a，b 两个三位数循环，分离出 a，b 的 6 个数字存放的 c 数组，并分别计算 a，b 的逆序数 a1，b1。

根据题意，若等式 a*b=a1*b1 不成立，或 D 大于 G，F，K，则直接返回试下一组。否则，应用 i，j 二重循环比较分离的 6 个数字是否有相同数字：

若存在相同，则标注 t=1，不作打印。

若不存在相同，保持原有的 t=0，作打印输出。

为确保不重复，包括一边两个乘数交换的重复，等号两边交换的重复。为此要求 a

的百位数字 c(1)<c(4),c(3),c(6)。

（2）程序实现

```
*  三位逆积式 f252
dime c(6)
? "  三位逆序式:  DEF*GHK=FED*KHG"
n = 0
for  a=102 to 987
for  b=a+1 to 999
    c(1)=int(a/100)
    c(2)=int(a/10)%10
    c(3)=a%10
    c(4)=int(b/100)
    c(5)=int(b/10)%10
    c(6)=b%10
    a1=c(3)*100+c(2)*10+c(1)
    b1=c(6)*100+c(5)*10+c(4)
    if a*b#a1*b1 or c(1)>c(4) or c(1)>c(3) or c(1)>c(6)
      loop
    endif
    t=0
    for i=1 to 5
    for j=i+1 to 6
      if c(i)=c(j)
        t=1
        exit
      endif
    endfor
    endfor
    if  t=0
        n=n+1
        ?  str(n,5)+": "+str(a,3)+"*"+str(b,3)+"="
        ?? str(a1,3)+"*"+str(b1,3)
    endif
endfor
endfor
return
```

（3）程序运行结果

```
三位逆序式:  DEF*GHK=FED*KHG
1:  134*862=431*268
2:  143*682=341*286
3:  314*826=413*628
```

4. 4位逆序乘积式求解

（1）求解思路

设置 n 循环穷举四位数，k 循环穷举倍数。

设置 i 循环，循环 4 次，每次实施 m=m*10+t%10，t=int(t/10)，求取 n 的逆序数 m。

应用 at()函数判别 n 中是否存在相同数字，判别 k 是否与 n 中数字相同。

应用 m=k*n 进行判别，作打印输出。

（2）4 位逆序乘积式程序设计

```
* 4 位逆序乘积式 f253
set talk off
j=0
 for n=1023 to 4987                    &&  在[1023, 4987]中穷举 n
 for k=2 to 9                          &&  k 穷举倍数
     if at(str(k,1),str(n,4))>0
        loop                           &&  如果 k 与 n 某数字相同，返回
     endif
     m=0
     t=n
     for i=1 to 4
        x=t%10
        if at(str(x,1),str(n,4),2)>0
           m=0                         &&  若 n 中有重复数字，退出
           exit
        endif
        m=m*10+x
        t=int(t/10)                    &&  求整数 n 的逆序数 m
     endfor
     if m=k*n
        ?  str(n,4)+"*"+str(k,1)+"="+str(m,4)
     endif
 endfor
 endfor
 return
```

（3）程序运行结果

运行程序，得

2178*4=8712

可知，4 位逆序乘积式只有以上唯一解。

26　巧妙的三组平方

1．问题提出

把 1，2，...，9 这九个数字分成三个组，每组三个数字，使得这三个组中的三个数字分别能排列成平方数 a，b，c（a<b<c）。

设计程序，求出满足要求的所有分法。

2．设计要点

该题曾作为北京中学生智力竞赛试题。

设置 a=a1*a1，a1 在 11～sqrt(798) 中循环取值。

b=b1*b1，因 a>b，则 b1 在 a1+1～sqrt(897) 中循环取值。

c=c1*c1，而 c>b，则 c1 在 b1+1～sqrt(987) 中循环取值。

这样设置三重循环，确保 a，b，c 都是三位平方数。

把 a，b，c 的 9 个数字转换为字符串 hd，应用字符运算$判定 hd 中数字 1～9 是否各出现一次：若 i（i=1，2，…，9）出现在字符串 hd 中，则表达式 str(i,1)$ hd 为真；若 i 不在 hd 中，则 str(i,1)$ hd 为假，此时标注 m=1。

3．程序实现

```
*   三组三数字平方 f261
set talk off
n=0
? "三组平方(每组三个数字)的所有分法为:"
for  a1=11 to sqrt(798)
   for  b1=a1+1 to sqrt(897)
      for  c1=b1+1 to sqrt(987)
         a=a1*a1                 &&  确保 a,b,c 均为三位平方数
         ad=ltrim(str(a))
         b=b1*b1
         bd=ltrim(str(b))
         c=c1*c1
         hd=str(c)+ad+bd
         m=0
         for  i=1 to 9
            if !(str(i,1)$ hd )  && 测试每个数字是否为 1 次
               m=1
               exit
```

```
            endif
          endfor
          if  m=0
             n=n+1
             ?  ltrim(str(a))+"("+ltrim(str(a1))+"^2)  "
             ?? ltrim(str(b))+"("+ltrim(str(b1))+"^2)  "
             ?? ltrim(str(c))+"("+ltrim(str(c1))+"^2)"
          endif
        endfor
      endfor
   endfor
   ?  "共"+ltrim(str(n))+"种分法."
   return
```

4. 程序运行结果

```
三组平方(每组三个数字)的所有分法为:
361(19^2)      529(23^2)      784(28^2)
共 1 种分法.
```

5. 一般三组平方

把 1，2，...，9 这九个数字分成三个组，每组至少一个数字，使得这三个组中的所有数字分别能排列成平方数 a，b，c（a<b<c）。

设计程序，求出满足要求的所有分法（若某一分法中某组的数字能排列成不同的平方数，只算一种分法）

（1）设计要点

因 a<b<c，a=a1*a1，b=b1*b1，c=c1*c1，则 a1<b1<c1。

注意到 a1，b1 都可取一位数，于是设置 a1 从 1～sqrt(798)循环取值，b1 从 a1+1～sqrt(8976)循环取值。因三组共 9 个数字，由 a，b 的位数可确定 c 的位数 ln，于是 c1 从 c0～sqrt(10^ln)循环取值，其中 c0 为 b1+1 与 sqrt(10^(ln-1))的较大者。

这样设置的三重循环，确保 a，b，c（a<b<c）都为平方数，且其数字共 9 个。

判定 a，b，c 中是否有重复数字同上。输出三组平方时增加了避免同一种分法重复打印的条件。

（2）一般的三组数字平方程序设计

```
*   一般的三组数字平方 f262
set talk off
n=0
x=0
z=0
```

```
? "三组平方的所有分法为:"
? "          no   a        b          c"
for  a1=1 to sqrt(798)
    for  b1=a1+1 to sqrt(8976)
        a=a1*a1
        ad=ltrim(str(a))
        b=b1*b1
        bd=ltrim(str(b))
        ln=9-len(ad)-len(bd)           && ln 为第三个平方数的位数
        c0=max(b1+1,int(sqrt(10^(ln-1))+0.01))
        for  c1=c0  to  int(sqrt(10^ln))
           c=c1*c1
           hd=str(c)+ad+bd             && 三个平方数连成字符串
           m=0
           for  i=1 to 9
              if !(str(i,1) $ hd)      && 测试是否有遗漏数字
                 m=1
                 exit
              endif
           endfor
           if  m=0 and (x#a or z#c)
              n=n+1
              ?  str(n)+": "+ltrim(str(a))+"("+ltrim(str(a1))+"^2)  "
              ?? ltrim(str(b))+"("+ltrim(str(b1))+"^2)   "
              ?? ltrim(str(c))+"("+ltrim(str(c1))+"^2)"
              x=a
              z=c
              c1=10000
           endif
        endfor
    endfor
endfor
? "共"+ltrim(str(n))+"种分法."
return
```

（3）程序运行结果

```
三组平方的所有分法为:
no        a          b           c
1  :      1 ( 1 ^2)    4 ( 2 ^2)   3297856 (1816 ^2)
2  :      1 ( 1 ^2)   49 ( 7 ^2)    872356 ( 934 ^2)
3  :      1 ( 1 ^2)   64 ( 8 ^2)    537289 ( 733 ^2)
4  :      1 ( 1 ^2)  256 (16 ^2)     73984 ( 272 ^2)
```

```
5  :    4 ( 2 ^2)    16 ( 4 ^2)   537289 ( 733 ^2)
6  :    4 ( 2 ^2)    25 ( 5 ^2)   139876 ( 374 ^2)
7  :    4 ( 2 ^2)   289 (17 ^2)    15376 ( 124 ^2)
8  :    9 ( 3 ^2)   324 (18 ^2)    15876 ( 126 ^2)
9  :   16 ( 4 ^2)    25 ( 5 ^2)    73984 ( 272 ^2)
10 :   16 ( 4 ^2)   784 (28 ^2)     5329 (  73 ^2)
11 :   25 ( 5 ^2)   784 (28 ^2)     1369 (  37 ^2)
12 :   25 ( 5 ^2)   841 (29 ^2)     7396 (  86 ^2)
13 :   36 ( 6 ^2)    81 ( 9 ^2)    74529 ( 273 ^2)
14 :   36 ( 6 ^2)   729 (27 ^2)     5184 (  72 ^2)
15 :   81 ( 9 ^2)   324 (18 ^2)     7569 (  87 ^2)
16 :   81 ( 9 ^2)   576 (24 ^2)     3249 (  57 ^2)
17 :   81 ( 9 ^2)   729 (27 ^2)     4356 (  66 ^2)
18 :  361 (19 ^2)   529 (23 ^2)      784 (  28 ^2)
共18种分法.
```

显然，最后一组解即为三组三位平方的解。

27　完美和式

1．问题提出

把数字 1，2，...，9 这九个数字分别填入下列两个和式的九个□中，数字 1～9 这 9 个数字在各式中出现且只出现一次（体现完美），使得各式成立。

$$\square\square\square+\square\square\square=\square\square\square \quad ①$$

$$\frac{\square}{\square+\square}+\frac{\square}{\square+\square}=\frac{\square}{\square+\square} \quad ②$$

为避免重复，和式①中右边三位数相同的为同一和式，即要求①所有和式的右边三位数不同。要求分数和式②中三个分数均为小于 1 的真分数；且左边两分数，分子小的在前；三个分母中的两个整数，较小的在前。

2．完美整数和式①求解

（1）设计要点

这是一道容易发生增解与遗解的填数趣题，要求填入每个数式的 9 个数字为 1，2，...，9，既不遗漏，也不重复。约定以上和式中右边三位数相同的为同一和式，即要求所有和式的右边三位数不同。

计算并输出所有不同的和式。

设式左的前一个三位数为 a，后一个三位数为 b，为不至重复，设 a<b。

设置 c，a 循环，c 为外循环，每打印输出一个解即跳出，保证一个 c 至多输出一个解。

每一对 c，a，有 b=c-a。把 a，b，c 转化为字符串相连为 d。若 d 的长度不等于 9 或者 b<=a，返回。

然后应用字符串$运算进行重复数字筛选。

筛选出的和式即为完美和式，输出并用 n 统计解的个数。

（2）程序设计

```
* 十进制完美和式 f271
 set talk off
 n = 0
 for  c=312  to 987
 for  a=123 to 498
    b=c-a
    t=0
    d=ltrim(str(a))+ltrim(str(b))+ltrim(str(c))
    if  len(d)#9  or b<=a          &&  确保 a,b,c 为 9 个数字
       loop
    endif
    for  i=1 to 9                  &&  测试有没有重复数字
       if !(str(i,1) $ d)
          t=1
          exit
       endif
    endfor
    if t=0                         && 打印所有和值 c 不同的和式
       ??  str(a,5)+"+"+str(b,3)+"="+str(c,3)+"  "
       n=n+1
       if mod(n,4)=0
          ? ""
       endif
       exit
    endif
 endfor
 endfor
 ? "共以上"+str(n,3)+"个."
 return
```

（3）程序运行结果

```
173+286=459     173+295=468     127+359=486     127+368=495
162+387=549     128+439=567     182+394=576     216+378=594
```

152+487=639	251+397=648	218+439=657	182+493=675
215+478=693	143+586=729	142+596=738	124+659=783
134+658=792	243+576=819	142+695=837	317+529=846
125+739=864	214+659=873	234+657=891	243+675=918
341+586=927	152+784=936	162+783=945	216+738=954
215+748=963	314+658=972	235+746=981	

共以上 31 个.

2. 完美分数和式②求解

（1）设计要点

设置一维 a 数组，式②为

a(1)/(a(2)+a(3))+a(4)/(a(5)+a(6))=a(7)/(a(8)+a(9))

a(i)在 1～9 中取值，出现数字相同（a(i)=a(k)）时返回。

当 i<9 时，还未取 9 个数，i 增 1 后 a(i)=1 继续；

当 i=9 时，且三个分数的分子分母符合要求时输出一个解。其中要求三个分数均小于 1，只要右边的分数小于 1 即可。

当 a(i)<9 时 a(i)增 1 继续。

当 a(i)=9 时回溯或调整。直到 i=1 且 a(1)=9 时结束。

（2）程序设计

```
* 完美分数和式 f272
set talk off
dime a(9)
a=0
i=1
a(1)=1
n=0
do while .t.
   g=1
   for k=1 to i-1
      if a(i)=a(k)
         g=0        && 两数相同,标记 g=0 返回
         exit
      endif
   endfor
   if i=9 and g=1 and a(1)<a(4) and a(2)<a(3) and a(5)<a(6) and a(8)<a(9)
      m1=a(2)+a(3)
      m2=a(5)+a(6)
      m3=a(8)+a(9)
      if a(1)*m2*m3+a(4)*m1*m3=a(7)*m1*m2 and a(7)/m3<1
         n=n+1                                  && 判断是否满足等式
         ??  "("+str(n,2)+"): "
```

```
          ?? str(a(1),1)+"/("+str(a(2),1)+"+"+str(a(3),1)+")+"
          ?? str(a(4),1)+"/("+str(a(5),1)+"+"+str(a(6),1)+")="
          ?? str(a(7),1)+"/("+str(a(8),1)+"+"+str(a(9),1)+")  "
          if n%2=0
             ? ""
          endif
       endif
    endif
    if i<9 and  g=1
       i=i+1
       a(i)=1                       && 不到 9 个数,往后继续
       loop
    endif
    do  while a(i)=9 and i>1
        i=i-1                       && 往前回溯
    enddo
    if i=1 and a(i)=9
       exit                         && 至第 1 个数为 9 时结束
    else
       a(i)=a(i)+1
    endif
 enddo
 return
```

（3）程序运行示例

运行程序，得

```
( 1): 1/(2+3)+4/(5+7)=8/(6+9)    ( 2): 1/(2+4)+5/(7+8)=6/(3+9)
( 3): 1/(2+4)+6/(3+9)=8/(5+7)    ( 4): 1/(2+4)+6/(5+7)=8/(3+9)
( 5): 1/(2+6)+9/(4+8)=7/(3+5)    ( 6): 1/(2+9)+5/(3+8)=6/(4+7)
( 7): 1/(2+9)+5/(4+7)=6/(3+8)    ( 8): 1/(3+5)+9/(4+8)=7/(2+6)
( 9): 1/(3+8)+5/(2+9)=6/(4+7)    (10): 1/(3+8)+5/(4+7)=6/(2+9)
(11): 1/(4+7)+5/(2+9)=6/(3+8)    (12): 1/(4+7)+5/(3+8)=6/(2+9)
(13): 1/(4+9)+2/(5+8)=3/(6+7)    (14): 1/(4+9)+2/(6+7)=3/(5+8)
(15): 1/(5+8)+2/(4+9)=3/(6+7)    (16): 1/(5+8)+2/(6+7)=3/(4+9)
(17): 1/(6+7)+2/(4+9)=3/(5+8)    (18): 1/(6+7)+2/(5+8)=3/(4+9)
(19): 2/(3+9)+7/(6+8)=4/(1+5)    (20): 2/(6+9)+4/(1+5)=8/(3+7)
```

28　完美乘积式

1. 问题提出

把数字 1，2，...，9 这 9 个数字分别填入下列各式的 9 个□中，数字 1～9 这 9 个数字在各式中出现且只出现一次，使得各式成立。

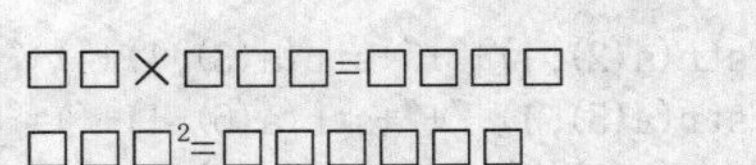

①

②

2．完美乘积式求解

（1）设计要点

要求填入每个数式的 9 个数字为 1，2，...，9，既不遗漏，也不重复。

设二位数为 a，三位数为 b。数 a 取 12～98，数 b 取 123～987，然后算出 c=b*a。显然，乘积 c 至少有 4 位。若 c 超过 4 位返回。

检查组成 a,b,c 的共 9 个数字是否为 1，2，...，9，既无遗漏也无重复。若满足这一要求，打印相应的解，并用变量 n 统计解的个数。

（2）程序设计

```
* 完美乘积式 f281
set talk off
? " □□*□□□=□□□□"
 n = 0
 for  a=12 to 98
    for  b=123 to 987
       c=a*b
       if  c>9999
           exit
       endif
       t=0
       d=str(a,2)+str(b,3)+str(c,4)        && 把 a,b,c 连成字符串
       for  i=1 to 9
          if at(str(i,1),d)=0              && 应用 at 函数测试重复数字
             t=1
             exit
          endif
       endfor
       if t=0
          ?  str(a,2)+"*"+str(b,3)+"="+ str(c,4)
          n=n+1
       endif
    endfor
 endfor
 ? "共以上"+str(n,2)+"个解."
return
```

（3）程序运行结果

□□*□□□=□□□□

```
12*483=5796
18*297=5346
27*198=5346
28*157=4396
39*186=7254
42*138=5796
48*159=7632
```

共以上 7 个解。

3. 完美幂式求解

把幂式②适当拓展为：$x^n = z$，n 为大于 1 的整数，数字 1～9 在 x，z 中出现且只出现一次。

（1）设计要点

首先估计 x 的位数不会超过 3 位，因为 4 位数的平方至少 7 位，显然不符合题意要求。

设置 x 从 2～987 循环，对每一个 x，设置 n 从 2～30 循环。

在 n 循环外，z 赋初值 z=x。在 n 循环中，赋值语句 z=z*x 为 x 的 n 次方。把 x 与 z 连成字符串 st。

若 st 的长度不为 9，则返回；若 st 中缺少数字 1～9 这 9 个数字中的某一个（即满足 at(str(k,1),st)=0)，标注 g=1 返回。

若 st 的长度为 9 且 g=0（即没有重复数字），输出完美幂式。

（2）程序实现

```
* 完美幂式 x^n=z  f282
set talk off
clear
for x=2 to 987
   z=x
   for n=2 to 30
      z=z*x
      st=ltrim(str(x))+ltrim(str(z))
      if len(st)#9          && 不为 9 位则返回
        loop
      endif
      g=0
      for k=1 to 9          && 检查是否存在重复数字
         if at(str(k,1),st)=0
            g=1
            exit
         endif
```

```
      endfor
      if g=0                  && 满足条件输出结果
         ? ltrim(str(x))+"^"+str(n,2)+"="+ltrim(str(z))
      endif
    endfor
endfor
return
```

（3）程序运行结果

```
567^2=321489
854^2=729316
```

共有两个完美幂式。

29　完美综合运算式

1．问题提出

把数字 1，2，...，9 这 9 个数字填入以下两个含加、减、乘、乘方(^)、除综合运算式中的 9 个□中，使得下式成立

□□×□+□□□÷□-□□=0　　①

□^□+□□÷□□-□□×□=0　　②

要求数字 1，2，...，9 这 9 个数字在各式中都出现且只出现一次，且约定数字“1”不出现在乘、除、乘方的某位数中（即排除各式中的某位数为 1 这一平凡情形）。

2．完美综合运算式①求解

（1）求解要点

设式右的 5 个整数从左至右分别为 a，b，c，d，e，其中 a，e 为二位整数，b，d 为大于 1 的一位整数，c 为三位整数。设置 a，b，c，d 循环，对每一组 a，b，c，d，计算 e=a*b+c/d。若其中的 c/d 非整数，或所得 e 非二位数，则返回。

然后将 5 个整数转换为字符串并相连为字符串 f，应用 VFP 的 at() 函数检验数字 1～9 在字符串 f 是否各出现一次。若所有数字 1～9 在字符串 f 中各出现一次，满足完美要求，保持标记 t=0，则输出所得的完美四则运算式。

设置 n 统计解的个数。

（2）程序实现

```
*  完美四则运算式  f291
 set talk off
 ?  "    □□*□+□□□/□-□□=0"
 n = 0
```

```
for  a=12 to 49
for  b=2 to 8
for  c=123 to 897
for  d=2 to 9
     e=a*b+c/d
     if  e#int(e) or e>99
         loop
     endif
     f=str(a,2)+str(b,1)+str(c,3)+str(d,1)+str(e,2)
     t=0                                  && 把 a,b,c,d,e 连成字符串
     for  i=1 to 9
         if at(str(i,1),f)=0              && 应用 at 函数测试重复数字
            t=1
            exit
         endif
     endfor
     if t=0
         n=n+1
         ?  str(n,2)+": "+str(a,2)+"*"+str(b,1)+"+"
         ?? str(c,3)+"/"+str(d,1)+"-"+str(e,2)+"=0  "
     endif
 endfor
 endfor
 endfor
 endfor
 ?  "  共以上"+str(n,2)+"个解."
return
```

（3）程序运行结果与变通

```
□□*□+□□□/□-□□=0
1: 12*4+376/8-95=0
2: 17*3+258/6-94=0
3: 35*2+168/7-94=0
共以上 3 个解.
```

3．完美综合运算式②求解

（1）求解要点

式②含有加减乘除与乘方 5 种运算，求解难度更大些。

设式右的 6 个整数从左至右分别为 a，b，z，c，d，e，即要求的综合运算式为

a^b+z/c-d*e=0

其中 z，c，d 为 2 位整数，a，b，e 为大于 1 的一位整数。

设置 a，b，c，d，e 循环，对每一组 a，b，c，d，e 计算 z=(d*e-a^b)*c。若计算所得 z 非二位数，则返回。

然后将 6 个整数转换为字符串并相连为字符串 h，应用 VFP 的 at() 函数检验数字 1～9 在字符串 h 中是否各出现一次。若所有数字 1～9 在字符串 h 中各出现一次，满足完美要求，保持标记 t=0，则输出所得的完美综合运算式。

设置 n 统计解的个数。

（2）程序实现

```
* 完美综合运算式  f292
set talk off
? "   □^□+□□/□□-□□*□=0 "
n = 0
for  a=2 to 9
for  b=2 to 9
for  c=12 to 98
for  d=12 to 98
for  e=2 to 9
     z=int(d*e-a^b)*c
     if  c>99 or c<10
         loop
     endif
     h=str(a,1)+str(b,1)+str(z,2)
     h=h+str(c,2)+str(d,2)+str(e,2)
     t=0                              && 把 a，b，c，d，e 连成字符串
     for  i=1 to 9
         if at(str(i,1),h)=0          && 应用 at 函数测试重复数字
            t=1
            exit
         endif
     endfor
     if t=0
         n=n+1                        && 输出四则运算式
         ?  str(n,3)+": "+str(a,1)+"^"+str(b,1)+"+"
         ?? str(z,2)+"/"+str(c,2)+"-"
         ?? str(d,2)+"*"+str(e,1)+"="+"0   "
     endif
endfor
endfor
endfor
endfor
endfor
```

```
? ″ 共以上″+str(n,2)+″个解.″
return
```

（3）程序运行结果

□^□+□□/□□-□□*□=0

1: 3^5+87/29-41*6=0

2: 7^3+28/14-69*5=0

3: 7^3+82/41-69*5=0

共以上 3 个解.

4．程序变通

请修改上述程序，求把数字 1，2，...，9 这 9 个数字不重复填入以下各综合运算式中的 9 个□中， 使得以下 3 个

□□×□+□□÷□-□□□=0

□^□+□□÷□-□×□=□□

□^□-□×□+□÷□=□□□

含加减乘除与乘方的综合运算式成立。

30　桥本分数式

1．问题提出

日本数学家桥本吉彦教授于 1993 年 10 月在我国山东举行的中日美三国数学教育研讨会上向与会者提出以下填数趣题：把 1，2，...，9 这 9 个数字填入下式的九个□中（不得重复），使下面的分数式成立

$$\frac{\square}{\square\square}+\frac{\square}{\square\square}=\frac{\square}{\square\square}$$

桥本教授当即给出了一个解答。这一分数等式填数趣题究竟共有多少个解答？试求出所有解答（等式左边两个分数交换次序只算一个解答）。

2．穷举求解

（1）求解要点

设分数式为 b1/b2+c1/c2=d1/d2，数字 1～9 在这 6 个变量中出现且只出现一次，即这 9 个数字组成的 9 位数能被 9 整除，最小为 123456789，最大为 987654321。以此设置穷举 a 循环，循环步长设置为 9 可缩减无效探索。

把 a 转换为字符串 d，应用 VFP 的 at(k,d)函数检验数字 1～9 在 d 中是否有重复或

遗漏。当出现重复或遗漏（t=1）或 b1>c1 时返回。由于约定 b1<c1，所以穷举的最大数可以从 987654321 缩减为 897654321。

在没有重复或遗漏的情形下，按顺序形成 b1，b2，c1，c2，d1，d2，检验是否满足分数式，转化为整数比较形式即是否满足条件 b1*c2*d2+c1*b2*d2=d1*b2*c2。若满足则打印输出。

（2）程序实现

```
* 桥本分数式穷举求解  f301
set talk off
clear
s=0
? [  桥本分数式有：]
? []
for a=123456789 to 897654321 step 9        && 穷举循环设置
    d=str(a,9)
    t=0
    for k=1 to 9                           &&  检验数字 1～9 是否有遗漏
        if  at(str(k,1),d)=0
           t=1
           exit
        endif
    endfor
    if t=1
       loop                                && 出现重复数字
    endif
    b1=val(substr(d,1,1))                  && 形成分数式各项的分母与分子
    b2=val(substr(d,2,2))
    c1=val(substr(d,4,1))
    c2=val(substr(d,5,2))
    d1=val(substr(d,7,1))
    d2=val(substr(d,8,2))
    if  b1>c1
       loop                                && 约定左边第一项分母小于第二项分母
    endif
    if  b1*c2*d2+c1*b2*d2=d1*b2*c2         && 满足分数式则输出解
        s=s+1
        ?? str(s,2)+[: ]+str(b1,1)+[/]+str(b2,2)+[+]+str(c1,1)
        ?? [/]+str(c2,2)+[=]+str(d1,1)+[/]+str(d2,2)+[  ]
        if s%2=0
          ? []
        endif
```

```
   endif
endfor
return
```

（3）程序运行结果

```
1:  1/26+5/78=4/39       2:  1/32+5/96=7/84
3:  1/32+7/96=5/48       4:  1/78+4/39=6/52
5:  1/96+7/48=5/32       6:  2/68+9/34=5/17
7:  2/68+9/51=7/34       8:  4/56+7/98=3/21
9:  5/26+9/78=4/13      10:  6/34+8/51=9/27
```

3. 另一穷举求解

（1）求解要点

设分数式为 b1/b2+c1/c2=d1/d2，注意等式左边两个分数交换次序只算一个解答，约定 b2<c2。

对 3 个分数所涉及的 6 个设置循环穷举。

若分数式不成立，即 b1*c2*d2+c1*b2*d2!=d1*b2*c2，则返回继续。

数字 1～9 在这 6 个变量中出现且只出现一次，分离出 9 个数字后用 f 数组统计各个数字的个数。因 VFP 数组下标不为 0，用数组元素 f(x+1) 统计数字 x 的个数(如 f[4]=2，即数字“3”有 2 次)。当没有重复数字时打印输出解。

（2）程序实现

```
* 桥本分数式另穷举实现  f302
set talk off
dime m(6),f(10)
f=0
n=0
for b2=12 to 97            && 设分数式为 b1/b2+c1/c2=d1/d2
for c2=b2+1 to 98
for d2=12 to 98            && 对 3 个分数的分子分母实施穷举
for b1=1 to 9
for c1=1 to 9
for d1=1 to 9
  if b1*c2*d2+c1*b2*d2#d1*b2*c2
     loop                  && 若分数式不成立则返回
  endif
  m(1)=b1
  m(2)=b2
  m(3)=c1
  m(4)=c2
  m(5)=d1
```

```
    m(6)=d2
    for x=1 to 10
        f(x)=0
    endfor
    for k=1 to 6
        y=m(k)                  && 分离数字并用 f 数组统计
        do while y>0
           x=y%10
           f(x+1)=f(x+1)+1   && 因下标不为 0，故下标为 x+1
           y=int(y/10)
        enddo
    endfor
    t=0
    for x=2 to 10
        if f(x)!=1
           t=1                  && 检验数字 1～9 是否有重复
           exit
        endif
    endfor
    if t=0                     && 输出一个解
       n=n+1
       ?? str(n,2)+": "+str(b1,1)+"/"+str(b2,2)+"+"
       ?? str(c1,1)+"/"+str(c2,2)+"="
       ?? str(d1,1)+"/"+str(d2,2)+"  "
       if n%2=0
          ? ""
       endif
    endif
  endfor
  endfor
  endfor
  endfor
  endfor
  endfor
  return
```

（3）程序运行结果与说明

```
1: 5/26+9/78=4/13      2: 1/26+5/78=4/39
3: 1/32+7/96=5/48      4: 1/32+5/96=7/84
5: 6/34+8/51=9/27      6: 9/34+2/68=5/17
7: 4/39+1/78=6/52      8: 7/48+1/96=5/32
9: 9/51+2/68=7/34     10: 4/56+7/98=3/21
```

以上两个穷举求解程序设计都比较简单，打印出的 10 个解相同，只是顺序不同。因为穷举的范围较大，致使程序运行时间较长。为了提高程序的求解效率，缩短程序求解时间，可改进应用回溯法求解。

关于桥本分数式求解，已有应用程序设计得到 9 个解的报导，遗失了一个解。可见在程序设计求解时，如果程序中结构欠妥或参量设置不当，或判定等式未作前述必要的整数等式转化，都可能造成增解或遗解。不要认为计算机求解就万无一失了，程序设计掉以轻心照样会造成失误。只要我们分析时稍缜密些，对运行结果作必要的检验，遗解增解是可以避免的。

31 埃及分数式

1. 问题提出

金字塔的故乡埃及，也是数学的发源地之一。古埃及数系中，记数常采用分子为 1 的分数，称为“埃及分数”。

人们研究较多且颇感兴趣的问题是：把一个给定的整数或分数转化为若干个不相同的埃及分数之和。当然，转化的方法可能有很多种。常把分解式中埃及分数的个数最少，或在个数相同时埃及分数中最大分母为最小的分解式称为最优分解式。把给定整数或分数分解为埃及分数之和，分解的优化往往是一个繁琐艰辛的过程。

例如，对 5/121，可分解为：

5/121=1/61+1/62+1/121+1/3782+1/7381+1/7382+1/54486542

为尽可能减少分解项数，数学家布累策在《数学游览》中给出了以下优化的三项分解式：

5/121=1/25+1/759+1/208725

同时布累策证明了：5/121 不可能分解为两个埃及分数之和。

从项数来说，上述三项分解式不可能再优化了。但对最大分母来说，布累策的分解式不是最优的。我国两位青年数学爱好者于 1983 年发现：

5/121=1/27+1/297+1/1089 ①

5/121=1/33+1/99+1/1089 ②

5/121=1/33+1/121+1/363 ③

5/121=1/33+1/91+1/33033 ④

这 4 个分解式都比布累策的结论要优。人们通常约定分解式中不得包含与待分解分数同分母的埃及分数。从这个意义上，显然应把分解式③排除在外。因此，现在所知把 5/121 分解为三个埃及分数的最小分母为 1089，即上述埃及分数分解式①，②。

那么，分解 5/121 为三个埃及分数之和，其最大分母能否小于 1089 呢？我们可通过程序设计来探索。

2．构建 3 个埃及分数分解式

（1）设计要点

设指定的分数 m/d 的三个埃及分数的分母为 a，b，c（a<b<c），最大分母不超过 z，通过三重循环实施穷举。

确定 a 循环的起始值 a1 与终止值 a2 为：

$$\frac{1}{a1}=\frac{m}{d}-\frac{2}{z} \quad \Leftrightarrow \quad a1=\frac{dz}{mz-2d}$$ （即把 b，c 全放大为 z）

$$a2=\frac{3d}{m}+1$$ （即把 b，c 全缩减为 a）

b 循环起始取 a+1，终止取 z-1。

c 循环起始取 b+1，终止取 z。

对于三重循环的每一组 a，b，c，计算 x=mabc，y=d(ab+bc+ca)。

如果 x=y 且 b，c 不等于 d，即满足分解为三个埃及分数的条件，打印输出一个分解式。然后退出内循环，继续寻求。

（2）程序实现

```
* 构建指定数的 3 个埃及分数之和 f311
set talk off
input " 请确定指定数的分子：" to m
input " 请确定指定数的分母：" to d
input " 请确定分母的上界值：" to z
? "  把分数"+str(m,2)+"/"+str(d,3)+"分解为 3 个埃及分数之和:"
? "  (分母不得为"+str(d,3)+",最大分母不超过"+str(z,4)+")"
n=0
a1=int(d*z/(m*z-2*d))
a2=int(3*d/m)+1
for a=a1 to a2
  for b=a+1 to z-1
    for c=b+1 to z
      x=m*a*b*c                    &&  计算 x,y 值
      y=d*(a*b+b*c+c*a)
      if x=y and b#d and c#d       &&  输出分解式
        n=n+1
        ? "  NO"+str(n,1)+":  "+str(m,2)+"/"+str(d,3)+"=1/"
        ?? str(a,3)+"+1/"+str(b,3)+"+1/"+str(c,4)
        exit
      endif
    endfor
  endfor
endfor
```

```
? ″  共上述″+str(n,1)+″个分解式.″
return
```

（3）程序运行示例与讨论

```
请确定指定数的分子：5
请确定指定数的分母：121
请确定分母的上界值：1100
把分数 5/121 分解为三个埃及分数之和:
(分母不得为 121,最大分母不超过 1100)
  N01:    5/121=1/ 27+1/297+1/1089
  N02:    5/121=1/ 33+1/ 99+1/1089
  N03:    5/121=1/ 45+1/ 55+1/1089
共上述 3 个分解式.
```

这样，我们通过程序设计得到：分解 5/121 为三个埃及分数之和，最大分母最小为 1089，即不可能有比上述三个分解式更优的分解。

结果中的最后一个分解式是程序设计得到的新的最优分解式。

运行程序可为指定分数构建三个埃及分数的分解式。

```
请确定指定数的分子：7
请确定指定数的分母：169
请确定分母的上界值：1000
把分数 7/169 分解为三个埃及分数之和:
(分母不得为 169,最大分母不超过 1000)
  N01:    7/169=1/ 27+1/338+1/ 702
  N02:    7/169=1/ 28+1/338+1/ 364
  N03:    7/169=1/ 30+1/195+1/ 338
  N04:    7/169=1/ 39+1/ 78+1/ 338
共上述 4 个分解式.
```

3．构建 4 个埃及分数分解式

有资料指出，如果把 5/121 分解为 4 个埃及分数之和，其分母能否小于 1089 呢？对于这一还没有定论的分解问题，我们继续应用程序设计进行探索。

（1）设计要点

设指定的分数 m/d 的 4 个埃及分数的分母为 a，b，c，e（a<b<c<e），最大分母不超过 z，通过 4 重循环实施穷举。

确定 a 循环的起始值 a1 与终止值 a2 为：

$\dfrac{1}{a1}=\dfrac{m}{d}-\dfrac{3}{z} \iff a1=\dfrac{dz}{mz-3d}$（即把 b，c，e 全放大为 z）

$a2=\dfrac{4d}{m}+1$（即把 b，c，e 全缩减为 a）

b 循环起始取 a+1，终止取 z-2。

c 循环起始取 b1，终止取 z-1。

e 循环起始取 c+1，终止取 z。

其中 b1 为 int(1/(m/d-1/a-2/z))，当 b1>z-1 or b1<=a 时，不予判别，返回 a 循环使 a 增值。

对于 4 重循环的每一组 a，b，c，e，计算 x=mabce，y=d(abc+bce+cea+eab)。

如果 x=y，且 b，c，e 不等于 d，即满足分解为 4 个埃及分数的条件，打印输出一个分解式。然后退出内循环，继续寻求。

（2）构建 4 个埃及分数分解式程序设计

```
* 构建指定数的 4 个埃及分数之和 f312
input " 请确定指定数的分子：" to m
input " 请确定指定数的分母：" to d
input " 请确定分母的上界值：" to z
? " 把分数"+str(m,2)+"/"+str(d,3)+"分解为 4 个埃及分数之和:"
? " (分母不得为"+str(d,3)+",最大分母不超过"+str(z,4)+")"
n=0
a1=int(d*z/(m*z-3*d))
a2=int(4*d/m)+1
for a=a1 to a2
    b1=int(1/(m/d-1/a-2/z))
    if b1>z-1 or b1<=a
       loop
    endif
    for b=b1 to z-2
    for c=b+1 to z-1
    for e=c+1 to z
      x=m*a*b*c*e                              &&  计算 x,y 值
      y=d*(a*b*c+b*c*e+c*e*a+e*a*b)
      if x/y>1+1/z
        exit
      endif
      if x=y and b#d and c#d and e#d           &&  输出分解式
        n=n+1
        ? "  NO"+str(n,2)+":  "+str(m,2)+"/"+str(d,3)+"=1/"
        ?? str(a,3)+"+1/"+str(b,3)+"+1/"+str(c,3)+"+1/"+str(e,3)
        exit
      endif
   endfor
   endfor
   endfor
endfor
```

```
? "  共上述"+str(n,1)+"个分解式."
return
```

（3）程序运行结果与说明

```
请确定指定数的分子：5
请确定指定数的分母：121
请确定分母的上界值：1000
把分数 5/121 分解为 4 个埃及分数之和:
(分母不得为 121,最大分母不超过 1000)
  NO 1: 5/121=1/ 28+1/462+1/484+1/726
  NO 2: 5/121=1/ 30+1/220+1/484+1/726
  NO 3: 5/121=1/ 33+1/120+1/605+1/968
  NO 4: 5/121=1/ 33+1/132+1/484+1/726
  NO 5: 5/121=1/ 36+1/ 99+1/484+1/726
  NO 6: 5/121=1/ 44+1/ 66+1/484+1/726
共上述 6 个分解式.
```

从以上 6 个分解式可知，把 5/121 分解为 4 个埃及分数之和，最优分母为 726。

再次运行程序，

```
请确定指定数的分子：3
请确定指定数的分母：23
请确定分母的上界值：100
把分数 3/23 分解为 4 个埃及分数之和:
(分母不得为 23,最大分母不超过 100)
NO 1: 3/23=1/ 12+1/ 46+1/ 69+1/ 92
共上述 1 个分解式.
```

六、斐波那契序列——递推的学问

32　分数数列

1．问题提出

老师为了检测学生的观察分析能力与程序设计水平，写出一个分数数列的前 6 项：
1/2，3/5，4/7，6/10，8/13，9/15

同时引导同学们观察这一分数序列的构成规律：

1）第 i 项的分母 d 与分子 c 的关系为 d=c+i。

2）第 i 项的分子 c 为与前 i-1 项中的所有分子分母均不相同的最小正整数。

试求出该数列的第 2010 项，并求出前 2010 项中的最大项。

2．设计要点

注意到递推需用前面的所有项，设置数组 c(i)表示第 i 项的分子，d(i)表示第 i 项的分母（均表现为整数）。

显然，初始值为：c(1)=1，d(1)=2。

已知前 i-1 项，如何确定 c(i)呢？显然 c(i)>c(i-1)，同时可证当 i>2 时，第 i 个分数的分子 c(i)总小于第 i-1 个分数的分母 d(i-1)。置 k 在区间(c(i-1),d(i-1))取值，k 分别与 d(1)，d(2)，...d(i-1)比较，若有相同的，则 k 增 1 后再比较；若没有相同的，则产生第 i 项，作赋值：c(i)=k，d(i)=k+i。

为了准确求出数列前 n 项中的最大项，设最大项为第 x 项（x 赋初值 1），每产生一项（第 i 项），如果有

c(i)/d(i)>c(x)/d(x)　　<=>　c(i)*d(x)>c(x)*d(i)

即第 i 项要比原最大项第 x 项大，则作赋值 x=i，把产生的第 i 项确定为最大项。第 n 项后，前 n 项中的最大项也比较出来了。

在程序设计中比较最大项，用后一个整数不等式是适宜的，准确的。

3．分数数列程序设计

```
*  分数数列 f321
set talk off
```

```
? "已知数列:1/2, 3/5, 4/7, 6/10, 8/13, 9/15, 11/18..."
? "试求该数列的第n项与前n项中的最大项."
input "  请输入整数n(n<3000): " to n
dime  c(3000),d(3000)
c(1)=1
d(1)=2
c(2)=3
d(2)=5
x=1
for i=3 to n
   for  k=c(i-1)+1 to d(i-1)-1
      t=0
      for j=1 to i-1            &&  数k逐个与d(1),…, d(i-1)比较
         if  k=d(j)
             t=1
             exit
         endif
      endfor
      if  t=0
          c(i)=k                &&  数k给c(i)赋值
          d(i)=k+i
          exit
      endif
   endfor
   if  c(i)*d(x)>c(x)*d(i)      &&  比较得第x项最大
      x=i
   endif
endfor
? "数列第"+ltrim(str(n))+"项为:"
?? ltrim(str(c(n)))+"/"+ltrim(str(d(n)))
? "数列前"+ltrim(str(n))+"项中的最大项为第"
for  i=1 to n                   &&  输出所有的最大项
   if  c(i)*d(x)=c(x)*d(i)
       ?  str(i,4)+"项: "+ltrim(str(c(i)))+"/"+ltrim(str(d(i)))
   endif
endfor
return
```

4. 运行示例与说明

运行程序，

请输入整数n(n<3000): 2010

数列第 2010 项为：3252/5262。

数列前 2010 项中的最大项为第 1597 项：2584/4181。

顺便指出，上述分数的分子和分母构成的数对(1,2)，(3,5)，(4,7)，(6,10)，...，常称为 Wythoff 对。Wythoff 对在数论和对策论中应用较广。

5. 最简真分数序列

试求分母为二位整数的最简真分数（分子小于分母，且分子分母无公因数）共有多少个？并求这些最简真分数升序序列中的第 2010 项。

（1）设计要点

为一般计，统计分母在区间[a,b]的最简真分数的个数，并求这些最简真分数升序序列中的第 k 项（正整数 a，b，k 从键盘输入）。

为排序方便，设置数组 c 存储分子，数组 d 存储分母。真分数升序排序后的第 k 项为 c(k)/d(k)。

在指定范围[a,b]内穷举分数 i/j 的分母 j：a，a+1，…，b；

对每一个分母 j 穷举分子 i：1，2，…，j-1。

若分子 i 与分母 j 存在大于 1 的公因数，说明 i/j 非最简，可忽略不计（因约简后分母小于 j，前已产生并赋值，或约简后分母小于 a）。

若分子 i 与分母 j 不存在大于 1 的公因数，则赋值得一个最简真分数 c(m)/d(m)。数组下标 m 统计最简真分数的个数。

应用逐项比较排序后即可打印出指定的第 k 项 c(k)/d(k)。

（2）求最简真分数升序序列程序设计

```
*  求分母为[a,b]的最简真分数的增序列 f322
set talk off
?  "求分母为[a,b]的最简真分数升序序列,"
?  "共多少项与其中第k项."
input  "请输入区间下限a: " to  a
input  "请输入区间上限b: " to  b
input  "请输入整数k: " to k
dime  c(10000), d(10000)
m=0
for  j=a to b
   for  i=1 to j-1
      t=0
      for  u=2 to i
         if i%u=0 and  j%u=0
            t=1
            exit
         endif
```

```
        endfor
        if  t=0
            m=m+1
            c(m)=i               &&  为第m个分数赋值
            d(m)=j
        endif
    endfor
endfor
for  i=1 to m-1                  &&  实施比较排序
    for  j=i+1 to m
        if  c(i)*d(j)>c(j)*d(i)
            h=c(i)
            c(i)=c(j)
            c(j)=h
            h=d(i)
            d(i)=d(j)
            d(j)=h
        endif
    endfor
endfor
?  "分母为["+ltrim(str(a,4))+[,]+ltrim(str(b,4))
?? "]中的最简真分数共"+str(m,4)+"个。"
?  "升序排列中第"+str(k,4)+"项为:"+ltrim(str(c(k)))+"/"+ltrim(str(d(k)))
return
```

（3）程序运行示例

请输入区间下限 a: 10

请输入区间上限 b: 99

请输入整数 k: 2010

分母为[10，99]中的最简真分数共 2976 个。

升序排列中第 2010 项为: 23/34

33　斐波那契序列与卢卡斯序列

1. 问题提出

十三世纪初，意大利数学家斐波那契（Fibonacci）在所著《算盘书》中提出“兔子生崽”的趣题：假设兔子出生后两个月就能生小兔，且每月一次，每次不多不少恰好一对（一雌一雄）。若开始时有初生的小兔一对，问一年后共有多少对兔子。

斐波那契数列是由“兔子生崽”引入的一个著名的递推数列。斐波那契数列的应用相当广泛，国际上已有许多关于斐波那契数列的专著与学术期刊。我国周持中教授所著《斐波那契——卢卡斯序列及其应用》全面系统地研究了斐波那契与卢卡斯序列的理论及其在不定方程与数论上的应用。

斐波那契数列定义为：

$$F_1 = F_2 = 1$$
$$F_n = F_{n-1} + F_{n-2} \qquad (n > 2)$$

卢卡斯数列（Lucas）是与斐波那契数列密切相关的另一个著名的递推数列，卢卡斯数列定义为：

$$L_1 = 1, L_2 = 3$$
$$L_n = L_{n-1} + L_{n-2} \qquad (n > 2)$$

试求解斐波那契数列与卢卡斯数列的第 n 项与前 n 项之和（n 从键盘输入）。

2. 常规求解

（1）设计要点

注意到 F 数列与 L 数列的递推关系相同，可一并处理这两个数列。设置一维数组 f(n)，数列的递推关系为

f(k)=f(k-1)+f(k-2)　　(k>2)

注意到 F 与 L 两个数列初始值不同，在输入整数 p 选择数列（p=1 时为 F 数列，p=2 时为 L 数列）后，初始条件可统一为

f(1)=1，f(2)=2*p-1

从已知前两项这一初始条件出发，应用递推逐步推出第 3 项，第 4 项，……，以至推出指定的第 n 项。

为实现求和，在 k 循环外给和变量 s 赋初值 s=f(1)+f(2)，在 k 循环内，每计算一项 f(k)即累加到和变量 s 中：s=s+f(k)。

（2）常规程序设计

```
* 斐波那契数列与卢卡斯数列递推 f331
set talk off
? "请选择 1：斐波那契数列；2：卢卡斯数列："
input "请选择： " to p                && 选定数列
 ? "求数列的第 n 项与前 n 项和，请输入 n："
input "n=" to n
dime f(n)
f(1)=1
f(2)=2*p-1                     && 数组元素与和变量赋初值
s=f(1)+f(2)
for k=3 to n
   f(k)=f(k-1)+f(k-2)       && 实施递推
```

```
   s=s+f(k)                    && 实施求和
endfor
if p=1
   ? "  F数列"
else
   ? "  L数列"
endif
?? "第"+str(n,2)+"项为: "+ltrim(str(f(n)))+" "
? "前"+str(n,2)+"项之和为: "+ltrim(str(s))
return
```

（3）运行程序示例

```
请选择 1：斐波那契数列；2：卢卡斯数列：1
求数列的第 n 项与前 n 项和，请输入 n：40
F 数列第 40 项为：102334155
前 40 项之和为：267914295
请选择 1：斐波那契数列；2：卢卡斯数列：2
求数列的第 n 项与前 n 项和,请输入 n：30
L 数列第 30 项为：1860498
前 30 项之和为：4870844
```

3．高精度求解

上述程序不能准确求解数列的第 100 项或第 200 项，因为其数值超过了语言有效数字的范围。如何实现 F 序列与 L 序列的高精度计算？

（1）设计要点

为了实施高精度准确计算斐波那契序列与卢卡斯序列的第 n 项与前 n 项之和，设置 a, b, c 三个数组，同时设置前 n 项和数组 s。根据输入的项数 n，预置 4 个数组的最大下标为 m=int(n/2)+1。

a(1), b(1) 存储相邻两项的个位数字，a(2), b(2) 存储相邻两项的十位数字，其余类推。

同一位求和：c(i)=a(i)+b(i)+h，其中 h 为前一位相加的进位数。这里得到的整数 c(i) 可能超过一位，求出其十位数 h=int(c(i)/10) 作为下一位相加的进位数，其个位数 c(i)%10 存储在 c(i) 中。

通过 s(i)=s(i)+c(i)+j 求各项的和，其中 j 与上面的 h 一样是进位数。

上面求和从 i=1 至 m 全部完成后，即得到一个新项，把 b 数组赋给 a 数组，c 数组赋给 b 数组，为继续求下一项做准备。

当求出第 n 项，去掉 c 数组的高位“0”后从高位(t)至低位(1)依次打印各数组元素即为求得的数列第 n 项。同样输出和 s 数组。

（2）高精度计算程序设计

```
*    斐波那契序列与卢卡斯序列的高精度计算 f332
```

```
set talk off
? "高精度计算F序列与L序列的第n项与前n项之和。"
input "请选择 1：斐波那契序列； 2：卢卡斯序列   " to p
input  "请输入n：" to  n
m=int(n/2)+1
dime  a(m),b(m),c(m),s(m)
store 0 to a,b,c,s
a(1)=1                              && 根据所选定序列分别赋初值
b(1)=2*p-1
s(1)=2*p
for  k=3 to n
     h=0                            && 两个进位数h,j清零
     j=0
     for  i=1 to m                  && 高精度逐位计算并求和
         c(i)=a(i)+b(i)+h
         h=int(c(i)/10)
         c(i)=mod(c(i),10)
         s(i)=s(i)+c(i)+j
         j=int(s(i)/10)
         s(i)=mod(s(i),10)
      endfor
      for  i=1 to m
         a(i)=b(i)
         b(i)=c(i)
      endfor
endfor
t=m
do  while  c(t)=0                   && 去除c数组的高位零
    t=t-1
enddo
if p=1
   ?  "F("+str(n,3)+")="
else
   ?  "L("+str(n,3)+")="
endif
for  i=t to 1 step -1
   ??  str(c(i),1)
endfor
t=m
do  while  s(t)=0                   &&  去除s数组的高位零
    t=t-1
enddo
```

```
? "S("+str(n,3)+")="
for i=t to 1 step -1
  ?? str(s(i),1)
endfor
return
```

（3）程序运行示例

运行程序，输入 p=1，n=200，得

F(200)=280571172992510140037611932413038677189525

S(200)=734544867157818093234908902110449296423350

输入 p=2，n=100，得

L(100)=792070839848372253127

S(100)=2073668380220713167375

34 幂序列

1. 问题提出

（1）求解双幂集合

$$\{2^x,3^y \mid x \geqslant 1, y \geqslant 1\} \quad ①$$

的元素由小到大排序的第 n 项与前 n 项之和。

（2）求解双幂积集合

$$\{2^x 3^y \mid x \geqslant 0, y \geqslant 0, x+y>0\} \quad ②$$

的元素由小到大排序的第 n 项与前 n 项之和。

2. 双幂序列求解

（1）设计要点

集合由 2 的幂与 3 的幂组成，实际上给出的是两个递推关系。为了实现从小到大排列，设置 a，b 两个变量，a 为 2 的幂，b 为 3 的幂，显然 a≠b。

设置 k 循环（k=1，2，…，n，其中 n 为键盘输入整数），在 k 循环外赋初值：a=2；b=3；s=0；在 k 循环中通过比较赋值：

当 a<b 时，由赋值 f(k)=a 确定为序列的第 k 项；然后 a=a*2，即 a 按递推规律乘 2，为后一轮比较作准备；

当 a>b 时，由赋值 f(k)=b 确定为序列的第 k 项；然后 b=b*3，即 b 按递推规律乘 3，为后一轮比较作准备。

每计算一项 f(k)，通过累加实现求和：s=s+f(k)。

（2）双幂序列程序实现

```
*  双幂序列求解  f341
set talk off
? "求数列的第 n 项与前 n 项和,请输入 n:"
input "n=" to n
dime f(n)
a=2
b=3
s=0
p2=0
p3=0
for k=1 to n
   if a<b
      f(k)=a     &&  用 2 的幂给 f(k)赋值
      a=a*2
      t=2        &&  t=2 表示 2 的幂，p2 为指数
      p2=p2+1
   else
      f(k)=b     &&  用 3 的幂给 f(k)赋值
      b=b*3
      t=3        &&  t=3 表示 3 的幂，p3 为指数
      p3=p3+1
   endif
   s=s+f(k)
endfor
? "数列的第"+str(n,2)+"项为:"+ltrim(str(f(n)))
if t=2            &&  对输出项进行幂标注
    ?? "(2^"+ltrim(str(p2))+")."
else
    ?? "(3^"+ltrim(str(p3))+")."
endif
? "数列的前"+str(n,2)+"项之和为: "+ltrim(str(s))
return
```

（3）程序运行示例

运行程序，输入 n=46，得

数列的第 46 项为：387420489(3^18)

数列的前 46 项之和为：1118001642

输入 n=50，得

数列的第 50 项为：2147483648 (2^31)

数列的前 50 项之和为：6038359493

3. 双幂积序列求解

（1）设计要点

集合元素由 2 的幂与 3 的幂的乘积组成，设元素从小到大排序的第 k 项为 f(k)。

设置 a 从 4 开始递增的条件循环，对每一个 a（赋值给 j），逐次用 2 试商，每除一次 p2 增 1；然后逐次用 3 试商，每除一次 p3 增 1。

试商后若 j>1，说明原 a 有 2，3 以外的因数，不属于该序列。若 j=1，说明原 a 只有 2，3 的因数，为序列赋值，同时实施求和。

当达到指定的 n，退出循环，输出结果。在输出 f(n)时，标注为 2^p2*3^p3 形式。

（2）程序实现

```
* 双幂积序列 2^x*3^y 求解  f342
set talk off
input ″ 求数列的第 n 项与前 n 项和,请输入 n:″ to n
dime f(n)
f(1)=2
f(2)=3
s=5
k=2
a=4
do while .t.
   j=a
   p2=0
   p3=0
   do while j%2=0
      j=int(j/2)          && 用 2 试商，每次 p2 增 1
      p2=p2+1
   enddo
   do while j%3=0
      j=int(j/3)          && 用 3 试商，每次 p3 增 1
      p3=p3+1
   enddo
   if j=1                 && a 为序列的第 k 项
      k=k+1
      f(k)=a
      s=s+a
   endif
   if k=n
      exit
   endif
   a=a+1
enddo
? ″ 数列的第″+str(n,3)+″项为:″+ltrim(str(f(n)))+″=″
if p2>0
   ?? ″2^″+ltrim(str(p2))   &&  输出时对第 n 项进行标注
```

```
    if p3>0
       ?? "*"
    endif
endif
if p3>0
   ??  "3^"+ltrim(str(p3))
endif
? "  数列的前"+str(n,3)+"项之和为："+ltrim(str(s))
return
```

（3）程序运行示例

```
求数列的第 n 项与前 n 项和,请输入 n: 100
数列的第 100 项为: 98304=(2^15*3^1)
数列的前 100 项之和为：1494588
```

4．一个双幂积序列的和

由集合$\{2^x3^y \mid x \geqslant 0, y \geqslant 0, x+y>0\}$元素组成的复合幂序列，求复合幂序列的指数和 x+y≤n（正整数 n 从键盘输入）的各项之和

$$s = \sum_{x+y=1}^{n} 2^x 3^y, x \geqslant 0, y \geqslant 0 \quad ③$$

（1）设计要点

归纳求和递推关系：

当 x+y=1 时，s1=2+3；

当 x+y=2 时，$s2=2^2+2\times3+3^2=2\times s1+3^2$

当 x+y=3 时，$s3=2^3+2^2\times3+2\times3^2+3^3=2\times s2+3^3$

一般地，当 x+y=k 时，$sk=2\times s(k-1)+3^k$

应用变量迭代，即有递推关系：

$sk=2\times sk+3^k$

其中 3^k 也可以通过变量迭代实现。这样可以省略数组，简化为一重循环实现复合幂序列求和。

（2）程序实现

```
*  复合幂序列求和 f343
set talk off
? "  请输入幂指数和至多为 n:"
input "  n=" to n
t=1
sk=1
s=0
for k=1 to n
```

```
    t=t*3            &&  迭代得 t=3^k
    sk=2*sk+t        &&  实施递推
    s=s+sk
endfor
? "  幂指数和至多为"+str(n,2)+"的幂序列之和为:"+ltrim(str(s))
return
```

（3）程序运行示例

运行程序，输入幂指数和至多为 n：15

幂指数和至多为 15 的幂序列之和为：64439009

35 双关系递推数列

1. 问题提出

已知集合 M 定义如下：

（1）$1 \in M$

（2）$x \in M \Rightarrow 2x+1 \in M$，　$3x+1 \in M$

（3）再无别的数属于 M

试求集合 M 元素从小到大排列的第 n 个元素。

2. 递推求解

（1）设计要点

该题有 2x+1，3x+1 两个递推关系，加大了程序设计难度。

对数组 m(i) 设置两个队列：

2*m(p2)+1，p2=1, 2, 3, …

3*m(p3)+1，p3=1, 2, 3, …

这里用 p2 表示 2x+1 这一列的下标，用 p3 表示 3x+1 这一列的下标。

从两队列中选一排头，通过比较选数值较小者送入数组 m 中。所谓“排头”就是队列中尚未选入 m 的最小的下标。

（2）递推程序实现

```
*  双关系递推 f351
input "  n=" to n
dime m(n)
m(1)=1
p2=1                            &&  排头 p2，p3 赋初值
p3=1
for k=2 to n
```

```
    do case
        case 2*m(p2)<3*m(p3)
              m(k)=2*m(p2)+1
              p2=p2+1
        case 2*m(p2)>3*m(p3)
              m(k)=3*m(p3)+1
              p3=p3+1
        case 2*m(p2)=3*m(p3)
              m(k)=3*m(p3)+1
              p2=p2+1           && 为避免重复项，p2,p3 均须增 1
              p3=p3+1
    endcase
endfor
?  "   m("+str(n,3)+")="+ltrim(str(m(n)))
return
```

（3）程序运行示例与说明

运行程序，输入 n=200，得

m(200)=1047

输入 n=500，得

m(500)=3351

由资料对本题设计程序，省去了 2*m(p2)=3*m(p3) 的讨论，即忽略了出现两队列相等情形 p2，p3 均需增 1，因而导致数组 m 中出现重复项（例如出现两项 31 等），这与集合元素的互异性相违。

3. 穷举求解

（1）设计要点

设置变量 i：i 从 2 开始递增 1 取值，若 i 可由已有的项 m(j) 用两个递推关系之一推得，即满足条件 i=2*m(j)+1 或 i=3*m(j)+1，说明 i 是 m 数列中的一项，赋值给 m(k)。

（2）穷举程序设计

```
*  2x+1,3x+1 穷举判别  f352
input "    n=" to n
dime m(n)
m(1)=1
k=1
i=1
do while k<n
   i=i+1
   for j=1 to k            && m(j)为 m 数组已有项
       if i=2*m(j)+1 or i=3*m(j)+1
```

```
          k=k+1
          m(k)=i              && i 为递推项，给 m 数组赋值
          exit
        endif
      endfor
enddo
?  "m("+str(n,4)+")="+ltrim(str(m(n)))
return
```

（3）程序运行示例

运行程序，输入 n=1000，得

m(1000)=8487

36 基于 2x+3y 的递推数列

1. 问题提出

已知集合 A 定义如下:

（1）1∈A，2∈A

（2）（$x, y \in A$ 且 $x \neq y$）=> 2x+3y∈A

（3）再无其他数属于 A

试求集合 A 中元素从小到大排列的序列的前 n 项。

2. 设计要点

递推关系 2x+3y 看似简单，实际上非常复杂。因 x，y 可以是已产生的所有项中的任意两项，已产生项越多，递推生成的新项也就越多。同时，递推产生的项大小也是摆动的，并无规律可循。

建立永真循环，循环中变量 k 从 2 开始递增 1 取值。若 k 可由已有的项 a(j)，a(i)(j<i)推得，即若 k 满足条件 k=2*a(j)+3*a(i) 或 k=2*a(i)+3*a(j)，说明 k 是 a 数列中的一项，赋值给 a(t)，并打印输出该项。

当项数 t 达到规定项数 n 时，则退出循环结束。

3. 程序实现

```
*  2x+3y 按项的大小循环设计  f361
set talk off
input "请输入 n: " to n
dime a(n)
a(1)=1
```

```
a(2)=2
t=2
k=2
do while t<n
  k=k+1                     && 穷举 k 是否为 A 集合项
  h=0
  for i=2 to t
    for j=1 to i-1
      if k=2*a(j)+3*a(i) or k=2*a(i)+3*a(j)
         h=1          && 若 k 为递推项，给 a 赋值
         t=t+1
         a(t)=k
         if (t-3)%3=0
            ? ""
         endif
         if k=2*a(j)+3*a(i)  && 输出第 t 项
            ??  str(k,6)+"("+str(t,3)+")=2*"+str(a(j),2)+"+3*"+str(a(i),2)
         else
            ??  str(k,6)+"("+str(t,3)+")=2*"+str(a(i),2)+"+3*"+str(a(j),2)
         endif
         exit
      endif
    endfor
    if h=1
       exit
    endif
  endfor
enddo
return
```

4. 程序运行示例

运行程序，输入 n：20，

```
  7(  3)=2* 2+3* 1      8(  4)=2* 1+3* 2     17(  5)=2* 7+3* 1
 19(  6)=2* 8+3* 1     20(  7)=2* 7+3* 2     22(  8)=2* 8+3* 2
 23(  9)=2* 1+3* 7     25( 10)=2* 2+3* 7     26( 11)=2* 1+3* 8
 28( 12)=2* 2+3* 8     37( 13)=2* 8+3* 7     38( 14)=2* 7+3* 8
 40( 15)=2*17+3* 2     41( 16)=2*19+3* 1     43( 17)=2*20+3* 1
 44( 18)=2*19+3* 2     46( 19)=2*20+3* 2     47( 20)=2*22+3* 1
```

以上程序输出升序序列的第 3 项至第 n 项的值及其推出的根据。如果只要输出第 n 项，并要求出该序列的前 n 项之和，程序应如何修改？

37 汉诺塔问题

1．问题提出

汉诺塔（Hanoi）问题又称河内塔问题，源于印度一个古老的传说。开天辟地的勃拉玛神在一个庙里留下了三根金刚石棒，第一根上面套着 64 个圆的金片，最大的一个在底下，其余一个比一个小，依次叠上去。庙里的众僧不知疲倦地把它们一个个地从这根棒搬到另一根棒上，规定可利用中间的一根棒作为帮助，但每次只能搬一个，而且大的不能放在小的上面。

后来，这个传说就演变为汉诺塔游戏：

1）有三根桩子 A、B、C。A 桩上有 n 个盘子，最大的一个在底下，其余一个比一个小，依次叠上去。

2）每次移动一个盘子，小的只能叠在大的上面。

3）把所有盘子从 A 桩全部移到 C 桩上，如图 37-1 所示。

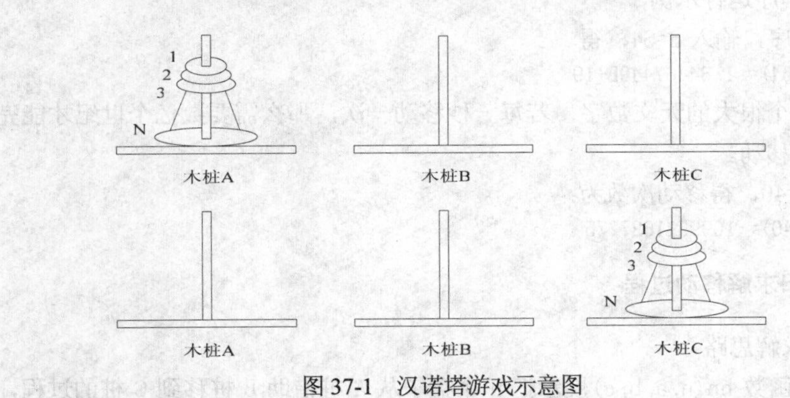

图 37-1 汉诺塔游戏示意图

试求解 n 个圆盘从 A 桩全部移到 C 桩上的移动次数，并求出 n 个圆盘的移动过程。

2．递推求解移动次数

（1）求解思路

当 n=1 时，只一个盘子，移动一次即完成。

当 n=2 时，由于条件是一次只能移动一个盘子，且不允许大盘放在小盘上面，首先把小盘从 A 桩移到 B 桩；然后把大盘从 A 桩移到 C 桩；最后把小盘从 B 桩移到 C 桩，移动 3 次完成。

设移动 n 个盘子的汉诺塔游戏需 g(n) 次完成。分以下三个步骤：

1）首先将第 n 个盘子上面的 n-1 个盘子借助 C 桩从 A 桩移到 B 桩上，需 g(n-1) 次。

2）然后将 A 桩上第 n 个盘子移到 C 桩上（1 次）。

3）最后，将 B 桩上的 n-1 个盘子借助 A 桩移到 C 桩上，需 g(n-1) 次。

因而有递推关系：g(n)=2*g(n-1)+1

初始条件：g(1)=1。

（2）求解汉诺塔移动次数的程序设计

```
*  汉诺塔移动次数 f371
set talk off
input [n=] to n
dime g(n)
g(1)=1                          &&  在循环外确定初始条件
for k=2 to n
   g(k)=2*g(k-1)+1              &&  在循环中实施递推
endfor
? "  g("+ltrim(str(n))+")="+str(g(n),15)
return
```

（3）程序运行示例

运行程序，输入 n=64，得

    g(64)= 1.84467440E+19

这是一个很大的天文数字，若每一秒移动一次，那么需要数亿个世纪才能完成这 64 个盘子的移动。

输入 n=40，得移动次数为：

    g(40)= 1099511627775

3. 递归求解移动过程

（1）求解思路

设递归函数 hn(n, a, b, c) 展示把 n 个盘子从 A 桩借助 B 桩移到 C 桩的过程，函数 mv(a, c) 输出一个盘子从 a 桩到 c 桩的过程。

完成 hn(n, a, b, c)，当 n=1 时，即 mv(a, c)。

当 n>1 时，分以下三步：

1）将 A 桩上的 n-1 个盘子借助 C 桩移到 B 桩上，即 hn(n-1, a, c, b)。

2）将 A 桩上第 n 个盘子移到 C 桩上，即 mv(a, c)。

3）将 B 桩上的 n-1 个盘子借助 A 桩移到 C 桩上，即 hn(n-1, b, a, c)。

在主程序中，用 hn(m, 1, 2, 3) 带实参 m，1，2，3 调用 hn(n, a, b, c)，这里 m 为具体移动盘子的个数。同时设置变量 k 统计移动的次数。

（2）展示汉诺塔移动过程的程序设计

```
* 展示汉诺塔移动过程 f372
```

```
set talk off
input " input n:" to n
k=0
hn(n,1,2,3)             && 调用递归函数
? "k="+ltrim(str(k))    && 输出移动次数
return
function hn               && 定义递归函数hn
parameter m,a,b,c
if m=1
   mv(a,c)
else
   hn(m-1,a,c,b)
   mv(a,c)
   hn(m-1,b,a,c)
endif
return
function mv               && 定义函数mv，用来输出一次移动
parameter x,y
st=[ABC]
?? substr(st,x,1)+[-->]+substr(st,y,1)+[  ]
k=k+1                   && 统计移动次数
if k%5=0
   ? ""
endif
return
```

（3）程序运行示例与分析

运行程序，输入n=4，得4个盘子的移动过程：

```
A-->B  A-->C  B-->C  A-->B  C-->A
C-->B  A-->B  A-->C  B-->C  B-->A
C-->A  B-->C  A-->B  A-->C  B-->C
k=15
```

上面的运行结果是实现函数hn(4,1,2,3)的过程，可分解为以下三步：

1）A-->B　A-->C　B-->C　A-->B　C-->A　C-->B　A-->B，这前7步是实施hn(3,1,3,2)，即完成把上面3个盘子从A桩借助C桩移到B桩。

2）A-->C，这1步是实施mv(1,3)，即把最下面的盘子从A桩移到C桩。

3）B-->C　B-->A　C-->A　B-->C　A-->B　A-->C　B-->C，这后7步是实施hn(3,2,1,3)，即完成把B桩的3个盘子借助A移到C桩。

其中实现hn(3,1,3,2)的过程，又可分解为以下三步：

1）A-->B　A-->C　B-->C，这前3步是实施hn(2,1,2,3)，即完成把上面两个盘子

从 A 桩借助 B 桩移到 C 桩。

2）A-->B，这 1 步是实施 mv(1,2)，即把第 3 个盘子从 A 桩移到 B 桩。

3）C-->A　C-->B　A-->B，这后 3 步是实施 hn(2,3,1,2)，即完成把 C 桩的两个盘子借助 A 桩移到 B 桩。

以上的结果分析可进一步帮助对递归的理解。

38　猴子吃桃

1．问题提出

猴子第一天摘下若干个桃子，当即吃了一半，还不过瘾，又多吃了一个。第二天早上又将剩下的桃子吃掉一半，又多吃了一个。以后每天早上都吃了前一天剩下的一半后，又多吃一个。到第 10 天早上想再吃时，见只剩下一个桃子了。

求猴子第一天共摘了多少个桃子？

2．求解要点

第 1 天的桃子数是第 2 天桃子数加 1 后的 2 倍，第 2 天的桃子数是第 3 天桃子数加 1 后的 2 倍，…，一般的，第 k 天的桃子数是第 k+1 天桃子数加 1 后的 2 倍。设第 k 天的桃子数是 t(k)，则有递推关系

t(k)=2*(t(k+1)+1)　(k=1,2,…,9)

初始条件：t(10)=1

逆推求出 t(1)，即为所求的第一天所摘桃子数。

3．程序设计

```
* 猴子吃桃程序 f381
dime t(10)
t(10)=1                           && 确定初始条件
for k=9 to 1 step -1              && 逆推计算 t(1)
   t(k)=2*(t(k+1)+1)
endfor
? [   第一天摘桃]+str(t(1),5)+[个。]
for k=1 to 9
   ? [   第]+str(k,2)+[天面临]+str(t(k),5)+[个桃，]
   ?? [吃了]+str(t(k)/2,5)+[+1=]+str(t(k)/2+1,5)+[个，]
   ?? [还剩]+str(t(k)/2-1,5)+[个。]
endfor
? [   第 10 天早上还剩 1 个。]
```

```
return
```

4. 程序运行结果

```
第 1 天摘桃 1534 个。
第 1 天面临 1534 个桃，  吃了 767+1= 768 个，   还剩 766 个。
第 2 天面临 766 个桃，   吃了 383+1= 384 个，   还剩 382 个。
第 3 天面临 382 个桃，   吃了 191+1= 192 个，   还剩 190 个。
第 4 天面临 190 个桃，   吃了 95+1=  96 个，    还剩  94 个。
第 5 天面临  94 个桃，   吃了 47+1=  48 个，    还剩  46 个。
第 6 天面临  46 个桃，   吃了 23+1=  24 个，    还剩  22 个。
第 7 天面临  22 个桃，   吃了 11+1=  12 个，    还剩  10 个。
第 8 天面临  10 个桃，   吃了  5+1=   6 个，    还剩   4 个。
第 9 天面临   4 个桃，   吃了  2+1=   3 个，    还剩   1 个。
第10 天早上还剩 1 个。
```

5. 问题拓展

猴子第一天摘下若干个桃子，当即吃了一半，还不过瘾，又多吃了 m 个；第二天早上又将剩下的桃子吃掉一半，又多吃了 m 个。以后每天早上都吃了前一天剩下的一半后，又多吃了 m 个。到第 n 天早上想再吃时，见只剩下一个桃子了。

求猴子第一天共摘了多少个桃子？

（1）求解的递推关系

显然有递推关系：

t(k)=2*(t(k+1)+m) (k=1, 2, …, n-1)

初始条件：t(n)=1

（2）程序设计

```
* 拓展猴子吃桃程序 f382
input [n=] to n
input [m=] to m
dime t(n)
t(n)=1                          && 确定初始条件
for k=n-1 to 1 step -1          && 逆推计算 t(1)
   t(k)=2*(t(k+1)+m)
endfor
? [  第一天摘桃 ]+ltrim(str(t(1)))+[ 个。]
for k=1 to n-1
   ? [  第]+str(k,2)+[天面临]+str(t(k),5)+[个桃，]
   ?? [吃了]+str(t(k)/2,5)+[+]+str(m,2)+[=]+str(t(k)/2+m,5)+[个，]
   ?? [还剩]+str(t(k)/2-m,5)+[个。]
endfor
```

```
? [  第]+str(n,2)+[天早上还剩 1 个。]
return
```

（3）程序运行示例

运行程序，输入 n=8，m=3，得

```
第 1 天摘桃 890 个。
第 1 天面临 890 个桃，  吃了 445+3= 448 个，  还剩 442 个。
第 2 天面临 442 个桃，  吃了 221+3= 224 个，  还剩 218 个。
第 3 天面临 218 个桃，  吃了 109+3= 112 个，  还剩 106 个。
第 4 天面临 106 个桃，  吃了  53+3=  56 个，  还剩  50 个。
第 5 天面临  50 个桃，  吃了  25+3=  28 个，  还剩  22 个。
第 6 天面临  22 个桃，  吃了  11+3=  14 个，  还剩   8 个。
第 7 天面临   8 个桃，  吃了   4+3=   7 个，  还剩   1 个。
第 8 天早上还剩 1 个。
```

39 猴子爬山

1．问题提出

一个顽猴在一座有 30 级台阶的小山上爬山跳跃。上山一步可上跳 1 级，或上跳 3 级，求上山有多少种不同的跳法。

2．设计要点

这一问题实际上是一个整数有序可重复拆分化零问题，可应用数组递推求解。

递推可以这样理解：上山最后一步到达第 30 级台阶，完成上山，共有 f(30) 种不同的爬法；到第 30 级之前位于哪一级呢？无非是位于第 29 级（上跳 1 级即到），有 f(29) 种；或位于第 27 级（上跳 3 级即到），有 f(27) 种。于是

f(30)=f(29)+f(27)

其他依此类推，一般有递推关系：

f(k)=f(k-1)+f(k-3)

初始条件显然有：

f(1)=1（即跳 1 级）

f(2)=1（即 1+1）

f(3)=2（有 1+1+1；3）

3．猴子爬山程序设计

```
* 猴子爬山 n 级，一步跨 1 级或 3 级台阶 f391
input "请输入台阶总数 n:" to n
dime f(n)
```

```
f(1)=1                          && 数组元素赋初值
f(2)=1
f(3)=2
for k=4 to n
   f(k)=f(k-1)+f(k-3)           && 实施递推
endfor
?  "共有"+ltrim(str(f(n)))+"种不同的跳法。"
return
```

4. 程序运行示例

请输入台阶总数 n: 30
共有 58425 种不同的跳法。

5. 问题引申

把问题的参数一般化：爬山台阶 n 级，一步有 m 种跳法，整数 n 与 m 种跳法各为多少级均为键盘输入。

（1）分级递推算法设计

设爬 t 级台阶小山的不同爬法为 f(t)，设从键盘输入一步跨多少级的整数 m 分别为 x(1)，x(2)，…，x(m)（约定 x(1) <x(2) <…<x(m) <n)。

这里的整数 x(1)，x(2)，…，x(m)为键盘输入，事前并不知道，因此不能在设计时简单地确定 f(x(1))，f(x(2))，…。

事实上，可以把初始条件放在分级递推中求取，应用多关系分级递推完成递推。

首先探讨 f(t)的递推关系：

当 $t<x(1)$ 时，f(t)=0；f(x(1))=1。（初始条件）

当 x(1)<t≤x(2)时，第 1 级递推：f(t)=f(t-x(1))；

当 x(2)<t≤x(3)时，第 2 级递推：f(t)=f(t-x(1))+f(t-x(2))；

……

一般的，当 x(k)<t≤x(k+1)，k=1，2，…，m-1，有第 k 级递推：

f(t)=f(t-x(1))+f(t-x(2))+…+f(t-x(k))

当 x(m)<t 时，第 m 级递推：

f(t)=f(t-x(1))+f(t-x(2))+…+f(t-x(m))

当 t=x(2)，或 t=x(3)，…，或 t=x(m)时，按上递推求 f(t)外，还要加上 1。道理很简单，因为此时 t 本身即为一个一步到位的爬法。为此，应在以上递推基础上添加：

f(t)=f(t)+1　　(t=x(2), x(3), …, x(m))

我们所求的目标为：

f(n)=f(n-x(1))+f(n-x(2))+…+f(n-x(m))

这一递推式是我们设计的依据。

在递推设计中我们可把台阶数 n 记为数组元素 x(m+1)，这样处理是巧妙的，可以按相同的递推规律递推计算，简化算法设计。最后一项 f(x(m+1))即为所求 f(n)。最后输出 f(n)即 f(x(m+1))时必须把额外添加的 1 减去。

（2）分级递推程序实现

```
*  分级猴子爬山 f392
input "请输入总台阶数:" to n                 && 输入台阶数
input "一步有几种跳法:" to m
dime f(n), x(m+1)
? "请从小到大输入一步跳级数:"
for i=1 to m                                 && 依次输入一步跳台阶级数
   input  "一步可跳级数:" to x(i)
endfor
for i=1 to x(1)-1
   f(i)=0
endfor
x(m+1)=n
f(x(1))=1
for k=1 to m
   for t=x(k)+1 to x(k+1)
      f(t)=0
      for j=1 to k                           && 按公式累加
         f(t)=f(t)+f(t-x(j))
      endfor
      if t=x(k+1)                            && t=x(k)时增 1
         f(t)=f(t)+1
      endif
   endfor
endfor
? "共有不同的跳法种数为:"
?? str(n, 3)+"("+str(x(1), 1)            && 按指定格式输出结果
for i=2 to m
   ?? ","+str(x(i),1)
endfor
?? ")="+ltri(str(f(n)-1, 20))
return
```

（3）程序运行示例

```
请输入总台阶数: 50
一步有几种跳法: 4
请从小到大输入一步跳级数: 2, 3, 4, 6
共有不同的跳法种数为: 50(2,3,4,6)=325421728
```

40 购票排队

1．问题提出

一场球赛开始前，售票工作正在紧张的进行中。每张球票为 50 元，现有 30 个人排队等待购票，其中有 20 个人手持 50 元的钞票，另外 10 个人手持 100 元的钞票。假设开始售票时售票处没有零钱，求出这 30 个人排队购票，使售票处不至出现找不开钱的局面的不同排队种数。（约定：拿同样面值钞票的人对换位置后仍为同一种排队。）

2．设计要点

我们考虑一般情形：有 m+n 个人排队等待购票，其中有 m 个人手持 50 元的钞票，另外 n 个人手持 100 元的钞票。求出这 m+n 个人排队购票，使售票处不至出现找不开钱的局面的不同排队种数（这里正整数 m，n 从键盘输入）。

这是一道典型的组合计数问题，考虑用递推求解。

令 f(m,n)表示有 m 个人手持 50 元的钞票，n 个人手持 100 元的钞票时的排队方案总数。我们分情况来讨论这个问题。

（1）n=1

n=1 意味着排队购票的人除 1 人拿 100 元，其他 m 个人手中拿的都是 50 元的钱币。此时持 100 元的人可排在队伍的第 2 位，或第 3 位，…，或第 m+1 位，因而可得排队总数为 m，即 f(m,1)=m。

（2）m<n

当 m<n 时，即排队购票的人中持 50 元的人数小于持 100 元的钞票，即使把 m 张 50 元的钞票都找出去，仍会出现找不开钱的局面，所以这时排队总数为 0，即 f(m,n)=0。

（3）其他情况

我们思考 m+n 个人排队购票，第 m+n 个人站在第 m+n-1 个人的后面，则第 m+n 个人的排队方式可由下列两种情况获得：

1）第 m+n 个人手持 100 元的钞票，则在他之前的 m+n-1 个人中有 m 个人手持 50 元的钞票，有 n-1 个人手持 100 元的钞票，此种情况共有 f(m,n-1)。

2）第 m+n 个人手持 50 元的钞票，则在他之前的 m+n-1 个人中有 m-1 个人手持 50 元的钞票，有 n 个人手持 100 元的钞票，此种情况共有 f(m-1,n)。

由加法原理得到 f(m,n)的递推关系：

f(m,n)=f(m,n-1)+f(m-1,n)

初始条件：

当 m<n 时，f(m,n)=0

当 n=1 时，f(m,n)=m

3．购票排队程序设计

```
* 购票排队 f401
dime f(100,100)
input [ m=] to m
input [ n=] to n
? [f(]+str(m,2)+[,]+str(n,2)+[)=]
if m<n
   ?? 0
   return
endif
for j=1 to m                              && 确定初始条件
  f(j,1)=j
endfor
for j=1 to m
   for i=j+1 to n
       f(j,i)=0
   endfor
endfor
for i=2 to n
   for j=i to m
       f(j,i)=f(j-1,i)+f(j,i-1)           && 实施递推
   endfor
endfor
?? ltrim(str(f(m,n)))
return
```

4．程序运行示例

输入 m=20,n=10

f(20,10)=15737865.

输入 m=15,n=12

f(15,12)=4345965.

*41　神秘的数组

1．问题提出

计算机程序设计爱好者在探索一类神秘的数组：

1）把 6 个互不相等的正整数 a，b，c，d，e，f 分成两个组，若这两数组具有以下

两个相等特性：a+b+c=d+e+f=s 且 $a^2+b^2+c^2=d^2+e^2+f^2$=s2，把这类数组（a，b，c）与（d，e，f）称为神秘 3 元数组。

设计程序求出给定 s 的所有神秘 3 元数组（约定 a<b<c，d<e<f，a<d)。

例如，(1,5,6) 与 (2,3,7) 就是 s=12 的神秘 3 元数组：

1+5+6=2+3+7=12

1^2+5^2+6^2=2^2+3^2+7^2=62

2）除神秘 3 元数组外，应该存在神秘 4 元数组，该数组的两组数之和、平方和与立方和均相等。

例如，(1,5,8,12) 与 (2,3,10,11) 就是一个神秘 4 元数组：

1+5+8+12=2+3+10+11=26

1^2+5^2+8^2+12^2=2^2+3^2+10^2+11^2=234

1^3+5^3+8^3+12^3=2^3+3^3+10^3+11^3=2366

依此类推，是否存在神秘 5 元数组或神秘 6 元数组呢？这些神秘数组是如何得到的呢？

2．和为 s 的神秘 3 元数组

（1）求解要点

设 6 个正整数存储于 b 数组 b(1)，…，b(6)。同时约定：b(1)，b(2)，b(3) 为一组；b(4)，b(5)，b(6) 为另一组。

从键盘输入整数 s，因 6 个不同正整数之和至少为 21，即输入整数 s≥11。

设置 b(1)，b(2) 与 b(4)，b(5) 循环。注意到 b(1)+b(2)+b(3)=s，且 b(1)<b(2)<b(3)，因而 b(1)，b(2) 循环取值为：

b(1)：1～(s-3)/3。因 b(2) 比 b(1) 至少大 1，b(3) 比 b(1) 至少大 2。

b(2)：b(1)+1～(s-b(1)-1)/2。因 b(3) 比 b(2) 至少大 1。

b(3)=s-b(1)-b(2)。

设置 b(4)，b(5) 循环基本同上，只是 b(4)>b(1)，因而 b(4) 起点为 b(1)+1。

设 s2=b(1)*b(1)+b(2)*b(2)+b(3)*b(3)，如果 b(4)*b(4)+b(5)*b(5)+b(6)*b(6)≠s2，则继续探索。

同时注意到两个 3 元组中若部分相同部分不同，不能有和与平方和同时相等，因而可省略排除以上 6 个正整数中是否存在相等的检测。

若满足平方和相等要求，打印输出和为 s 的神秘 3 元数组，并用 n 统计解的个数。

（2）程序设计

```
*  和为 s 的神秘 3 元数组   f411
dime b(6)
input "  请输入正整数 s: " to s
? "  s="+str(s,3)+": "
```

```
n=0
for b(1)=1 to (s-3)/3
for b(2)=b(1)+1 to (s-b(1)-1)/2
for b(4)=b(1)+1 to (s-3)/3
for b(5)=b(4)+1 to (s-b(4)-1)/2
   b(3)=s-b(1)-b(2)
   b(6)=s-b(4)-b(5)
   s2=b(1)*b(1)+b(2)*b(2)+b(3)*b(3)
   if b(4)*b(4)+b(5)*b(5)+b(6)*b(6)#s2
      loop                          && 排除平方和不相等
   endif
   n=n+1                            && 输出第 n 个解
   ? str(n,3)+": ("+str(b(1),2)+","+str(b(2),2)+","+str(b(3),2)+")  "
   ??  "  ("+str(b(4),2)+","+str(b(5),2)+","+str(b(6),2)+")  "
   ??  "s2="+str(s2,4)
endfor
endfor
endfor
endfor
return
```

（3）程序运行结果与讨论

```
请输入正整数 s: 12
    1: (1,5,6)  (2,3,7)  s2=62
请输入正整数 s: 15
    1: (1,6,8)  (2,4,9)  s2=101
    2: (2,6,7)  (3,4,8)  s2=89
请输入正整数 s: 18
    1: (1,7,10)  (2,5,11)  s2=150
    2: (1,8,9)   (3,4,11)  s2=146
    3: (2,7,9)   (3,5,10)  s2=134
    4: (3,7,8)   (4,5,9)   s2=122
```

不难看出，以上所得数组元素均为 1 位数的神秘 3 元数组有 4 组：

(1,5,6；2,3,7)，(1,6,8；2,4,9)，(2,6,7；3,4,8)，(3,7,8；4,5,9)

可把以上 4 组解巧妙组合为“4 位数”的神秘 3 元数组：

(1123,5667,6878；2234,3445,7989)　(s=13668, s2=80682902)

以上数组称为金蝉数组，因该数组具有和相等（s）且平方和也相等（s2），还具有多个脱壳性质：

同时从高位去除 1、2 个数字，或同时从低位去除 1、2 个数字，或同时去除最高位与最低位后，分别得

(123,667,878；234,445,989)　(s1=1668, s2=1230902)

（23, 67, 78；34, 45, 89）　　　　(s1=168, s2=11102)
（112, 566, 687；223, 344, 798）　(s1=1365, s2=804869)
（11, 56, 68；22, 34, 79）　　　　(s1=135, s2=7881)
（12, 66, 87；23, 44, 98）　　　　(s1=165, s2=12069)

经脱壳而得的以上数组，均具有和相等（s）且平方和也相等（s2）的特性。

3. 递推神秘 6 元数组

（1）设计要点

首先给出以下一个递推性质，它是求解的依据。

设 a 数组$(a_1,a_2,\cdots,a_n)$与 b 数组$(b_1,b_2,\cdots,b_n)$的一次方和相等，. . . ，k-1 次方和也相等，则可以应用二项式定理证明以下的递推性质：

1）当 k 为奇数时

$$\begin{aligned}&{a_1}^k+\cdots+{a_n}^k+(m-a_1)^k+\cdots+(m-a_n)^k\\&={b_1}^k+\cdots+{b_n}^k+(m-b_1)^k+\cdots+(m-b_n)^k\end{aligned} \quad ①$$

2）当 k 为偶数时

$$\begin{aligned}&{a_1}^k+\cdots+{a_n}^k+(m-b_1)^k+\cdots+(m-b_n)^k\\&={b_1}^k+\cdots+{b_n}^k+(m-a_1)^k+\cdots+(m-a_n)^k\end{aligned} \quad ②$$

应用上述递推性质，先选取互不相同的正整数 a1，a2，b1，b2，使得 a1+a2=b1+ b2。然后取 k=2，通过由小到大取值逐个试验确定整数 m，代入式②后使等式的两边出现一个相同项。消去该项后则得到两个 3 元数组(a1, a2, a3)与(b1, b2, b3)，其和相等，平方和也相等。

例如，a1+a2=b1+b2 取为 1+6=3+4，m=8，据式②则有

$$1^2+6^2+(8-3)^2+(8-4)^2=3^2+4^2+(8-1)^2+(8-6)^2$$

即有

$$1^2+6^2+5^2+4^2=3^2+4^2+7^2+2^2$$

化简得

$$1^2+6^2+5^2=3^2+7^2+2^2$$

即得两个和相等（都为 12）且平方和也相等（都为 62）的两个 3 元数组：1，5，6 与 2，3，7。

接着又通过取值试验确定整数 m，代入①式后使等式两边出现 2 个相同项。消去后则得到两个 4 元数组(a1, a2, a3, a4)与(b1, b2, b3, b4)：它们的和、平方和、立方和都相等。

依此类推，可得神秘 6 元数组。

（2）神秘 6 元数组程序设计

```
* 神秘 6 元数组 f412
dime a(20),b(20),c(20),d(20)
```

```
input "    输入每组数的个数n(2<n<7):" to n
for a1=1 to 5
c(1)=a1
a(1)=a1
for b1=a1+1 to 7
d(1)=b1
b(1)=b1
for b2=b1+1 to 9
d(2)=b2
b(2)=b2
c(2)=d(1)+d(2)-c(1)
a(2)=c(2)                  && 取初值a(1)+a(2)=b(1)+b(2)
for k=2 to n-1
m1=a(k)+1
if b(k)>a(k)
   m1=b(k)+1
endif
for m=m1 to 3*m1           && 试值m在约定的循环中取值
for i=1 to k
a(i)=c(i)
b(i)=d(i)
endfor
if k/2=int(k/2)            && k为偶数按式②赋值
    for i=1 to k
      a(k+i)=m-b(i)
      b(k+i)=m-a(i)
    endfor
else                       && k为奇数按式①赋值
    for i=1 to k
      a(k+i)=m-a(i)
      b(k+i)=m-b(i)
    endfor
endif
t=0
for i=1 to 2*k
for j=1 to 2*k
  if a(i)=b(j) and a(i)>0   && 比较两数组，相同的非零项赋零
    a(i)=0
    b(j)=0
    t=t+1
    exit
  endif
```

```
endfor
endfor
if t<>k-1
   loop
endif
  for i=1 to 2*k-1          && 两数组分别由小到大排序
    for j=i+1 to 2*k
      if a(i)>a(j)
        x=a(i)
        a(i)=a(j)
        a(j)=x
      endif
      if b(i)>b(j)
        x=b(i)
        b(i)=b(j)
        b(j)=x
      endif
  endfor
endfor
if a(k)=0 or b(k)=0
   loop
endif
for i=1 to k+1              &&  重新赋值，去除两数组中的零项
   a(i)=a(i+t)
   b(i)=b(i+t)
endfor
for i=1 to  k
   z=0
   if a(i)=a(i+1) or b(i)=b(i+1)    &&  同数组中有相同项返回
      z=1
      exit
   endif
endfor
if z=1
   loop
endif
for i=1 to k+1
   c(i)=a(i)
   d(i)=b(i)
endfor
m=3*m1
endfor
```

Chapter 6

```
endfor
if k<>n
   loop
endif
?  "     第1组"+str(n,1)+"个数为:"
for i=1 to n
   ?? a(i)
endfor
?  "     第2组"+str(n,1)+"个数为:"
for i=1 to n
 ?? b(i)
endfor
return                    &&  输出一个解后退出
endfor
endfor
endfor
return
```

（3）程序运行结果与说明

```
输入每組数的个数n(2<n<7):4

第1組4个数为:    1    5    8   12
第2組4个数为:    2    3   10   11

输入每組数的个数n(2<n<7):6

第1組6个数为:    1    6    7   17   18   23
第2組6个数为:    2    3   11   13   21   22
```

七、韩信点兵——远古的神机妙算

42　破解数字魔术

1．问题提出

有一种数学游戏，魔术师要每一位观众想好一个三位数 abc（a 是百位数，b 是十位数，c 是个位数）。然后魔术师要这位观众记下另 5 个三位数：acb，bac，bca，cab，cba，并把这 5 个三位数加起来，求得和 m。

如果讲出和 m 是多少，魔术师即能告诉观众想好的原数 abc 是多少。

观众甲说出他的和 m=2010，观众乙说出他的和 m=2012。

魔术师即作答：甲说的 m=2010 不对，要么你是说谎，要么你是求和时算错了。乙想好的数是 208。

你能设计程序破解魔术师的这一数字魔术吗?

2．设计要点

显然，和 m=acb+bac+bca+cab+cba=122a+212b+221c

已知 m，求解不定方程：

122a+212b+221c=m　　（a，b，c 均为一位整数，a≠0）

对 a，b，c 实施循环穷举，凡满足方程的解即打印输出。

若对于某一个 m，以上不定方程无解，则显示“你给出的和算错了!”。

3．破解数字魔术的程序设计

```
*  数字魔术 f421
set talk off
?  "请想一个三位数 n=abc, 只要告诉另 5 个三位数"
?  "acb, bac, bca, cab, cba 之和 m, 即可推算出 n."
input  "请输入 5 个数之和 m="  to  m
t=0
for  a=1 to 9
   for  b=0 to 9
      for  c=0 to 9
```

```
            n=122*a+212*b+221*c      && 由 a,b,c 计算 n
            if m=n                   && 判断是否满足要求
               ? "  你想好的三位数是："
               ?? ltrim(str(a))+ltrim(str(b))+ltrim(str(c))
               t=1
            endif
         endfor
      endfor
   endfor
   if  t=0
      ? "  你给出的和算错了!"
   endif
   return
```

4. 程序运行示例

输入 m=2010，输出：你给出的和算错了！

输入 m=2012，输出：你想好的三位数是 208

可以验证如下：

acb+bac+bca+cab+cba=280+028+082+820+802=2012

43　鸡兔同笼与羊犬鸡兔问题

1. 问题提出

（1）鸡兔同笼问题

我国古代《孙子算经》中记载有“鸡兔同笼”趣题：

今有鸡兔同笼，上有三十五头，下有九十四足，问鸡兔各几何？

（2）羊犬鸡兔问题

我国古代《九章算术》中记载有“羊犬鸡兔”趣题：

今有五羊四犬三鸡二兔值钱一千四百九十六，四羊二犬六鸡三兔值钱一千一百七十五，三羊一犬七鸡五兔值钱九百五十八，二羊三犬五鸡一兔值钱八百六十一。

问羊犬鸡兔价各几何？

试设计程序求解“鸡兔同笼”与“羊犬鸡兔”问题。

2. 求解鸡兔同笼问题

鸡兔同笼问题表述的意思是：有若干只鸡兔同在一个笼子里，从上面数有 35 个头，从下面数有 94 只脚。求笼中有几只鸡和兔？

我们把鸡兔同笼问题一般化：已知鸡兔的总头数 h，总脚数 f，试求鸡兔各多少只？

（1）经典求解

1）求解要点。设鸡数为 x，兔数为 y，据已知可列出二元一次方程组：

x+y=h
2x+4y=f

在正整数范围内求解这一方程组，通过代入消元或加减消元求出变量 x，y 的表达式

x=(4h-f)/2
y=(f-2h)/2

根据键盘输入的 h，f，由上述公式算出 x 与 y。也可只算出 x 或 y，再根据 x+y=h 求得 y 或 x。注意，在根据 h，f 按公式求出 x 时，x 必须为整数且 0<x<h。

2）程序实现。

```
* 鸡兔同笼经典求解 f431
set talk off
? "已知鸡兔的总头数 h,总脚数 f,求鸡兔各多少."
input "请输入总头数 h:" to h
input "请输入总脚数 f:" to f
x=(4*h-f)/2                          && 求解鸡数 x 的计算公式
y=(f-2*h)/2
if x>0 and int(x)=x and x<h          && x 必须为小于总头数的正整数
   ?  "鸡:"+ltrim(str(x))+"只    "
   ?? "兔:"+ltrim(str(y))+"只"
else
   ?"问题无解!"
endif
return
```

运行程序，输入 h=35，f=94，得

鸡：23 只　　兔：12 只

（2）常规求解

设鸡数为 x，兔数为 y，置 x 在指定范围（1～h-1）穷举取值，则 y 取 h-x（因而第一个方程满足）。若 x，y 满足条件 2x+4y=f（即第二个方程满足），则作打印输出。

```
* 鸡兔同笼常规求解 f432
set talk off
? "已知鸡兔的总头数 h,总脚数 f,求鸡兔各多少."
input "请输入总头数 h:" to h
input "请输入总脚数 f:" to f
t=0
for x=1 to h-1                     && 鸡数 x 循环枚举
   y=h-x                           && 取兔数 y 满足总头数
```

```
    if 2*x+4*y=f              && 总脚数判别
       ?  "鸡:"+ltrim(str(x))+"只    "
       ?? "兔:"+ltrim(str(y))+"只"
       t=1
    endif
endfor
if t=0
   ? "问题无解!"
endif
return
```

运行程序，输入 h=655，f=2010，得

鸡: 305 只　　兔: 350 只

以上问题均规定 x>0 且 y>0，如果允许 x=0 或 y=0，只需要修改判定条件即可。

3. 求解羊犬鸡兔问题

羊犬鸡兔问题表述的意思是：

5 只羊、4 只犬、3 只鸡与 2 只兔共值 1496 个钱；

4 只羊、2 只犬、6 只鸡与 3 只兔共值 1175 个钱；

3 只羊、1 只犬、7 只鸡与 5 只兔共值 958 个钱；

2 只羊、3 只犬、5 只鸡与 1 只兔共值 861 个钱。

求每只羊、犬、鸡、兔价值各为多少钱？

（1）求解要点

设一只羊价为 x，犬为 y，鸡为 z，兔为 u，根据题意可得 4 元一次方程组：

$5x+4y+3z+2u=1496$

$4x+2y+6z+3u=1175$

$3x+y+7z+5u=958$

$2x+3y+5z+u=861$

在正整数范围内（约定钱为整数个）解方程组，可以应用穷举判定完成求解。

设置 x，y，z，u 循环，对每一组 x，y，z，u 值判别是否同时满足 4 个方程。

设计中可精简一个循环，选取其中 3 个变量设置循环，另一个变量由其中一个方程决定，判别满足另三个方程，这样处理是适宜的，可减少循环枚举次数。

（2）羊犬鸡兔问题的程序设计

```
*  求解羊犬鸡兔问题 f433
? "  求解 4 元一次方程组的整数解: "
? "  5x+4y+3z+2u=1496"
? "  4x+2y+6z+3u=1175"
? "  3x+y+7z+5u=958"
? "  2x+3y+5z+u=861"
```

```
? " 方程组的整数解为: "
for x=1 to 1496/5
for z=1 to (958-3*x)/7
for u=1 to (958-3*x-7*z)/5
   y=958-3*x-7*z-5*u
   if y<1
      exit
   endif
   if 5*x+4*y+3*z+2*u=1496 and 4*x+2*y+6*z+3*u=1175 and 2*x+3*y+5*z+u=861
      ? "  x="+str(x,3,0)+"  y="+str(y,3,0)
      ?? "  z="+str(z,3,0)+"  u="+str(u,3,0)
   endif
endfor
endfor
endfor
return
```

（3）程序运行结果

```
求解 4 元一次方程组的整数解:
5x+4y+3z+2u=1496
4x+2y+6z+3u=1175
3x+y+7z+5u=958
2x+3y+5z+u=861
方程组的整数解为:
x=177    y=121    z=23    u=29
```

即得羊犬鸡兔问题的答案为：羊价 177 钱/只，犬价 121 钱/只，鸡价 23 钱/只，兔价 29 钱/只。

44　百鸡问题

1. 问题提出

公元前五世纪，我国古代数学家张邱建在《张邱建算经》一书中记有一个有趣的数学问题：今有鸡翁一值钱五，鸡母一值钱三，鸡雏三值钱一。凡百钱买鸡百只，问鸡翁、母、雏各几何？这就是数学史上著名的“百鸡问题”。

到了清代，研究百鸡术的人渐多，1815 年骆腾凤使用“大衍求一术”解决了百鸡问题。在此前后时曰醇推广了百鸡问题，作《百鸡术衍》，从此百鸡问题和百鸡术才广为人知。

百鸡问题还有多种表述形式，如百僧吃百馒、百钱买百禽等。宋代杨辉的算书中有类似问题，中古时其他各国也有相仿问题流传。例如印度算书和阿拉伯学者艾布·卡米勒的著作中都有百钱买百禽的问题，与《张邱建算经》中的题目基本一样。

百鸡问题的表述：用 100 个钱买 100 只鸡，其中公鸡 5 钱 1 只，母鸡 3 钱 1 只，小鸡 1 钱 3 只。问公鸡、母鸡与小鸡各买了多少只？

2．求解要点

设公鸡、母鸡、小鸡数量分别为 x，y，z，依题意列出方程组：

$$x+y+z=100$$
$$5x+3y+z/3=100$$

设计程序求解这个三元一次不定方程组的正整数解，采用对变量作穷举，判别是否满足条件来求解。

3．程序实现

```
* 百鸡问题 f441
set talk off
n=0
? space(4)+[ 公鸡   ]+[ 母鸡   ]+[小鸡]
for x=1 to 20                                  && 设置三重循环实施穷举
for y=1 to 33
for z=3 to 99 step 3
   if x+y+z=100 and 5*x+3*y+z/3=100            && 两条件同时判别
      n=n+1
      ? "NO"+str(n,3)+": x="+ltrim(str(x))
      ?? "    y="+ltrim(str(y))
      ?? "    z="+ltrim(str(z))
   endif
endfor
endfor
endfor
return
```

运行程序，得百鸡问题的解：

```
         公鸡    母鸡    小鸡
    NO1:  x=4    y=18    z=78
    NO2:  x=8    y=11    z=81
    NO3:  x=12   y=4     z=84
```

4．程序的改进

上述程序中根据 z 必须为 3 的倍数，确定 z 循环步长为 3，可减少循环次数。事实上，整个 z 循环都可以省略，用第一个条件来确定 z 就行了。

改进的双循环程序如下：

```
* 百鸡问题 f442
set talk off
n=0
? [     公鸡   ]+[ 母鸡   ]+[小鸡]
for x=1 to 20
for y=1 to 100-x        && x+y 不能超过 100
  z=100-x-y             && 使 x+y+z=100 成立
  if z>0 and 5*x+3*y+z/3=100            && 另一条件作判别
     n=n+1
     ? "NO"+str(n,3)+": x="+ltrim(str(x))    && 输出所得解
     ?? "     y="+ltrim(str(y))
     ?? "     z="+ltrim(str(z))
  endif
endfor
endfor
return
```

注意：*若不要求每种鸡都有，只要把以上程序中的循环起始点改为 0 即可。*

45 韩信点兵

1. 问题提出

在中国数学史上，广泛流传着一个“韩信点兵”的故事：

韩信是汉高祖刘邦手下的大将，他英勇善战，智谋超群，为汉朝建立了卓绝的功劳。据说韩信的数学水平也非常高超，他在点兵的时候，为了知道有多少个兵，同时又能保住军事机密，便让士兵排队报数：

按从 1 至 5 报数，记下最末一个士兵报的数为 1；

再按从 1 至 6 报数，记下最末一个士兵报的数为 5；

按从 1 至 7 报数，记下最末一个士兵报的数为 4；

最后按从 1 至 11 报数，记下最末一个士兵报的数为 10。

你知道韩信至少有多少兵？

2. 求解要点

设兵数为 x，则 x 满足下述的不定方程组：

$x=5y+1$　　　即 $x\equiv1 \pmod 5$

$x=6z+5$　　　　$x\equiv5 \pmod 6$

$x=7u+4$　　　　$x\equiv4 \pmod 7$

x=11v+10　　　　　　　　x=10 (mod 11)

其中 y，z，u，v 都为正整数。试求满足以上方程组的最小正整数 x。

应用穷举可得到至少的兵数。x 从 1 开始递增 1 取值当然可以，但不必要。事实上穷举次数可联系问题的具体实际大大缩减。

1）注意到 x 除 11 余 10，于是可设置 x 从 21 开始，以步长 11 递增。此时，只要判别前三个条件即可。

2）由以上第 4 与第 2 个条件，知 x+1 为 11 的倍数，也为 6 的倍数。而 11 与 6 互素，因而 x+1 必为 66 的倍数。于是取 x=65 开始，以步长 66 递增。此时，只要判别 x%5=1 与 x%7=4 两个条件即可。

这样可算得满足条件的最小整数 x，即点兵的数量。

3. 程序实现

```
*  韩信点兵 f451
x=65
do  while  x<10000
   x=x+66
   if  x%5=1  and  x%7=4
      ?  "至少有兵:"+ltrim(str(x,12))+"个。"
      exit
   endif
enddo
return
```

运行程序，得

至少有兵:2111 个。

4. 一般情形韩信点兵的程序设计

上述点兵是报 4 遍数，一般化为报 n 遍数，第 i 次从 1 至 p(i)报数时，最末一名士兵报数为 r(i)，这里 i=1，2，...，n。

在报数时允许 r(i)=p(i)，此时须把 r(i)归零，以便统一处理。

（1）程序设计

```
*  一般化韩信点兵 f452
set talk off
? "  按 1 至 p 报数，最末一人报数为 r。"
input "  需报数 n 轮,请输入 n: " to n
dime p(n),r(n)
for i=1 to n
   ? "第"+ltrim(str(i))+"轮,从 1 至 p 报数,最末数为 r:"
   input "输入 p:" to p(i)
```

```
      input "输入r:" to r(i)
      r(i)=r(i)%p(i)      && 若r(i)=p(i)时，r(i)归零
   endfor
   x=r(n)
   do while .t.
      x=x+p(n)
      t=0
      for i=1 to n-1
         if x%p(i)#r(i)
            t=1
            exit
         endif
      endfor
      if t=0
         ? "至少有"+ltrim(str(x,15))+"个兵。"
         exit
      endif
   enddo
   return
```

（2）程序运行示例

```
按1至p报数，最末一人报数为r。
需报数n轮,请输入n: 5
第 1 轮, 请输入p, r: 3,2
第 2 轮, 请输入p, r: 5,4
第 3 轮, 请输入p, r: 7,3
第 4 轮, 请输入p, r: 8,3
第 5 轮, 请输入p, r: 13,5
至少有 2579 个兵。
```

以上求解的不定方程组，满足上述不定方程组的正整数解有无穷多组，程序输出的只是满足条件的最小正整数解。

例如，对以上数据，2579+3*5*7*8*13=13499 也是一个解。

46　整币兑零

1．问题提出

把一张1元整币兑换成1分、2分、5分、1角、2角和5角共6种零币，共有多少种不同兑换方法？

一般的，把一张2元整币、5元整币或n元整币兑换成1分、2分、5分、1角、2

角和 5 角共 6 种零币，共有多少种不同兑换种数？

2．求解思路

一般的设整币的面值为 n 个单位，面值为 1、2、5、10、20、50 个单位零币的个数分别为 p1、p2、p3、p4、p5、p6。显然需解一次不定方程

$$p1+2*p2+5*p3+10*p4+20*p5+50*p6=n \quad ①$$

其中 p1、p2、p3、p4、p5、p6 为非负整数。

对这 6 个变量实施穷举，确定穷举范围为：

$0\leqslant p1\leqslant n$，$0\leqslant p2\leqslant n/2$，$0\leqslant p3\leqslant n/5$，$0\leqslant p4\leqslant n/10$，$0\leqslant p5\leqslant n/20$，$0\leqslant p6\leqslant n/50$

在以上穷举的 6 重循环中，若满足条件①，则为一种兑零方法，通过变量 m 统计不同的兑换种数。

3．程序设计

```
* 整币兑零穷举设计 f461
set talk off
m=0
input ″ n= ″ to n
for p1=0 to n
for p2=0 to n/2
for p3=0 to n/5
for p4=0 to n/10
for p5=0 to n/20
for p6=0 to n/50
   if p1+2*p2+5*p3+10*p4+20*p5+50*p6=n    && 根据条件检验
      m=m+1
   endif
endfor
endfor
endfor
endfor
endfor
endfor
? str(n,3)+″(1,2,5,10,20,50)=″+ltrim(str(m))
return
```

运行程序，输入 100，即得 1 元整币兑换成 1 分、2 分、5 分、1 角、2 角、5 角共 6 种零币的不同兑换方法及种数为：

```
100(1,2,5,10,20,50)=4562
```

共有 4562 个解，即有 4562 种不同的兑换种数。

4. 精简穷举循环设计

在上述程序的6重循环中，我们可精简p1循环，在循环内应用

p1=n-(2*p2+5*p3+10*p4+20*p5+50*p6) ②

给p1赋值。如果p1为非负数，对应一种兑换法。

```
*  精简循环穷举设计  f462
set talk off
 m=0
 input " n= " to n
 for p2=0 to n/2
 for p3=0 to n/5
 for p4=0 to n/10
 for p5=0 to n/20
 for p6=0 to n/50
    p1=n-(2*p2+5*p3+10*p4+20*p5+50*p6)
    if p1>=0        && 如果p1非负即为一种兑换
       m=m+1
    endif
 endfor
 endfor
 endfor
 endfor
 endfor
 ? str(n,3)+"(1,2,5,10,20,50)="+ltrim(str(m))
 return
```

运行程序，输入n=200，即得2元整币兑换成1分、2分、5分、1角、2角、5角共6种零币的不同兑换种数为

200(1,2,5,10,20,50)=69118

5. 进一步优化穷举设计

以上程序的循环次数已经大大精简了。进一步分析，我们看到在程序的循环设置中，p3循环从0～n/5可改进为0～(n-2*p2)/5，因为在n中p2已占去了2*p2。依此类推，对p4，p5，p6的循环可作类似的循环参量优化。

```
* 进一步优化穷举设计 f463
set talk off
 m=0
 input " n= " to n
 for p2=0 to n/2
 for p3=0 to (n-2*p2)/5
```

```
  for p4=0 to (n-2*p2-5*p3)/10
  for p5=0 to (n-2*p2-5*p3-10*p4)/20
  for p6=0 to (n-2*p2-5*p3-10*p4-20*p5)/50
     p1=n-(2*p2+5*p3+10*p4+20*p5+50*p6)
     if p1>=0                  && 如果p1非负即为一种兑换
        m=m+1
     endif
  endfor
  endfor
  endfor
  endfor
  endfor
  ? str(n,3)+"(1,2,5,10,20,50)="+ltrim(str(m))
  return
```

运行程序，输入 n=500，即得 5 元整币兑换成 1 分、2 分、5 分、1 角、2 角、5 角共 6 种零币的不同兑换种数为：

500(1,2,5,10,20,50)=3937256

以上三个设计尽管都是穷举，但循环的设置与循环参量的改进可精简去一些不必要的比较操作，大大缩减程序的运行时间。

*47　解佩尔方程

1. 问题提出

试求关于 x,y 的不定方程

$$x^2 - 92 \cdot y^2 = 1$$

的正整数解。

最早求解这类不定方程的是印度数学家婆什伽罗。方程传到欧洲后，欧洲人称其为佩尔（Pell）方程，这实际上是由数学家欧拉的误会引起的。实际上佩尔并未解过这一方程，倒是费尔马解过，因此也有人把这一方程称为费尔马方程。

佩尔（Pell）方程是关于 x，y 的二次不定方程，表述为

$$x^2 - n \cdot y^2 = 1$$ （其中 n 为非平方正整数）

当 x=1 或 x=-1，y=0 时，显然满足方程。常把 x，y 中有一个为零的解称为平凡解。我们要求佩尔方程的非平凡解。

佩尔方程的非平凡解很多，这里只要求出它的最小解，即 x，y 为满足方程的最小正数的解，又称基本解。求出了基本解，其他解可由基本解推出。

对于有些 n，尽管是求最小解，其数值也大得惊人。例如，当 n=73 时，相应佩尔

方程的基本解 x 达 7 位数，y 为 6 位。当 n=991 时，相应佩尔方程的基本解达 30 位。著名的阿基米德“牛问题”的求解，包含 8 个未知数，可转化为求解以下的佩尔方程：

$$x^2-4729494y^2=1$$

其基本解超过 40 位。

这么大的数值，如何求得？其基本解具体为多少？可以说，这是自然界对人类计算能力的一个挑战。十七世纪曾有一位印度数学家说过，要是有人能在一年的时间内求出 $x^2-92y^2=1$ 的非平凡解，他就算得上一名真正的数学家。

由此可见，佩尔方程的求解是有趣的，其计算也是繁琐的。

2. 试值判别法求解

（1）设计要点

应用试值判别法来求方程 $x^2-ny^2=1$ 的基本解。

y 从 1 开始递增取值，对于每一个 y 值，计算 a=n*y*y 后判别：

若 a+1 为某一整数 x 的平方，则(x, y)即为所求方程的解。

若 a+1 不是平方数，则 y 增 1 后再试。

这样循环下去，总可以把满足方程的解找到。

（2）试值判别程序设计

```
* 解佩尔方程 f471
? "解佩尔方程：x^2-ny^2=1"
input "  请输入非平方整数 n：" to n
r=int(sqrt(n))
if n=r*r
   ? "   n 为平方数,方程无正整数解！"
   return
endif
y=1
do while .t.
   y=y+1
   a=n*y*y
   x=int(sqrt(a+1))
   if  x*x=a+1                    &&  检测是否满足方程
     ? "方程 x^2-"+ltrim(str(n))+"y^2=1 基本解为："
     ?? " x="+ltrim(str(x))+", y="+ltrim(str(y))
     exit
   endif
enddo
return
```

（3）程序运行示例与说明

解佩尔方程：x^2-ny^2=1

请输入非平方整数 n：92

方程 x^2-92y^2=1 的基本解为：x=1151，y=120

请输入非平方整数 n：73

方程 x^2-73y^2=1 的基本解为：x=2281249，y=267000

运行程序，若键入某一平方整数 n，程序会给出"n 为平方数，方程无正整数解！"提示。

对于某些非平方数 n，例如 n=991，因解的位数太大超过语言有效数字的范围，程序不可能给出正确的解。此时，必须应用其他专业算法（如连分数法等）才能进行准确求解。

3．应用连分数高精度求解

某些 n 对应的佩尔方程的基本解非常大，以至超出计算机的有效数字范围，用上述试值判别已无能为力。应用连分数可以大大扩展求佩尔方程的范围。

应用连分数求解佩尔方程，是布龙克尔首先提出的，而拉格朗日给出了更为完备的讨论。

（1）设计要点

1）连分数简介。所谓连分数，即如果数 r 对正整数 a1，a2，…，am 有以下表达式：

r=a1+1/a2，则 r 的连分数展式为：r=[a1,a2]

r=a1+1/(a2+1/a3)，则 r 的连分数展式为：r= [a1,a2,a3]…

例如，7/2=[3,2]，11/4=[2,1,3]

无理数也可以展开为连分数。拉格朗日证明：一个二次无理数的连分数展式，从某一项后是循环的。即一个非完全平方整数 n 的平方根的连分数展式可表示为

sqrt(n)=[a1;a2,...,am,2a1]

这里循环从 a2 开始到 2a1 这一项为止（a2 前的;号标明循环节的开始）。

2）连分数转化为解。如果 m 为偶数，对应连分数的第 m 个渐近分数 pm/qm，佩尔方程的基本解为：x=pm，y=qm。

如果 m 为奇数，对应连分数展式须向后移一个循环节，即移到 am 第二次出现，此时对应第 2m 个渐近分数 p2m/q2m，佩尔方程的基本解为：x=p2m，y=q2m。

根据输入的非平方整数 n，先行求 sqrt(n)的连分数展式，然后再求相应的第 m 个或第 2m 个分数（当 m 为奇数时），写出相应的基本解。

例如，解 x^2-14y^2=1，先求得 sqrt(14)=[3;1,2,1,6]，m=4，p4/q4=15/4，于是有 x=15，y=4。

若解 x^2-13y^2=1，先求得 sqrt(13)=[3;1,1,1,1,6]，m=5，p10/q10=649/180，于是有 x=649，y=180。

再计算 pm/qm（或 p2m/q2m），采用倒推计算渐近分数。

3）递推求$\sqrt{n}$的连分数。把数 r 转化为连分数，常用辗转相除法。现在要把无理数$\sqrt{n}$转化为连分数，如果取它的前若干位近似值来作辗转相除，考虑到不可忽略的误差，有时是行不通的。这时我们采用改进的辗转相除法，可避免对$\sqrt{n}$的具体数值计算，递推求出$\sqrt{n}$的连分数展式中的每一项 a(i)：

```
t=n-u*u
a(i)=int((sqrt(n)+u)*h/t)
h=int(t/h)
u=a(i)*h-u
（初始条件：h=1,u=a(1)=int(sqrt(n))）
```

4）渐近分数的高精度算法。为了准确计算佩尔方程的基本解，根据所得连分数展式[a1,a2,...,am,2a1]，必须确定高精度计算渐近分数 pm/qm（或 p2m/q2m）的算法。

因计算的数值可能非常大，用常规运算，计算有效数字的约束或数值溢出会造成计算欠准。为此， 我们引入两个整型数组 x(300)，y(300)（即预置解最多 300 位，必要时可增）来作为数值计算的数位处理。

设置 x(1)存储 x 的个位数字，x(2)存储 x 的第二位数字，y 数组同样，依此类推。

我们依据连分数的定义从后向前具体递推求出 sqrt(n)的第 b 个渐近分数（当 m 为偶数，b=m；当 m 为奇数，b=2m）。

对 sqrt(n)的连分数展式中的每一项 a(i)，上述运算都必须从低位到高位逐位进行， 同时要注意实施进位操作，为此引入进位数 h（显然，h 的初始值为 0）。在计算 x 的第 j 位 x(j)(j=1,2,..,300)时，计算与进位操作为

```
w=x(j)*a(i)+y(j)+h      (h 为前一位计算时给出的进位数)
h=itn(w/10)             (w 的从第 2 位起的数作为本位计算的进位数)
x(j)=w-h*10             (w 的个位数作为 x 乘 a(i)之后积的本位数)
```

顺便指出，在输出 x，y 的计算结果时，需去掉其高位“0”。

（2）连分数高精度求解佩尔方程程序设计

```
* 解 Pell 方程: x^2-ny^2=1. f472
Set talk off
dime  a(200),x(300),y(300)
x=0
y=0
input "  请输入非平方正整数 n:" to n
m=int(sqrt(n))
if n=m*m
   n=n+1                         && 排除 n 为完全平方数.
endif
? "  解 Pell 方程 x^2-"+ltrim(str(n))+"y^2=1."
i=1
```

```
a(1)=int(sqrt(n))          && 计算根号 n 的连分数
u=a(1)
h=1
do while a(i)!=2*a(1)
   i=i+1
   t=n-u*u
   a(i)=int((sqrt(n)+u)*h/t)
   h=int(t/h)
   u=a(i)*h-u
enddo
m=i
for j=2 to (m-1)/2         && 检验根号 n 连分数的对称性
   if a(j)!=a(m-j+1)
      return
   endif
endfor
y(1)=1
x(1)=a(m-1)
b=m-1
if m%2=0                   && 当 i 为偶数时推下一循环节
   for j=m+1 to 2*m-2
      a(j)=a(j-m+1)
   endfor
   x(1)=a(2*m-2)
   b=2*m-2
endif
for k=b to 2 step -1       && 从低位到高位计算基本解
      h=0
      for j=1 to 300
         t=x(j)
         w=x(j)*a(k-1)+y(j)+h
         h=int(w/10)
         x(j)=w-h*10
         y(j)=t
      endfor
endfor
  ?? " 方程的基本解为:"
  j=300
  do while x(j)=0          && 去掉高位零输出基本解
     j=j-1
  enddo
  jx=j
```

```
? "  x="
for i=jx to 1 step -1
   ?? str(x(i),1)
endfor
?? "  (共"+ltrim(str(jx))+"位)"
j=300
do while y(j)=0
   j=j-1
enddo
jy=j
? "  y="
for i=jy to 1 step -1
   ?? str(y(i),1)
endfor
?? "  (共"+ltrim(str(jy))+"位)"
return
```

（3）程序运行示例

运行程序，输入正整数 n=991，得

解 Pell 方程 x^2-991y^2=1.方程的基本解为:

x=379516400906811930638014896080 （共 30 位）

y=12055735790331359447442538767 （共 29 位）

运行程序，输入更大正整数 n=4729494，得

解 Pell 方程 x^2-4729494y^2=1.方程的基本解为:

x=109931986732829734979866232821433543901088049（共 45 位）

y=50549485234315033074477819735540408986340（共 41 位）

这是前面提到阿基米德“牛问题”的解。

八、泊松分酒——奇妙的分解

48 分解质因数

1. 问题提出

整数分解质因数是最基本最常见的分解。例如，90=2*3*3*5，1960=2^3*5*7^2，前者为质因数乘积形式，后者为质因数的指数形式。

试把指定区间上的整数分解质因数（质因数的乘积形式或指数形式）。如果其中某一待分解数为素数，则予以注明。

2. 质因数乘积形式分解

把指定区间上的所有整数分解质因数，每一整数表示为质因数从小到大顺序排列的乘积形式。如果被分解的数本身是素数，则注明为素数。

例如，92=2*2*23，91(素数!)。

（1）设计要点

对每一个被分解的整数 i，赋值给 b（以保持判别运算过程中 i 不变），用 k（从 2 开始递增取值）试商：

若不能整除，说明该数 k 不是 b 的因数，k 增 1 后继续试商。

若能整除，说明该数 k 是 b 的因数，打印输出“k*”；b 除以 k 的商赋给 b(b=int(b/k)) 后继续用 k 试商（注意，可能有多个 k 因数），直至不能整除，k 增 1 后继续试商。

按上述从小至大试商确定的因数显然为质因数。

循环取值 k 的终值如何确定，一定程度上决定了程序的效率。终值定为 i-1 或 i/2，无效循环太多。循环终值定为 i 的平方根 sqrt(i)可大大精简试商次数，此时如果有大于 sqrt(i)的因数（至多一个!），在试商循环结束后要注意补上，不要遗失。

如果整个试商后 b 的值没有任何缩减，仍为原待分解数 i，说明 i 是素数，作素数说明标记。

（2）质因数分解乘积形式程序设计

```
* 质因数分解乘积形式 f481
? "[m,n]中整数分解质因数（乘积形式）."
input "请输入 m: " to m
```

```
input "请输入 n: " to n
w=0
for i=m to n              && i 为待分解的整数
  ? ltrim(str(i))+"="
    b=i
    k=2
    do while k<=sqrt(i)   && k 为试商因数
      if b%k=0
        b=b/k
        if b>1
          ?? ltrim(str(k))+"*"
          loop            && k 为质因数,返回再试
        endif
        if b=1
          ?? ltrim(str(k))
        endif
      endif
      k=k+1
    enddo
    if b>1 and  b<i
      ?? ltrim(str(b))    && 输出大于 i 平方根的因数
    endif
    if b=i                && b=i,表示 i 无质因数
      ?? "(素数!)"
      w=w+1
    endif
endfor
? "其中共"+str(w,2)+"个素数."
return
```

(3）程序运行示例

```
[m,n]中整数分解质因数（乘积形式）.
请输入 m: 2000
请输入 n: 2010
2000=2*2*2*2*5*5*5
2001=3*23*29
2002=2*7*11*13
2003=(素数!)
2004=2*2*3*167
2005=5*401
2006=2*17*59
2007=3*3*223
```

2008=2*2*2*251
2009=7*7*41
2010=2*3*5*67
其中共 1 个素数.

3. 质因数指数形式分解

整数分解质因数时，如果有相同的素因子，要求写成指数形式。

例如分解 1960，写成 1960=2^3*5*7^2。

（1）设计要点

在以上程序基础上，引入变量 j 统计素因子的个数：j=1 时不打印指数；j>1 时需加打印指数（^j）。这样程序要多些判别操作。

（2）质因数分解指数形式程序设计

```
* 质因数分解指数形式 f482
? "[m,n]中整数分解质因数（指数形式）."
input "请输入m: " to m
input "请输入n: " to n
w=0
for i=m to n                && i 为待分解的整数
  ? ltrim(str(i))+"="
    b=i
    j=0
    k=2
    do while k<=sqrt(i)   && k 为试商因数
       if b%k=0
          b=b/k
          j=j+1
          loop
       endif
       if j>=1
          ?? ltrim(str(k))
          if j>1
             ?? "^"+ltrim(str(j))
          endif
          if b>1
             ?? "*"
          endif
       endif
       k=k+1
       j=0
    enddo
```

```
    if b>1 and  b<i
       ?? ltrim(str(b))    && 输出大于 i 平方根的因数
    endif
    if b=i                 && b=i,表示 i 无质因数
       ?? "(素数!)"
       w=w+1
    endif
 endfor
 ? "其中共"+str(w,2)+"个素数."
 return
```

（3）程序运行示例

```
[m,n]中整数分解质因数（指数形式）.
  请输入 m: 2000
  请输入 n: 2010
  2000=2^4*5^3
  2001=3*23*29
  2002=2*7*11*13
  2003=(素数!)
  2004=2^2*3*167
  2005=5*401
  2006=2*17*59
  2007=3^2*223
  2008=2^3*251
  2009=7^2*41
  2010=2*3*5*67
  其中共 1 个素数.
```

注意：若只分解某一个整数，只需输入区间上下限相同即可。

49　积最大的整数分解

1. 问题提出

第 18 届国际数学奥林匹克第 4 题为：求和为 1976 的正整数之积的最大值。这一整数分解题要求分解个数不限，且各分解数允许相等。正确的结果是把 1976 分解为 658 个 3 与 1 个 2，积 $P=2*3^{658}$ 最大。

如果保留分解个数不限，但要求各分解数互不相同，结果如何？

设计程序，试把 2010 分解为若干个互不相同的正整数之和，使这些互不相同的正整数之积最大。

2. 设计要点

进行一般化处理，把指定正整数 n 分解为若干个互不相同的正整数之和，使这些互不相同的正整数之积最大。

这道分解题看起来简单，实施起来并不容易。为叙述方便，把分解的整数称为零数。题目要求零数互不相同，而零数的个数不限，目标是使零数之积达最大。

设使积最大的化零分解中，最小零数为 c，最大零数为 d。

1）c>1。若 c=1，去掉零数 1，把 1 加至最大零数，显然积会增大。

2）零数按由小到大排列，从 c 到 d 的零数序列中，中间的空数（不在零数序列中的数）不能多于一个。

设序列中有两个空数 x，y，满足 a(i)<x<y<a(j)，其中 a(i)，a(j) 为零数序列中的项（i<j），x=a(i)+1，y=a(j)-1。因 a(i)+a(j)=x+y，而

a(j)>a(i)+1 => x*y=(a(i)+1)*(a(j)-1)>a(i)*a(j)

即把 a(i)，a(j) 两个零数分别换成 x，y 后，和不变而积增加，与所设积最大矛盾。

3）c<4，即 c 只能取 2, 3。

若 c=4，此时若 5 在序列中，把 5 化为 2+3，积增加；若 5 不在序列中而 6 在序列中，把 4，6 化为 2，3，5，显然和不变而积增加；若 5，6 都不在序列中，与上述 2）矛盾。

若 c>4，把 c 化为 2 与 c-2，显然 2(c-2)>c，积增加。

因此，把指定的 n 转化为以 2 或 3 开始的连续的或至多一个空数的正整数序列，相应的积达最大。

可以应用求和判断实现以上转化。

3. 积最大的整数分解程序设计

```
* 积最大的整数分解 f491
set talk off
? "把正整数 n 分解为若干个互不相同的正整数之和,使其积最大."
input "请输入正整数 n:" to  n
store 0 to s, h      && 定义 h 为空数
a=1
do while s<=n
   a=a+1             && s=2+3+…+a,至 s>n 时结束
   s=s+a
enddo                && 此时 s-n 可能为 1,2,...,a
do case
   case s-n=a        && n 分解为 2 至 a-1 的连续序列
       c=2
```

```
        d=a-1
    case s-n=2          && n 分解为 3 至 a 的连续序列
        c=3
        d=a
    case s-n=1          && n 分解为 3 至 a+1(不含 a)
        c=3
        d=a+1
        h=a
    other                && n 分解为 2 至 a(不含 s-n)
        c=2
        d=a
        h=s-n
endcase
? ltri(str(n))+"分解为:"+ltri(str(c))+"--"+ltri(str(d))+","
if  h>0
    ?? "(不包括其中的数"+ltri(str(h))+")."
endif
? "    其积最大为:"
t=1
for i=c to d            && c 至 d 求积(不含 h)
   if i#h
      t=t*i
   endif
endfor
?? ltri(str(t,16))
return
```

4．程序运行示例

运行程序，输入 n=100，得

100 分解为:2--14,(不包括其中的数 4).

其积最大为:21794572800

运行程序，输入 n=2010，得

2010 分解为:2--63,(不包括其中的数 5).

其积最大为: 3.965E+86

50　整数的分划

1．问题提出

正整数 s（简称为和数）的分划（又称划分）是把 s 分成为若干个正整数（简称为

零数或部分，最多 s 个零数，最少 1 个零数）之和，分划式中允许零数重复，且不记零数的次序。

试求 s=15 共有多少个不同的分划式？展示出 s=15 的所有这些分划式。

2. 递推计算分划种数

（1）递推关系确定

设 n 的“最大零数不超过 m”的分划式个数为 q(n,m)，这里 m<=n，则

q(n,n)=1+q(n,n−1)

等式右边的“1”表示 n 为等于 n 本身；q(n,n−1)表示 n 的所有其他分划，即最大零数不超过 n−1 的分划。

q(n,m)=q(n,m−1)+q(n−m,m)　　(1<m<n)

其中 q(n,m−1)表示零数中不包含 m 的分划式数目；q(n−m,m)表示零数中包含 m 的分划数目，因为如果确定了一个分划的零数中包含 m，则剩下的部分就是对 n−m 进行不超过 m 的分划。

注意：如果 n−m<m 时，取 q(n−m,m)=q(n−m,n−m)

初始条件：q(n,1)=1，q(1,m)=1。

（2）程序实现

```
* 整数分划递推计数 f501
input " 请输入整数 s: " to s  && 输入分划的整数
dime q(100,100)
for n=1 to s
   q(n,1)=1
   q(1,n)=1                          &&  确定初始条件
endfor
for n=2 to s
  for m=2 to n-1
    if n-m<m
       q(n-m,m)=q(n-m,n-m)
    endif
    q(n,m)=q(n,m-1)+q(n-m,m)         && 实施递推
  endfor
  q(n,n)=q(n,n-1)+1                  && 加上 n=n 这一个分划式
endfor
? "  整数"+str(s,2)+"的分划种数为: "+ltrim(str(q(s,s)))
return
```

（3） 程序运行示例

```
请输入整数 s: 15
整数 15 的分划种数为: 176
```

3. 递推展示分划式

（1）探索分划的递推关系

为了建立递推关系，先对和数 k 较小时的分划式作观察归纳：

k=2：1+1；2

k=3：1+1+1；1+2；3

k=4：1+1+1+1；1+1+2；1+3；2+2；4

k=5：1+1+1+1+1；1+1+1+2；1+1+3；1+2+2；1+4；2+3；5

由以上各分划看到，除和数本身 k=k 这一特殊分划式外，其他每一个分划式至少为两项之和。约定在所有分划式中零数作不减排列，探索和数 k 的分划式与和数 k-1 的分划式存在以下递推关系：

1）在和数 k-1 的所有分划式前加零数 1 后都是和数 k 的分划式。

2）对和数为 k-1 的每个分划式的前两个零数作比较，如果第 1 个零数 x1 小于第 2 个零数 x2，则将该分划式的第 1 个零数加 1 后作为和数 k 的分划式。

（2）递推设计要点

设置 a 数组，a(j)为第 j 个分划式；同时设置 b 数组，b(k)是和数为 k 的分划式的个数。

从 k=3 开始，显然递推的初始条件为：

a(1)=1+1+1，a(2)=1+2，a(3)=3

b(3)=3

根据递推关系，实施递推：

1）若 k-1 的第 j 个分划式的第 1 项小于第 2 项，把该分划式的第 1 项加 1，其余项保持不变，作为 k 的第 i 个分划式。

为了比较第 1 项 z1 与第 2 项 z2，首先应用 at()函数找出分划式中的第 1 个“+”号与第 2 个“+”号的位置 x，y，再应用取子串函数与字符转数值函数完成。

2）实施在 k-1 所有 b(k-1)个分划式前加 1 操作。

（3）展示整数分划的程序实现

```
*  整数 s 的分划展示 f502
dime a(20000),b(100)
input "  请输入整数 s:" to s
a(1)="1+1+1"                  &&  s=3 的初始值
a(2)="1+2"
a(3)="3"
b(3)=3
for k=4 to s
   t=b(k-1)                   &&  b(k-1)为 s=k-1 时的分划个数
   for j=1 to b(k-1)
```

```
       x=at("+",a(j),1)       &&  a(j)中第1个"+"号的位置
       y=at("+",a(j),2)       &&  a(j)中第2个"+"号的位置
       if y=0                 &&  若只有一个"+"号的处理
          y=len(a(j))+1
       endif
       z1=val(substr(a(j),1,x-1))        &&  a(j)中的第1个数
       z2=val(substr(a(j),x+1,y-1))      &&  a(j)中的第2个数
       if z1<z2 and x>0                  &&  若x=0，则只有z1，不处理
          t=t+1               &&  a(j)中的第1个数加上1，变为第t个分划
          a(t)=ltrim(str(z1+1))+substr(a(j),x)
       endif
    endfor
    for j=1 to b(k-1)         &&  a(j)中的所有分划前加零数1
       a(j)="1+"+a(j)
    endfor
    a(t+1)=ltrim(str(k))      &&  最后一个分划为k=k
    b(k)=t+1                  &&  k的分划个数赋值
 endfor
 ?  "   整数"+ltrim(str(s))+"共有"+ltrim(str(b(s)))+"个分划。"
 for j=1 to b(s)              &&  输出s的所有b(s)个分划
   ? str(j,4)+": "+str(s,2)+"="+a(j)
 endfor
 ?  "   整数"+str(s,2)+"的分划种数为："+ltrim(str(b(s)))
 return
```

（4）程序运行示例

```
请输入整数 s: 15
  1: 15=1+1+1+1+1+1+1+1+1+1+1+1+1+1+1
  2: 15=1+1+1+1+1+1+1+1+1+1+1+1+1+2
  3: 15=1+1+1+1+1+1+1+1+1+1+1+1+3
  ............
174: 15=6+9
175: 15=7+8
176: 15=15
整数 15 的分划种数为：176
```

*51 泊松分酒

1. 问题提出

法国数学家泊松（Poisson）曾提出以下分酒趣题：某人有一瓶 12 品脱（容量单位）的酒，同时有容积为 5 品脱与 8 品脱的空杯各一个。借助这两个空杯，如何将这 12 品脱的酒平分？

我们要解决一般的平分酒问题：借助容量分别为 bv 与 cv（单位略）的两个空杯，用最少的分倒次数把总容量为偶数 a 的酒平分。这里正整数 bv，cv 与偶数 a 均从键盘输入。

2. 设计思路

求解一般的“泊松分酒”问题：要求总容量 a 为偶数，但并未要求满瓶。可先行求解不定方程：

x.bv-y.cv=±a/2

的正整数解(x, y)，然后再进行讨论。为不至过多受求这一方程专业知识的制约， 我们不具体讨论这一不定方程的解，而采用直接模拟平分过程的分倒操作。

为了把键盘输入的偶数 a 通过分倒操作平分为两个 i：i=a/2（i 为全局变量），设在分倒过程中：

瓶 A 中的酒量为 a(0≤a≤2*i)；

杯 B(容积为 bv)中的酒量为 b(0≤b≤bv)；

杯 C(容积为 cv)中的酒量为 c(0≤c≤cv)；

1）模拟下面循环分倒操作：

① 当 B 杯空（b=0）时，从 A 瓶倒满 B 杯。

② 当 b+cv=i 时，从 A 瓶倒满 C 杯，结束循环分倒。

③ 从 B 杯分一次或多次倒满 C 杯。

b>cv-c，倒满 C 杯，转操作③

b≤cv-c，倒空 B 杯，转操作①

④ 当 C 杯满（c=cv）时，从 C 杯倒回 A 瓶。

分倒操作中，用变量 n 统计分倒次数，每分倒一次，n 增 1。

若 b=0 且 a<bv 时，步骤 ① 无法实现（即 A 瓶的酒倒不满 B 杯）而中断，记 n=-1 为中断标志。

分倒操作中若有 a=i 或 b=i 或 c=i 时，显然已达到平分目的，分倒循环结束，用试验函数 Probe(a, bv, cv)返回分倒次数 n 的值。否则，继续循环操作。

2）循环操作与 1）方向相逆，其他完全一样，实质上是 C 与 B 杯互换，相当于返回函数值 Probe(a, cv, bv)。

试验函数 Probe 的引入是巧妙的，可综合摸拟以上两种分倒操作避免关于 cv 与 bv 大小关系讨论。

同时设计了实施函数 Practice(a, bv, cv)，与试验函数相比较，把 n 增 1 操作改变为输出中间过程量 a，b，c，以明了具体分倒操作的进程。

在主函数 main()中，分别输入 a，bv，cv 的值后，为寻求最少的分倒次数，两次调用试验函数并比较 m1=Probe(a, bv, cv)与 m2=Probe(a, cv, bv)；

若 m1<0 且 m2<0，表明无法平分（均为中断标志）。

若 m2<0，只能按上述 1）操作；若 0<m1<m2，按上述 1）操作分倒次数较少（即 m1）。此时调用实施函数 Practivce(a, bv, cv)。

若 m1<0，只能按上述 2）操作；若 0<m2<m1，按上述 2）操作分倒次数较少（即 m2）。此时调用实施函数 Practice(a, cv, bv)。

注意：当 b+cv=i 时，需做特别处理，否则将增加分倒次数。

实施函数打印整个分倒操作进程中的 a，b，c。最后打印出最少的分倒次数。

3．泊松分酒程序设计

```
* 泊松分酒 f511
n=0
input "请输入酒总量（偶数）：" to a        输入初始数据
input "请输入一个酒杯容量：" to bv
input "请输入另一个酒杯容量：" to cv
i=a/2
if bv+cv<i
   ?"    空杯容量太小，无法实现平分！"
   return
endif
m1=probe(a, bv, cv)
m2=probe(a, cv, bv)
if m1<0 and m2<0
   ?"    无法实现平分！"
   return
endif
if m1>0 and (m2<0 or m1<=m2)
   prac(a, bv, cv)
endif
if m2>0 and (m1<0 or m2<=m1)
   prac(a, cv, bv)
endif
return
func  probe            && 试验函数
para a, bv, cv
n=0
b=0
c=0
do while !(a=i or b=i or c=i)
   if b=0
       if a<bv
         n=-1          && a 倒不满 b 杯，则返回
```

```
          loop
        else
          a=a-bv                        && 从酒瓶 a 倒满 b 杯
          b=bv
        endif
    else
        if c=cv
          a=a+cv                        && 把 c 满杯倒回 a 瓶
          c=0
        else
          if b+cv==i                    && 对 b+cv=i 时的处理
                  a=a-(cv-c)
            c=cv
          else
            if b>cv-c
              b=b-(cv-c)                && 从 b 杯倒满 c 杯
              c=cv
            else
              c=c+b                     && 把 b 杯酒全倒入 c 杯
              b=0
            endif
          endif
      endif
    endif
    n=n+1                               && 分倒次数 n 增 1
enddo
return n
func  prac                              && 实施函数
para a,bv,cv
x=0
b=0
c=0
?″  平分酒的方法:″
?″        酒瓶″+str(a,3)+″  空杯″+str(bv,2)+″  空杯″+str(cv,2)
?″   ″+str(a)+″      0      0″
do while !(a=i or b=i or c=i)
   if b=0
       a=a-bv                           && 从 a 倒满 b
       b=bv
    else
       if c=cv
          a=a+cv                        && 把 c 倒回 a
```

```
        c=0
      else
        if b+cv==i              && 对 b+cv=i 时的处理
          a=a-(cv-c)
          c=cv
        else
          if b>cv-c
            b=b-(cv-c)          && 从 b 倒满 c
            c=cv
          else
            c=c+b               && b 全倒入 c
            b=0
          endif
        endif
      endif
    endif
    x=x+1                 &&  x 标注次数，输出一次分倒后的结果
    ?  str(x,4)+ "："+str(a,7)+str(b,7)+str(c,7)
enddo
? "    平分酒共分倒"+ltrim(str(x))+"次。"
return
```

4. 程序运行示例

```
请输入酒总量（偶数）：12
请输入一个酒杯容量：5
请输入另一个酒杯容量：8
平分酒的方法：
酒瓶 12 空杯 8 空杯 5
      12      0      0
1:     4      8      0
2:     4      3      5
3:     9      3      0
4:     9      0      3
5:     1      8      3
6:     1      6      5
平分酒共分倒 6 次。
请输入酒总量（偶数）：12
请输入一个酒杯容量：7
请输入另一个酒杯容量：4
平分酒的方法：
```

	酒瓶 12	空杯 7	空杯 4
	12	0	0
1:	5	7	0
2:	5	3	4
3:	9	3	0
4:	9	0	3
5:	2	7	3
6:	2	6	4

平分酒共分倒 6 次。

*52　西瓜分堆

1．问题提出

地面上有 12 个西瓜，它们的重量（单位为“两”，为计算方便已全转化为整数。例如 98 即为 9 斤 8 两）如下：

98，93，57，64，50，82，18，34，69，56，16，61

两位程序设计爱好者 A、B 在讨论这些西瓜的分堆问题。

A 胸有成竹：我能把这 12 个瓜分成两堆，两堆的个数相同，且两堆的重量相等！

B 似乎更高明：这 12 个瓜的“二堆均分”比较简单，如果能把已知重量（约定为整数）的 2n 个瓜实施“二堆均分”：每堆 n 个，且两堆的重量相等，这才称得上水平。当然，对有些重量配置不一定有“二堆均分”的解，此时可标注“无法均分”！

A 更进一步：标注“无法均分”还是没有解决问题。可否把“两堆个数相同”的限制取消，在每堆个数不限的前提下分堆，使两堆的重量相等就可以了。

B 思路更广：有时在“每堆个数不限”的前提下也不可能使两堆重量相等。从应用实际出发，只要求两堆重量相差最小就行了。如果两堆重量相差的最小值为零，自然就是两堆的重量相等。

请设计程序，实现 A、B 对以上 12 个瓜以至一般 2n 个瓜的“二堆均分”。同时在“每堆个数不限”的前提下求取两堆重量相差的最小值。

2．求解 12 个瓜的“两堆均分”

（1）求解要点

我们把“要求个数相等且每组数据和也相等”的分二组称为二堆均分。最简单的二堆均分问题是能否把已知的 4 个数 b1，b2，b3，b4 分成 2 个组，每组 2 个数，且每组的和相等。这个问题的判断比较简单，把 4 个数排序，设 $b1<b2<b3<b4$，只要判断 b1+b4=b2+b3 是否成立即可。

当涉及二堆均分的数据较多时，分组判断就变得比较复杂了。

从键盘输入这 12 个数并存储在 b 数组，求出总和 s。若和 s 为奇数，显然无法分成重量相等的两堆，提示后退出。若 s 为偶数，则 s1=s/2。

为方便调整，设置数组 a 存储 b 数组的下标值，即 a(i)：1～12。

考察 b(1)所在的组，只要另从 b(2)～b(12)中选取 5 个数。即定下 a(1)=1，其余的 a(i)（i=2,…,6）在 2~12 中取不重复的数。因组合与顺序无关，不妨设

2≤a(2)<a(3)<...<a(6)≤12

从 a(2)取 2 开始，以后 a(i)从 a(i-1)+1 开始递增 1 取值。对 a(2)~a(6)设置 5 重循环，这样可避免重复又不至遗漏。

在内循环中，计算 s=b(1)+b(a(2))+…+b(a(6))，对和 s 进行判别：

若 s=s1，满足要求，实现平分。

对输入的 12 个整数并不总有解。有解时，找到并输出所有解。没有解时，显示相关提示信息“无法实现平分”。

（2）分 12 个西瓜程序设计

```
* 分 12 个西瓜 f521
set talk off
dime a(12),b(12)
s=0
m=0
?[ ]
for i=1 to 12                && 依次输入 12 个数
   input [输入整数：] to b(i)
   s=s+b(i)
endfor
if s%2=0
   ? " 这 12 个整数总和为"+ltrim(str(s))
   s1=s/2
else
   ? " 和为奇数,无法平分!"
   return
endif
a(1)=1
for a(2)=2 to 8
for a(3)=a(2)+1 to 9
for a(4)=a(3)+1 to 10
for a(5)=a(4)+1 to 11
for a(6)=a(5)+1 to 12
  s=0
  for k=1 to 6
     s=s+b(a(k))
```

```
    endfor
    if s=s1                     &&  满足均分条件时输出
       m=m+1
       ?  "NO"+ltrim(str(m))+":  "
       for j=1  to 6
           ?? ltrim(str(b(a(j))))+"  "
       endfor
    endif
  endfor
  endfor
  endfor
  endfor
  endfor
  if m>0
     ? "共有以上"+ltrim(str(m))+"种分法。"
  else
     ? [以上 12 个整数无法实现二堆均分.]
  endif
  return
```

（3）运行示例与说明

运行程序，依次输入 12 个整数如下：

```
98  93  57  64  50  82  18  34  69  56  16  61
这 12 个整数总和为 698
NO1:  98  93  50  18  34  56
NO2:  98  50  82  34  69  16
NO3:  98  82  18  34  56  61
共有以上 3 种分法.
```

3．求解 2n 个瓜的均分问题

一般的，对已知的 2n（n 从键盘输入）个整数，确定这些数能否分成 2 个组，每组 n 个数，且每组数据的和相等。

（1）设计要点

我们可采用回溯法逐步实施调整。

对于已有的存储在 b 数组的 2n 个数，求出总和 s 与其和的一半 s1（若这 2n 个数的和 s 为奇数，显然无法分组）。把这 2n 个数分成两个组，每组 n 个数。为方便调整，设置数组 a 存储 b 数组的下标值，即 a(i)：1～2n。

考察 b(1)所在的组，只要另从 b(2)～b(2n)中选取 n-1 个数。即定下 a(1)=1，其余的 a(i)（i=2,…,n）在 2~2n 中取不重复的数。因组合与顺序无关，不妨设

2≤a(2)<a(3)<...<a(n)≤2n

从 a(2)取 2 开始，以后 a(i)从 a(i-1)+1 开始递增 1 取值，直至 n+i 为止。这样可

避免重复。

当 a(n)已取值，计算 s=b(1)+b(a(2))+…+b(a(n))，对和 s 进行判别：

若 s=s1，满足要求，实现平分。

若 s≠s1，则 a(n)继续增 1 再试。如果 a(n)已增至 2n，则回溯前一个 a(n-1)增 1 再试。如果 a(n-1)已增至 2n-1，继续回溯。直至 a(2)增至 n+2 时，结束。

二堆均分问题并不总有解。有解时，找到并输出所有解。没有解时，显示相关提示信息“无法实现平分”。

（2）分 2n 个西瓜程序设计

```
* 2n 个西瓜分堆 f522
set talk off
dime a(100),b(200)
? "把 2n 个整数分为和相等的两个组,每组 n 个数."
input  "请输入 n:" to n
s=0
m=0
?[ ]
for i=1  to 2*n                 &&  产生 2n 个随机二位整数
   b(i)=int(rand()*90)+10
   s=s+b(i)
endfor
for i=1 to 2*n
   ??  str(b(i),3)              && 输出产生的 2n 个整数
endfor
if s%2=0
   ?  str(2*n,2)+"个整数总和为"+ltrim(str(s))
   s1=s/2
else
   ? "和为奇数,无法平分!"
   return
endif
a(1)=1
a(2)=2
i=2
do  while i>1
   if i=n
      s=0
      for j=1 to n
         s=s+b(a(j))
         if s=s1                &&  满足均分条件时输出
           m=m+1
```

```
              ? "NO"+ltrim(str(m))+":"
              for j=1  to n
                 ?? str(b(a(j)),4)
              endfor
           endif
        endfor
     endif
     if i<n and a(i)<n+i+1
        i=i+1
        a(i)=a(i-1)+1
     else
        do while i>2 and a(i)=i+n
           i=i-1                  && 往前回溯
        enddo
        if i=2 and a(i)=n+2
           i=1
        else
           a(i)=a(i)+1
        endif
     endif
  enddo
  if m>0
     ? "共有以上"+ltrim(str(m))+"种分法。"
  else
     ? [以上]+str(2*n,2)+[个整数无法实现二堆均分.]
  endif
  return
```

(3) 运行示例与说明

运行程序，

```
请输入 n:8
12  20  15  49  10  21  37  16  34  38  14  28  17  43  27  31
16 个整数总和为 412
NO1:  12  20  15  49  10  34  38  28
NO2:  12  20  15  49  21  37  38  14
……
NO100:  12  34  14  28  17  43  27  31
共有以上 100 种分法。
```

以上程序设计对二堆均分只输出其中包含第一个数的一组，另一组省略输出，为其余数组成。

4. 求解两组数据和之差的最小值

把已知的 2n 个整数分成 2 个组，每组 n 个数，且每组数据的和相等。这一问题的要求比较苛刻，问题不一定有解。从应用实际出发，把这两个条件放宽，取消每一组 n 个数的限制，求两组数据和相差的最小值。

问题表述：把已知的 n 个整数分成 2 个组，使两组数据和之差为最小。

（1）设计要点

两组数据之和不一定相等，不妨把较少的一堆称为第 1 堆。设 n 个整数 b(i)之和为 s，则第 1 堆数据之和 s1≤[s/2]，这里[x]为 x 的取整。

问题要求在满足 s1≤[s/2]前提下求 s1 最大值 maxc，这样两堆数据和之差的最小值为 mind=s-2*maxc。

为了求 s1 的最大值，应用动态规划设计，按分每一个瓜为一个阶段，共分为 n 个阶段。每一个阶段都面临两个决策：选与不选该瓜到第 1 组。

1）建立递推关系。设 m(i, j)为第 1 堆距离 c1=[s/2]还差重量为 j，可取瓜编号范围为：i，i+1，…，n 的最大装载重量值。则

当 0≤j<b(i)时，西瓜 i 号不可能装入。m(i, j)与 m(i+1, j)相同。

而当 j≥b(i)时，有两种选择：

不装入西瓜 i，这时最大重量值为 m(i+1, j)；

装入西瓜 i，这时已增加重量 b(i)，剩余重量为 j-b(i)，可以选择西瓜 i+1，…，n 来装，最大载重量值为 m(i+1, j-b(i))+b(i)。我们期望的最大载重量值是两者中的最大者。于是有递推关系

$$m(i,j)=\begin{cases} m(i+1,j) & 0 \leqslant j < b(i) \\ \max(\ m(i+1,j),\ m(i+1,j-b(i))+b(i)) & j \geqslant b(i) \end{cases}$$

以上 j 与 b(i)均为正整数，i=1，2，…，n；

所求最优值 m(1,c1)即为 s1 的最大值 maxc。因而得两组数据和之差的最小值为 mind=s-2*maxc=s-2*m(1,c1)。

2）递推计算最优值。在逆推计算 m(i, j)时，注意到 VFP 的数组下标不能为 0，为避免因 j-b(i)=0，递推时把 j=b(i)单独进行赋值。

3）构造最优解。构造最优解即给出所得最优值时的分瓜方案。

```
if(m(i,cb)>m(i+1,cb))   （其中 cb 为当前的剩余量，i=1，2，…，n-1）
    第 1 堆分 b(i)；
else  不分 b(i)；
if(m(1,c1)-第 1 堆西瓜重量=b(n))  则第 1 堆分 b(n)。
```

（2）求解两组数据和之差的最小值程序实现

```
*  求解两组数据和之差的最小值 f523
input " input n: " to n
dime b(n),m(n,n*40)
s=0
for i=1 to n                         &&  输入 n 个西瓜重量整数
   input "请输入整数：" to b(i)
```

```
   s=s+b(i)
endfor
c1=int(s/2)
? "  各个西瓜重量："
for i=1 to n
   ?? str(b(i),3)
endfor
? "  总重量 s="+str(s,5)
for j=1 to c1
   if j<b(n)
      m(n,j)=0                          &&  首先计算 m(n,j)
   else
      m(n,j)=b(n)
   endif
endfor
for i=n-1 to 1 step -1                  &&  逆推计算 m(i,j)
for j=1 to c1
   if j>b(i) and m(i+1,j)<m(i+1,j-b(i))+b(i)
      m(i,j)=m(i+1,j-b(i))+b(i)
   else
      if j=b(i) and m(i+1,j)<b(i)
         m(i,j)=b(i)
      else
         m(i,j)=m(i+1,j)
      endif
   endif
endfor
endfor                                  && 得最优值 m(1,c1)
? "  两堆之差最小值为："+str(s-2*m(1,c1),2)
? "  第 1 堆："
cb=m(1,c1)
sb=0
for i=1 to n-1                          &&  构造最优解，输出第 1 堆的西瓜
   if m(i,cb)>m(i+1,cb)
      cb=cb-b(i)
      sb=sb+b(i)
      ?? str(b(i),3)
      b(i)=0                            && b(i)分后赋 0，为输出第 2 堆作准备
   endif
endfor
if m(1,c1)-sb=b(n)
   ?? str(b(n),3)
   sb=sb+b(n)
   b(n)=0
endif
```

```
?? " ("+str(sb,4)+") "
? "  第2堆: "
sb=0
for i=1 to n                                  &&  输出第2堆的西瓜
   if b(i)>0
      sb=sb+b(i)
      ?? str(b(i),3)
   endif
endfor
?? " ("+str(sb,4)+") "
return
```

（3）程序运行与说明

运行程序，

```
input n：14，（然后输入14个整数如下）
各个西瓜重量：40  36  27  39  13  10  33  12  41  32  19  17  38  30
总重量 s=387
两堆之差最小值为：1
第1堆:  33  41  32  19  38  30  (193)
第2堆:  40  36  27  39  13  10  12  17  (194)
```

运行程序，

```
input n：12，（然后输入12个整数如下）
各个西瓜重量：98  93  57  64  50  82  18  34  69  56  16  61
总重量 s=698
两堆之差最小值为：0
第1堆：57  64  82  69  16  61  (349)
第2堆：98  93  50  18  34  56  (349)
```

这一个运行示例结果为 f521 中的一个，说明该程序可包含有两组均分的一个结论。

*53　水手分椰子

1．问题提出

五个水手来到一个岛上，采了一堆椰子后，因为疲劳都睡着了。一段时间后，第一个水手醒来，悄悄地将椰子等分成五份，多出一个椰子，便给了旁边的猴子，然后自己藏起一份，再将剩下的椰子重新合在一起，继续睡觉。不久，第二名水手醒来，同样将椰子等分成五份，恰好也多出一个，也给了猴子。然后自己也藏起一份，再将剩下的椰子重新合在一起。以后每个水手都如此分了一次并都藏起一份，也恰好都把多出的一个给了猴子。第二天，五个水手醒来，发现椰子少了许多，心照不宣，便把剩下的椰子分成五份，恰好又多出一个，给了猴子。

问原来这堆椰子至少有多少个？

这个趣题的原型见M. 加德纳最早发表在《科学的美国人》1958年第4期上的《数学游戏》一文。这个趣题在美国《星期六晚邮报》上介绍后更是广为流传。著名物理学家、诺贝尔奖获得者李政道教授在视察中国科学技术大学少年班时，曾出过一个“5猴分桃”问题，实际上是“水手分椰子”趣题的变形。

2. 设计思路

问题的求解实际上是要解一个迭代方程。

设原来这堆椰子有x个，第i个水手藏了y_i（$i=1,2,\cdots,5$）个，最后第二天5个水手各分得y_6个，依题意有

$$x = 5y_1 + 1$$

$$4y_1 = 5y_2 + 1，4y_2 = 5y_3 + 1，4y_3 = 5y_4 + 1，4y_4 = 5y_5 + 1，4y_5 = 5y_6 + 1$$

若能满足以上6个方程，使每个变量都为整数，x即为所求的一个解。后5个方程形式相同，即为迭代方程

$$4y = 5y + 1 \quad ①$$

首先 y_1赋初值k后迭代出y_2，由y_2迭代出y_3，依此经5次迭代得y_6。这样按时间顺序从前往后迭代，即从大往小迭代，由式①得

$$y = \frac{4y - 1}{5} \quad ②$$

按式②迭代5次，若每次y都是整数，则作打印输出。

3. 程序实现

```
* 5水手分椰子,从前往后迭代 f531
set talk off
k=1                     && 第一个水手藏k个，k赋初值
y=k
i=1
do while i<=5           && 设置5次迭代
   y=(4*y-1)/5          && 迭代求后一个水手藏匿的椰子
   i=i+1
   if y<>int(y)         && 某次y不是整数,k增1后从头开始重试
     k=k+1
     y=k
     i=1
   endif
enddo
y=k
```

```
x=5*y+1                     && 通过5次迭代,输出x即为所求的解
? "5个水手分椰子,原有椰子至少为: "+ltrim(str(x))+"个."
Return
```

4. 运行结果与剖析

运行程序，输出

5个水手分椰子,原有椰子至少为: 15621个.

可以想象，这么大的整数靠人工推算是很难胜任的。

这一结果是否可靠？我们稍作剖析：

据 $x=5y_1+1$，由 $x=15621$ 可推得第1个水手藏有 $y_1=3124$ 个；

据迭代式②由3124可推得第2个水手藏有 $y_2=2499$ 个；

据迭代式②由2499可推得第3个水手藏有 $y_3=1999$ 个；

据迭代式②由1999可推得第4个水手藏有 $y_4=1599$ 个；

据迭代式②由1599可推得第5个水手藏有 $y_5=1279$ 个；

据迭代式②由1279可推得最后所有水手分 $y_6=1023$ 个。

所求结果之所以加上“至少为”，是因为5个水手分椰子除了以上15621个结果外，还可以有其他许多结果。例如改变搜索范围，把上述程序中k的初始值加大到3125，可得另一个结果31246；再把上述程序中k的初始值加大到6250，又可得另一个结果46871等，这些都是满足要求的解。

5. 程序设计优化

（1）从以下三个方面优化

1）从迭代方向上改进。上述程序的迭代方向是“由前向后”迭代，即“由大向小”迭代，显然是舍近求远。试把迭代方向“由前向后”改进为“由后向前”，即改进为 y_6 赋初值k后迭代出 y_5，由 y_5 迭代出 y_4，依此经5次迭代得 y_1，实际上是“由小向大”迭代，可精简试验的次数。由式①可得“由后向前”迭代式为

$$y=\frac{5y+1}{4} \qquad ③$$

2）参量k取值改进。上述程序f531中从k=1开始，以后由k=k+1使k递增1取值开始进行迭代，这样做显然产生了大量无效操作。在按式③“由后往前”迭代时，表征 y_6 的参量k的取值可以改进：为确保从 y_6 据式③迭代出整数 y_5，显然k（即上式右边分子上的 y）只能取3，7，11，…，即取mod(k,4)=3。因而可改进为k=3赋初值，k=k+4增大取值步长。

3）改进输出结果。为使输出结果更为直观，在输出所求原堆椰子个数的基础上，可设置循环详细揭示每一个水手所面临的椰子数与藏后剩余的椰子数。

（2）优化程序设计

```
* 5 水手分椰子,从后往前迭代 f532
set talk off
k=3                        && 最后每水手分 k 个，k 赋初值
y=k
i=1
do while i<=5              && 设置 5 次迭代
   y=(5*y+1)/4             && 迭代求前一个水手时的椰子
   i=i+1
   if y<>int(y)            && 某次 y 不是整数,k 增 4 后从头开始重试
      k=k+4
      y=k
      i=1
   endif
enddo
x=5*y+1
? "5 个水手分椰子,原有椰子至少为: "+ltrim(str(x))+"个."
for i=1 to 5                 &&  详细输出每一水手的数据
   ?  "第"+str(i,1)+"个水手面临椰子: "+str(x,5)+"=5*"+str(y,5)+"+1 个, "
   ?? "藏后剩余: "+str(4*y,5)+"=4*"+str(y,5)+"个."
   y=(4*y-1)/5
   x=5*y+1
endfor
? "最后一起分有椰子 : "+str(x,5)+"=5*"+str(y,5)+"+1 个."
return
```

（3）程序运行结果

运行程序，得：

5 个水手分椰子,原有椰子至少为：15621 个.
第 1 个水手面临椰子:15621=5*3124+1 个， 藏后剩余:12496=4*3124 个.
第 2 个水手面临椰子:12496=5*2499+1 个， 藏后剩余:9996=4*2499 个.
第 3 个水手面临椰子:9996=5*1999+1 个， 藏后剩余:7996=4*1999 个.
第 4 个水手面临椰子:7996=5*1599+1 个， 藏后剩余:6396=4*1599 个.
第 5 个水手面临椰子:6396=5*1279+1 个， 藏后剩余:5116=4*1279 个.
最后一起分有椰子:5116=5*1023+1 个.

6．问题拓展

我们把问题从 5 个水手分椰子拓展到一般的 n 个水手分椰子，把每次给猴子的椰子数由 1 个拓广到 m 个。

（1）拓展问题表述

n 个水手来到一个岛上，采了一堆椰子后，因为疲劳都睡着了。一段时间后，第一个水手醒来，悄悄地将椰子等分成 n 份，多出 m 个椰子，便给了旁边的猴子，然后自己

藏起一份，再将剩下的椰子重新合在一起，继续睡觉。不久，第二名水手醒来，同样将椰子等分成 n 份，恰好也多出 m 个，也给了猴子。然而自己也藏起一份，再将剩下的椰子重新合在一起。以后每个水手都如此分了一次并都藏起一份，也恰好都把多出的 m 个给了猴子。第二天，n 个水手醒来，发现椰子少了许多，心照不宣，便把剩下的椰子分成 n 份，恰好又多出 m 个，给了猴子。

对于给定的整数 n，m（约定 0<m<n<9），试求原来这堆椰子至少有多少个。

（2）设计要点

求解思路选择从后往前迭代 n 次，迭代式为

$$y=\frac{ny+m}{n-1} \quad ④$$

为精简试验的次数，确保据式④从 y_{n+1} 迭代出整数 y_n，显然 y_{n+1} 的试验取值 k 只能取 k%(n-1)=n-m-1。因而在循环前 k 赋初值 k=n-m-1，以后 k 按 n-1 增值。

（3）程序设计

```
* n个水手分椰子,从后往前迭代 f533
input " 请输入水手个数: " to n
input " 请输入每次给猴子的椰子个数: " to m
k=n-m-1                  && 最后每水手分 k 个, k 赋初值
y=k
i=1
do while i<=n            && 设置 n 次迭代
   y=(n*y+m)/(n-1)       && 迭代求前一个水手的椰子
   i=i+1
   if y<>int(y)          && 某次 y 不是整数,k 增 n-1 后从头开始重试
      k=k+(n-1)
      y=k
      i=1
   endif
enddo
x=n*y+m
? " 原有椰子至少为: "+ltrim(str(x))+"个."
for i=1 to n             && 详细输出每一水手的数据
   ? "第"+str(i,1)+"个水手面临椰子: "+str(x)
   ?? "="+str(n,2)+"*"+str(y)+"+"+str(m,1)+ "个, "
   ?? "藏后剩余: "+str((n-1)*y)+"="+str(n-1,2)+"*"+str(y)+"个."
   y=((n-1)*y-m)/n
   x=n*y+m
endfor
? " 最后一起分有椰子: "+str(x)+"="+str(n,2)+"*"+str(y)+ "+"+str(m,1)+"个."
return
```

（4）程序运行示例

运行程序，输入 n=4，m=3，得

原有椰子至少为:1015 个.
第 1 个水手面临椰子:1015=4*253+3 个，藏后剩余:759=3*253 个.
第 2 个水手面临椰子:759=4*189+3 个，藏后剩余:567=3*189 个.
第 3 个水手面临椰子:567=4*141+3 个，藏后剩余:423=3*141 个.
第 4 个水手面临椰子:423=4*105+3 个，藏后剩余:315=3*105 个.
最后一起分时有椰子:315=4*78+3 个.

若运行程序输入 n=8，m=5，可得原有椰子至少为：134217693 个，大数值可提高我们对程序设计处理能力的认识。

九、角谷猜想——精巧的转化

54　分数化小数

1．问题提出

设计程序，接受一个N/D形式的分数，其中N为分子，D为分母（约定N，D<200），输出它的小数形式。如果它的小数形式存在循环节，要将其用括号括起来，并计算输出循环节的位数。

例如：1/3=.(3)；3/8=.375；　45/56=.803(571428)

2．设计要点

模拟整数除法，重复地进行求商和余数的运算，直到余数为0或出现循环节为止。

设置a为被除数，d为除数，每一个商存放在b数组，每一个余数存放在c数组。

试商过程：a=c(k)*10；b(k)=a/d；c(k+1)=a%d。

我们应用余数相同来判断循环节。

经k+1次试商的余数分别为c(1)，c(2)，…，c(k+1)。若c(k+1)=c(j)（j=1，2，…，k)，则b(1)，…，b(j-1)为循环节前的小数；循环节为b(j)，…，b(k)。

注意：程序之所以把除数d的值作为试商次数k的上限，是因为循环节长度与循环节前小数长度之和总是小于d，其实，也可以不设上限，直到得出循环节才终止程序。

3．程序实现

```
* 分数化小数 f541
dime c(1000),b(1000)
input "n=" to n
input "d=" to d
a=int(n/d)
c(1)=n%d
? "  "+str(n,3)+"/"+str(d,3)+"="
if a!=0
   ?? ltrim(str(a))        && 输出整数部分
endif
```

```
??"."
for k=1 to d
    a=c(k)*10
    b(k)=int(a/d)          && 实施试商
    c(k+1)=a%d
    u=0
    if c(k+1)=0            && 余数为零，打印小数
       for i=1 to k
           ?? str(b(i),1)
       endfor
       return
    endif
    for j=1 to k
       if c(k+1)=c(j)           && 余数相同，有循环节
          for t=1 to j-1
             ?? str(b(t),1)     && 打印循环节前的小数
          endfor
          ?? "("
          r=k-j+1               && r 为循环节的位数
          for t=j to k
             ?? str(b(t),1)     && 打印循环节
          endfor
          ?? ")。"
          ? "  循环节共"+str(r,3)+"位。"
          u=1
          exit
       endif
    endfor
    if u=1
      exit
    endif
 endfor
 return
```

4. 程序运行示例

```
input n: 83               input d: 92
83/92=.90(2173913043478260869565)。
循环节共 22 位。
input n: 11               input d: 59
11/59=.(1864406779661016949152542372881355932203389830508474576271)。
循环节共 58 位。
```

55　金额大写转化

1．问题提出

试设计自定义函数 ds(x)，把一个阿拉伯数金额 x（可带两位小数）转化为大写金额。

例如，ds(16393.54)为“壹万陆仟叁佰玖拾叁元伍角肆分”。

2．设计要点

为实施转换方便，把需转换的阿拉伯数金额 x（可带小数，也可不带小数）转化为带两位小数的字符串 nc（共 t 个字符，含小数点）。然后应用取子串函数 subst(nc,i,1)（i=1，2，...，t，但除去 t-2）从左至右对 nc 的每一个数字字符实施转换。转换分为两个步骤：

（1）数字转换为大写汉字

设置 c1=“零壹贰叁肆伍陆柒捌玖”，数字 y（0~9）通过 subst(c1,2*y+1,2)即转换为对应的大写汉字。例如，y=3 时，subst(c1,2*3+1,2)=“叁”，即 3 转换为大写“叁”。

（2）依据数字所在位置转化单位汉字

设置字符串 c2=“仟佰拾亿仟佰拾万仟佰拾元　角分”，x 转换的字符串 nc 中左起第 i 个数字通过函数 subst(c2,2*(14-t+i)+1,2) 转换为单位汉字。例如，小数点后面第一位，i=t-1，对应 subst(c2,2*13+1,2)为“角”，则该位转换的单位汉字为“角”。小数点前第三位，i=t-5，对应 subst(c2,2*9+1,2)为“佰”，则该位转换的单位汉字为“佰”。

把以上两步转化结果分别累加到字符串 nd，即 x 中每一个数字都对应 nd 中的一个大写汉字与单位汉字。

同时，在逐位转换过程中要注意随时处理 nd 中与转换的约定习惯不符的多余的与重复的转化汉字。例如“零仟”等要剔除后面的“仟”，“零万”、“零元”等要剔除前面的“零”，连续多个“零”要剔除冗余的“零”等。

最后输出的字符串 nd 即为阿拉伯数金额 x 的符合转换习惯的金额大写。

3．转换函数程序设计

根据以上设计要点，我们设计自定义函数 ds(x)如下：

```
* 金额大写转换函数 ds.prg  f551
func ds
para x
```

```
set talk off
c1="零壹贰叁肆伍陆柒捌玖"
c2="仟佰拾亿仟佰拾万仟佰拾元  角分"
nc=ltrim(str(x,16,2))
t=len(nc)
nd=""
for i=1 to t
  if i#t-2                          && i=t-2 时为小数点位置，不作转换
    y=val(subst(nc,i,1))
    nd=nd+subst(c1,2*y+1,2)               && 转换大写汉字
    nd=nd+subst(c2,2*(14-t+i)+1,2)        && 转换单位汉字
    hd=right(nd,4)                  && 以下各分支转换约定剔除冗余汉字
    if hd $ "零仟零佰零拾零角零分"
      nd=subst(nd,1,len(nd)-2)
    endif
    if "零零" $ nd
      nd=subst(nd,1,len(nd)-4)+right(nd,2)
   endif
   hd=right(nd,4)
   if hd="零元" or hd="零万" or hd="零亿"
     nd=subst(nd,1,len(nd)-4)+right(nd,2)
   endif
  endif
endfor
if right(nd,2)="零" && 剔除最后的"零"
  nd=subst(nd,1,len(nd)-2)
endif
if right(nd,2)="元" && 不带小数时,"元"后加"整"
  nd=nd+"整"
endif
set talk on
return nd
```

4．程序运行示例

? ds(250300400.05)，得大写金额：
贰亿伍仟零叁拾万零肆佰元零伍分。

56　数制转换

1．问题提出

试把一个任意 p 进制数转换为任意 n 进制数（2≤p，n≤16）。转换的数可以是整数，

也可以带小数，位数一般不限。要求整数部分作准确转换，小数部分作准确转换或转换到指定的位数。

2．设计要点

把一个 p 进制数转换为 n 进制数，我们采用常规转换：整数转换，除 n 取余；小数转换，乘 n 取整。

题目要求转换数位数不限，则输入不能用一般的数值输入，可用字符串输入。同样，结果也用字符串输出。

对于键盘输入的转换数（字符串）sta，确定它的位数 d（如果带小数，则含小数点，小数点的位置为 q），以及其整数位 l。同时，把它的每一位转换为整数存放至数组 a(j)中。注意，如果是十六进制，数字 A 转换为 10，数字 B 转换为 11，……，数字 F 转换为 15。

整数转换除 n 取余：每转换一位，都必须从高位 a(1)开始至整数的个位 a(l)，每次计算被除数 g=a(j)+p*y（其中 y 为上位的余数），商为 a(j)=int(g/n)，余数 y=g-a(j)*n。最后的余数 y 作为转换的一位存放于转换结果 stc 字符串之中。设置变量 s 每次统计各位数字和，s=0 作为除 n 取余转换结束的标志。

小数转换乘 n 取整：每转换一位，都必须从最低位 a(d)开始至小数的高位 a(q+1)，每次计算积 g=a(j)*n+k（其中 k 为下一位积的进位数），本位进位数 k=int(g/p)，积在本位存入 a(j)=g-k*p。最后的整数 k 作为转换的一位存放于转换结果 stc 字符串之中。设置变量 s 每次统计各位数字和，s=0 或转换位数 w 已达到规定转换位 w0 作为乘 n 取整转换的结束的标志。

3．数制转换程序设计

```
*  p进制数转换为n进制数 f561
dime  a(100)
?  "本程序把p进制数转换为n进制数."
?  "整数部分准确转换,位数不限."
?  "小数部分可转换到指定的位数."
input  "请输入p(2≤p≤16):"  to  p
input  "请输入n(2≤n≤16):"  to  n
if  p<2 or p>16 or n<2  or n>16 or p=n
    return
endif
std="0123456789ABCDEF."
accept  "请输入需转换数:"  to  sta   && 以字符方式输入转换数
?  "把"+str(p,2)+"进制数 "+sta
??  "转换为"+str(n,2)+"进制数:"
```

```
d=len(sta)
q=at(".",sta)
for  j=1 to d
  stb=substr(sta,j,1)
  for  i=1 to 16
     if  substr(std,i,1)=stb
        a(j)=i-1                         && a(j)为输入数的各位数
     endif
  endfor
endfor
*   整数部分转换(除n取余法)
if  q>0                  && 如果有小数点，q-1位整数，否则d位整数
    l=q-1
else
    l = d
endif
stc= ""
s=1
do  while s<>0
   y=0
   s=0
   for  j=1 to l                          && 整数部分转换
      s=s+a(j)
      g=a(j)+y*p
      a(j)=int(g/n)
      y=g-a(j)*n
   endfor
   if  s>0
      stc=substr(std,y+1,1)+stc
   endif
enddo
*  小数部分转换(乘n取整法)
if  q<>0
    input  "请输入最多转换小数的位数:"  to  w0
    stc=stc+"."
    s=1
    w=0
    do  while  s#0 and w<w0
       k=0
       s=0
       w=w+1
       for  j=d to q+1 step -1        && 小数部分转换
```

```
            s=s+a(j)
            g=a(j)*n+k
            k=int(g/p)
            a(j)=g-k*p
         endfor
         stc=stc+substr(std,k+1,1)
      enddo
   endif
   ?  "("+sta+")"+str(p,2)+"=("+stc+")"+str(n,2)
   return
```

4．程序运行示例

运行程序，输入 p=10，n=16：

输入转换数为 9876543212345.123456789，最多转换 w0=10 位小数，得

(9876543212345.123456789)10 =(8FB8FD98B39.1F9ADD3739)16

57　角谷猜想

1．问题提出

在美国曾流行以下数学游戏：从任意整数开始，反复作以下运算：

1）若为奇数，则乘以 3 后加 1。

2）若为偶数，则除以 2。

最后总可以得到数 1。

这一论断既不能证明是正确的，也不能举出反例说明是错误的。这一问题称为“3x+1 问题”或“Carlitz 问题”。

日本角谷静夫教授把这一游戏介绍到日本，故又称为角谷猜想。

设计程序，对指定整数验证以上角谷猜想。

2．设计要点

对输入的整数 m，赋给 c 后，设置嵌套的条件循环实施上述 1）、2）操作：

若 c 为奇数，则 c=3*c+1。

若 c 为偶数，则 c=c/2。

直至 c=1 时结束。同时用变量 n 统计推导的步骤数。

3．求整数 m 的转化过程程序设计

```
*  指定整数的转化过程 f571
```

```
set talk off
input "请输入整数 m: " to m
n=0
c=m
? str(m,6)
do while c!=1
   if c%2=1            && 奇数时,乘以 3 后加 1
      c=3*c+1
      n=n+1
      ?? "->"+str(c,5)
   else
      c=c/2            && 偶数时,除以 2
      n=n+1
      ?? "->"+str(c,5)
   endif
   if n%6=0            && 控制每行输出 6 个转化过程
      ? [       ]
   endif
enddo
? "  共进行"+ltrim(str(n))+"步完成转化。"
return
```

4. 程序运行示例

运行程序，

```
   请输入整数 m: 59
      59->  178->   89->  268->  134->    67
        ->  202->  101->  304->  152->    76
        ->   38->   19->   58->   29->    88
        ->   44->   22->   11->   34->    17
        ->   52->   26->   13->   40->    20
        ->   10->    5->   16->    8->     4
        ->    2->    1
  共进行 32 步完成转化。
```

5. 验证指定区间角谷猜想

试求指定区间[a,b]内各数完成角谷猜想的最多步数。如果最多步数是一个确定的整数，说明该区间上的所有整数满足角谷猜想。

```
* 指定区间验证角谷猜想 f572
input "请输入区间下限 a: " to a
input "请输入区间上限 b: " to b
```

```
max=0
for m=a to b
   n=0
   c=m
   do while c!=1
      if c%2=1
         c=3*c+1      && 奇数时,乘以 3 后加 1
         n=n+1
      else
         c=c/2        && 偶数时,除以 2
         n=n+1
      endif
   enddo
   if n>max
      max=n           && 求转化步骤的最大值
      t=m
   endif
endfor
? "  当 m="+str(t,3)+"时转化步最多，"
?? "共进行"+ltrim(str(max))+"步完成。"
return
```

运行程序：

```
请输入区间下限 a: 2
请输入区间上限 b: 999
当 m=871 时转化步最多，共进行 178 步完成。
```

这一程序与运行结果，验证了三位数以内角谷猜想是成立的。

58　黑洞数 495 与 6174

1. 问题提出

黑洞数也称陷阱数，又称“Kaprekar 问题”，是一类具有奇特转换特性的整数。

任何一个数字不全相同的三位数，经有限次“重排求差”操作，总会得 495。最后所得的 495 即为三位黑洞数。所谓“重排求差”操作即组成该数的数字重排后的最大数减去重排后的最小数。

例如，对三位数 207：

第 1 次重排求差得：720-027=693；

第 2 次重排求差得：963-369=594；

第 3 次重排求差得：954-459=495。（停留在 495）

如果 3 位数的 3 个数字全同，一次转换即为 0。因而，可把 0 与 495 一并作为判别条件。

设计程序，验证所有三位数经有限次“重排求差”操作，总会得 495 或 0。

2. 验证 3 位黑洞数

（1）设计要点

对 3 位数 i 重排求差：首先把 i 分解为 3 个数字存储于 a(1)~a(3)。然后从大到小排序为 a(1)≥a(2)≥a(3)，于是得最大数 max 与最小数 min，相减得差赋给 i。若 i 不是黑洞数 495 或 0，返回实施重排求差，直至到 495（或 0）为止。

当 i=211 等值时，一次重排求差得 99，再次重排求差即得 0。因而重排求差后若为数字相同的二位数，即视为已转化为 0。

设置统计转换次数的变量 m，比较 3 位数范围内每一个 3 位数转换到 495 的次数 m，得 m 的最大值 y。若 y 为有限，即完成 3 位黑洞数验证。

（2）验证 3 位黑洞数程序设计

```
* 验证 3 位黑洞数  f581
? ″ 验证任意 3 位数'重排求差'操作，可至 495 或 0.″
y=0
for n=101 to 999
   m=0
   i=n
   do while i!=495 and i!=0
      i=sub(i)
      m=m+1                              && m 统计转换到 495 的次数
   enddo
   if m>y
      y=m                                && 最多转换次数 y 若为有限，即都可转换
      n1=n
   endif
endfor
? ″ 当 n=″+str(n1,3)+″时,″
?? ″最多转换″+str(y,2)+″次可至 495（或 0）:″
? str(n1,5)
i=n1
do while i!=495 and i!=0
   i=sub(i)
   ?? ″->″+str(i,3)
enddo
return
function sub                             && 把 3 位数 i 经一次重排求差得 p
```

```
para i
dime a(3)
a(1)=int(i/100)                     && 把 3 位数 i 分解为 3 个数字
a(2)=int(i/10)%10
a(3)=i%10
for k=1 to 2
for j=k+1 to 3
   if a(k)<a(j)                     && 3 个数字排序
      h=a(k)
      a(k)=a(j)
      a(j)=h
   endif
endfor
endfor
max=a(1)*100+a(2)*10+a(3)           && 得最大数 max
min=a(3)*100+a(2)*10+a(1)           && 与最小数 min
p=max-min                           && p 为最大最小之差
if p<100 and int(p/10)=p%10
   p=0
endif
return p
```

（3）程序运行示例

运行程序，

```
验证任意 3 位数'重排求差'操作，可至 495 或 0.
当 n=102 时，最多转换 5 次可至 495（或 0）:
102 -> 198 -> 792 -> 693 -> 594 -> 495
```

3. 验证 4 位黑洞数

有资料介绍，印度数学家研究过 4 位黑洞数，得到的黑洞数为 6174（称为卡布列克数）。试编程模拟验证 4 位黑洞数。

（1）设计要点

对 4 位数 i 重排求差：首先把 i 分解为 4 个数字存储于 a(1)~a(4)。然后从大到小排序为 a(1)≥a(2)≥a(3)≥a(4)，于是得最大数 max 与最小数 min，相减得差赋给 i。若 i 不是黑洞数 6174，返回实施重排求差，直至到 6174 为止。

设置统计转换次数的变量 m，比较 4 位数范围内每一个 4 位数转换到 6174 的次数 m，得 m 的最大值 y。若 y 为有限，即完成 4 位黑洞数验证。

注意，若 4 位数 i 的 4 个数字全同，或当求差后为三个数字相同的三位数，一次转换即为 0。因而，可把 0 与 6174 一并作为判别条件。

（2）验证 4 位黑洞数程序设计

```
* 验证 4 位黑洞数  f582
? " 验证任意 4 位数“重排求差”操作，可至 6174 或 0."
y=0
for n=1001 to 9999
   m=0
   i=n
   do while i!=6174 and i!=0
      i=sub(i)
      m=m+1          && m 统计转换到 6174 的次数
   enddo
   if m>y
      y=m            && 最多转换次数 y 若为有限，即都可转换
      n1=n
   endif
 endfor
 ? " 当 n="+str(n1,4)+"时,"
 ?? "最多转换"+str(y,2)+"次可至 6174（或 0）: "
 ? str(n1,5)
 i=n1
 do while i!=6174 and i!=0
   i=sub(i)
   ?? "->"+str(i,4)
 enddo
 return
 function sub          && 把 4 位数 i 经一次重排求差得 p
 para i
 dime a(4)
 a(1)=int(i/1000)     && 把 4 位数 i 分解为 4 个数字
 a(2)=int(i/100)%10
 a(3)=int(i/10)%10
 a(4)=i%10
 for k=1 to 3
 for j=k+1 to 4
    if a(k)<a(j)     && 4 个数字排序
       h=a(k)
       a(k)=a(j)
       a(j)=h
    endif
 endfor
 endfor
 max=a(1)*1000+a(2)*100+a(3)*10+a(4)          && 得最大数 max
 min=a(4)*1000+a(3)*100+a(2)*10+a(1)          && 与最小数 min
 p=max-min                                    && p 为最大最小之差
```

```
if p<1000 and int(p/100)=p%10 and int(p/10)%10=p%10
   p=0
endif
return p
```

（3）程序运行结果

运行程序，

验证任意 4 位数“重排求差”操作，可至 6174 或 0.

当 n=1004 时，最多转换 7 次可至 6174（或 0）：

1004 -> 4086 -> 8172 -> 7443 -> 3996 -> 6264 -> 4176 -> 6174

4．进一步思考

还未见有资料介绍过 5 位黑洞数。对于所有 5 位数，是否经有限次“重排求差”可得某一确定的 5 位黑洞数或 0 呢？

回答是否定的。因有些数经多于一次“重排求差”后又回到该数，出现操作重复圈。

例如：62964->71973->83952->74943->62964，出现重复圈。

又如：63954->61974->82962->75933->63954，也出现重复圈。

59　回文数

1．问题提出

所谓回文数，即顺序与逆序都是相同的整数。如 292，10301 均为回文数。

有人猜测：任意一个十进制整数 n（n 不为回文数），经有限次“顺逆求和”操作，可得到一个回文数。这里的“顺逆求和”操作就是把一个数与其逆序数相加。

例如，对于 n=69 有

step1: 69+96=165

step2: 165+561=726

step3: 726+627=1353

step4: 1353+3531=4884（回文数）

试设计程序，展示某整数 n 孕育出回文数的转化过程。验证某一区间[x1, x2]中的每一个数 n 转化为回文数的“顺逆求和”操作数。如果超过 100 步还未能转化为回文数，则中止操作，表明该数可能不满足猜测。

2．展示整数 n 孕育过程

（1）设计要点

为了提高测试范围，把数 n 作为字符串从键盘输入，并赋值给 na。通过取子串函数 substr()把 na 转化为其逆序数 nb。

若 na=nb，表明 na 即为回文数，退出。

对同为 ln 位的 na 与 nb，从个位开始，逐位相加得 nc。这里注意相加的进位数 h，若 ln 位相加完成后 h>0，则把 h 赋值给 nc 的 ln+1 位，nc 相对 na 多了一位。

应用取子串函数 substr()对 nc 前后相应位置逐个字符比较，若至少有一个不同，说明不是回文数，标注 t=1 后，把 nc 赋值给 na，转到下一操作。用变量 m 统计操作数，若 m>100，表明 n 可能不满足猜测，退出。

若为回文数，打印各个操作后结束。

（2）孕育回文数操作程序设计

```
*   孕育回文数操作 f591
set talk off
accept [  请输入整数 n: ] to n
ln=len(n)
na=n
m=0
do while .t.
   nb=""
   for k=1 to ln
      nb=nb+subs(na,ln-k+1,1)        && nb 为 ba 逆序数
   endfor
   if na==nb
      ?"输入的数就是回文数！"
      return
   endif
   h=0
   nc=""
   for k=1 to ln
      d=val(subs(na,k,1))+val(subs(nb,k,1))+h
      nc=str(d%10,1)+nc             && 这两语句中 10 体现十进制
      h=int(d/10)
   endfor
   if h>0
      ln=ln+1
      nc=str(h,1)+nc
   endif
   m=m+1
   if  m>100
      ?"  由"+n+"可能无法孕育出回文数！"
      return
   endif
   ? str(m,2)+": "+na+"+"+nb+"="+nc      && 输出一个“顺逆求和”操作
```

```
   t=0
   for k=1 to ln/2      && 检验是否为回文数
      if subs(nc,k,1)!=subs(nc,ln-k+1,1)
         t=1
         exit
      endif
   endfor
   if t=0
      ?? "   OK!"
      exit
   endif
   na=nc
enddo
return
```

（3）程序运行示例

运行程序，请输入整数 n: 188

```
1: 188+881=1069
2: 1069+9601=10670
3: 10670+07601=18271
4: 18271+17281=35552
5: 35552+25553=61105
6: 61105+50116=111221
7: 111221+122111=233332  OK!
```

（4）程序变通

以上程序稍作变通，可在其他进制数中展示孕育回文数的过程。

例如，把求和中的两个语句的 10 分别改为 2，即

```
nc=str(d%10,1)+nc    ——> nc=str(d%2,1)+nc
h=int(d/10)          ——> h=int(d/2)
```

输入二进制数 n=110111，得

```
1: 110111+111011=1110010
2: 1110010+0100111=10011001  OK!
```

3．探求某区间整数转化为回文数的操作数

（1）设计要点

探求某一区间[x1,x2]中的每一个数 n 转化为回文数的“顺逆求和”操作数。例如，n=69 时经 4 次操作得回文数，输出 69(4)。如果超过 100 步还未能转化为回文数，则中止操作，输出 n(?)，表明该数可能不满足猜测。

（2）程序实现

```
*  探求某区间整数转化为回文数的操作数 f592
```

```
set talk off
input [x1= ] to x1
input [x2= ] to x2
for n=x1 to x2
   na=ltrim(str(n))                    && 整数 n 转化为字符串 na
   ln=len(na)
   m=0
   do while .t.
      nb=""
      for k=1 to ln
         nb=nb+subs(na,ln-k+1,1)       && nb 为 na 逆序数
      endfor
      if na==nb
         m=0
         exit
      endif
      h=0
      nc=""
      for k=1 to ln                    && 对 na 与 nb 求和得 nc
         d=val(subs(na,k,1))+val(subs(nb,k,1))+h
         nc=str(d%10,1)+nc
         h=int(d/10)
      endfor
      if h>0
         ln=ln+1
         nc=str(h,1)+nc
      endif
      m=m+1
      if m>100
         exit
      endif
      t=0
      for k=1 to ln/2                  && 检验 nc 是否为回文数
         if subs(nc,k,1)!=subs(nc,ln-k+1,1)
            t=1
            exit
         endif
      endfor
      if t=0
         exit
      endif
      na=nc
```

```
    enddo
    if m<100
        ?? "    "+ltrim(str(n))+"("+str(m,3)+") "    && 输出结果
    else
        ?? "    "+ltrim(str(n))+"( ? ) "
    endif
    if (n-x1+1)%5=0
        ? ""
    endif
endfor
return
```

3）程序运行示例与说明

请输入区间下限 x1，上限 x2：180，199，得

```
180(  3)  181(  0)  182(  6)  183(  4)  184(  3)
185(  3)  186(  3)  187( 23)  188(  7)  189(  2)
190(  7)  191(  0)  192(  4)  193(  8)  194(  3)
195(  4)  196( ? )  197(  7)  198(  5)  199(  3)
```

说明：输出的 196(?)表明 196 在 100 次操作以内不能得到回文数，但并不能肯定数 196 不可经有限次操作得到回文数。用“? ”标明该数可能不满足猜测。

若把程序中输出结果语句改为：if m>100 则输出 n，可得：

196 295 394 493 592 689 691 788 790 879 887 978 986

以上这些三位数很可能不满足“经有限次操作得到回文数”的猜测。

十、幻方——古今中外的数阵奇葩

60 杨辉三角

1．问题提出

杨辉三角，历史悠久，是我国古代数学家杨辉揭示二项展开式各项系数的数字三角形。

我国北宋数学家贾宪约 1050 年首先使用“贾宪三角”进行高次开方运算，南宋数学家杨辉在《详解九章算法》记载并保存了“贾宪三角”，故称杨辉三角。元朝数学家朱世杰在《四元玉鉴》扩充了“贾宪三角”成“古法七乘方图”。在欧洲直到 1623 年以后，法国数学家帕斯卡才发现了“帕斯卡三角”。

杨辉三角构建规律主要包括横行各数之间的大小关系以及不同横行数字之间的联系，奥妙无穷：每一行的首尾两数均为 1；第 k 行共 k 个数，除首尾两数外，其余各数均为上一行的肩上两数的和。如图 60-1 所示为 5 行杨辉三角。

```
        1
      1   1
    1   2   1
  1   3   3   1
1   4   6   4   1
```

图 60-1　5 行杨辉三角形

设计程序，打印杨辉三角形的前 n 行（n 从键盘输入）。

2．应用数组递推设计

（1）设计要点

考察杨辉三角形的构成规律，三角形的第 i 行有 i 个数，其中第 1 个数与第 i 个数都是 1，其余各项为它的两肩上数之和（即上一行中相应项及其前一项之和）。

设置二维数组 a(n,n)，根据构成规律实施递推：

递推关系： a(i,j)=a(i-1,j-1)+a(i-1,j)（i=3,…，n；j=2，…，i-1）

初始值： a(i,1)=a(i,i)=1（i=1,2,…，n）

为了打印输出左右对称的等腰数字三角形，设置二重循环：设置 i 控制打印 n 行，每一行开始换行，打印 40-3i 个前导空格；设置 j 循环控制打印第 i 行的各数组元素 a(i,j)。

（2）杨辉三角形程序实现

```
* 杨辉三角形 f601
set talk off
dime a(20,20)
input [  请输入行数 n: ] to n
for i=1  to n
    a(i,1)=1
    a(i,i)=1                           &&  确定初始条件
endfor
for i=3 to n
   for j=2 to i-1
      a(i,j)=a(i-1,j-1)+a(i-1,j)       &&  递推得到每一数组元素
   endfor
endfor
for i=1 to n                           &&  控制输出 n 行
   ? space(40-3*i)
   for j=1 to i                        &&  控制输出第 i 行的数组元素
      ?? str(a(i,j),6)
   endfor
endfor
return
```

（3）程序运行示例

运行程序，输入 n=10，则打印 10 行杨辉三角形如图 60-2 所示。

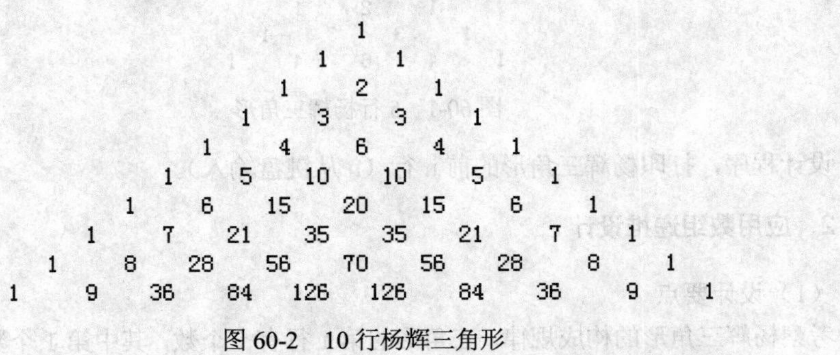

图 60-2 10 行杨辉三角形

3. 应用变量递推设计

（1）设计要点

杨辉三角实际上是二项展开式各项的系数，即第 n+1 行的 n+1 个数分别是从 n 个元素中取 0，1，…，n 个元素的组合数 c(n,0)，c(n,1)，…，c(n,n)。注意到

```
    c(n,0)=1
    c(n,k)=(n-k+1)/k*c(n,k-1)    (k=1,2,…,n)
```

根据这一递推规律，可不用数组，直接应用变量递推求解。

（2）应用变量递推程序实现

```
* 应用变量递推求解 f602
set talk off
input [  请输入行数n: ] to n
? space(40)+str(1,6)            && 输出第一行
for m=1 to n-1
   ? space(40-3*m)
   cnm=1
   ??  str(cnm,6)               && 输出每行的第一个数
   for k=1 to m
       cnm=cnm*(m-k+1)/k        && 计算第m行的第k+1个数
        ??  str(cnm,6)
   endfor
endfor
return
```

由以上两个不同的递推实现杨辉三角可以看到，构建一个数阵时并不是一成不变的，往往有多种方式可供选择。

61　数字三角形

1. 问题提出

1）请把1、2、3、4、5、6填入如图61-1所示三角形的6个小圆圈中，使得三角形三条边的3个数之和都相等。

2）请把1、2、3、4、5、6、7、8、9填入如图61-2所示三角形的9个小圆圈中，使得三角形三条边的4个数之和都相等，且三条边的4个数的平方和也都相等。

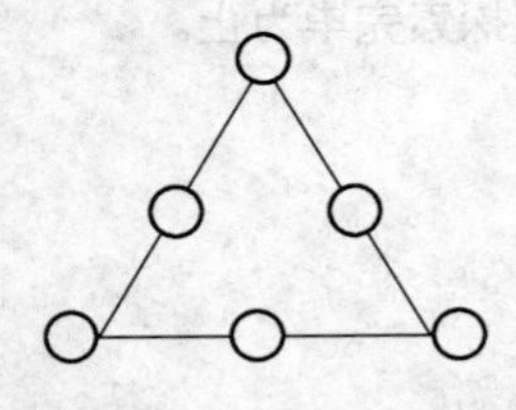

图61-1　6数字三角形

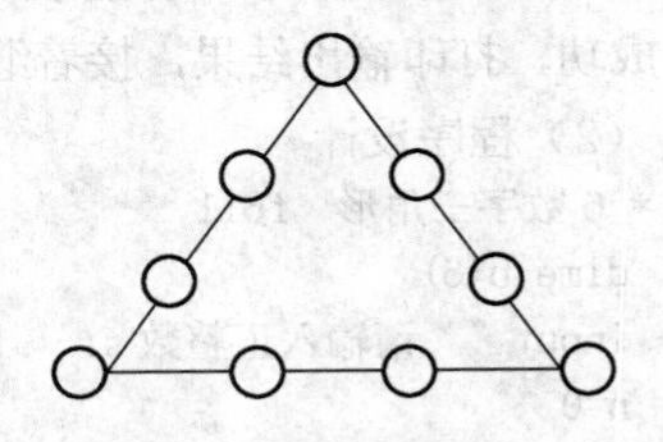

图61-2　9数字三角形

2. 求解 6 数字三角形

一般地，我们求解和为给定正整数 s（s≥21）的 6 个互不相等的正整数填入 6 数字三角形，使三角形三边上的 3 个数字之和相等。

（1）求解要点

设和为给定正整数 s（s≥21）的 6 个互不相等的正整数存储于 b 数组 b(1)，…，b(6)。

同时约定：b(1),b(2),b(3),b(4),b(5),b(6) 排在三角形的位置如图 61-3 所示。为避免重复，约定"下小上大、左小右大"，即 b(1)<b(5)<b(3)。

```
            b3

        b2      b4

    b1      b6      b5
```

图 61-3　b 数组分布示意图

设三角形三边上 3 数之和为 s1。于是，可以根据约定对 b(1)、b(5) 和 b(3) 的值进行循环探索，设置：

b(1) 的取值范围为 1——(s-6)/3；(因其他三数之和至少为 6)

b(5) 的取值范围为 b(1)+1——(s-10)/2；

b(3) 的取值范围为 b(5)+1——(s-15)。

探索判断步骤如下：

1）注意到在各边求和时 b(1)，b(3)，b(5) 均计算了两次，即有 s+b(1)+b(3)+b(5) 必为 3 的倍数。若 (s+b(1)+b(3)+b(5))% 3 ≠ 0，则继续探索；否则，记 s1=(s+b(1)+b(3)+b(5))/3。

2）根据各边之和为 s1，计算出 b(2)、b(4) 和 b(6)：

b(2)=s1-b(1)-b(3)
b(4)=s1-b(3)-b(5)
b(6)=s1-b(1)-b(5)

3）因 b(6)>b(2)>b(4)，若出现 b(4)<0，则继续探索。

4）设置循环检测 b 数组是否存在相同正整数，若存在相同整数则继续探索；否则探索成功，打印输出结果，接着继续探索直到所有数字组探索完毕为止。

（2）程序设计

```
* 6 数字三角形  f611
dime b(6)
input ″ 请输入正整数 s: ″ to s
n=0
for b(1)=1 to (s-6)/3
```

```
for b(5)=b(1)+1 to (s-10)/2
for b(3)=b(5)+1 to s-15
    if (s+b(1)+b(3)+b(5))%3!=0
       loop
   endif
    s1=(s+b(1)+b(3)+b(5))/3
    b(2)=s1-b(1)-b(3)
    b(4)=s1-b(3)-b(5)
    b(6)=s1-b(1)-b(5)
    if b(4)<=0
      loop
   endif
    t=0
    for k=1 to 5
    for j=k+1 to 6                          && 排除相同整数
       if b(k)=b(j)
         t=1
         k=5
         exit
       endif
    endfor
    endfor
    if t=1
         loop
    endif
    n=n+1
    ?  str(n)+":  "+str(b(1),2)             && 输出第 n 个解
   for k=2 to 6
       ?? ","+str(b(k),2)
   endfor
   ??  "   s1="+str(s1,3)
endfor
endfor
endfor
return
```

（3）程序运行示例

```
请输入正整数 s: 21
1: 1,5,3,4,2,6   s1=9
2: 1,4,5,2,3,6   s1=10
3: 2,3,6,1,4,5   s1=11
4: 4,2,6,1,5,3   s1=12
```

共 4 个解，其中解 2 如图 61-4 所示。

图 61-4　一个 6 数字填数结果

```
请输入正整数 s: 25
1: 1,4,7,2,3,8   s1=12
2: 1,5,6,2,4,7   s1=12
3: 2,3,8,1,4,7   s1=13
4: 2,4,7,1,5,6   s1=13
共 4 个解。
```

3. 求解 9 数字三角形

一般地，我们求解和为给定的正整数 s（s≥45）的 9 个互不相等的正整数填入 9 数字三角形，使三角形三边上的 4 个数字之和相等(s1)且三边上的 4 个数字之平方和也相等(s2)。

（1）求解要点

把和为 s 的 9 个正整数存储于 b 数组 b(1)，…，b(9)，分布如图 61-5 所示。为避免重复，不妨约定三角形中数字“下小上大、左小右大”，即 b(1)<b(7)<b(4) 且 b(2)<b(3) 且 b(6)<b(5) 且 b(9)<b(8)。

```
            b4

        b3      b5

    b2              b6

 b1     b9      b8      b7
```

图 61-5　b 数组分布示意图

可以根据约定对 b(1)、b(7) 和 b(4) 的值进行循环探索，设置：

b(1) 的取值范围为 1～(s-21)/3；（因其他 6 个数之和至少为 21）

b(7) 的取值范围为 b(1)+1～(s-28)/2；

b(4) 的取值范围为 b(7)+1～(s-36)。

同时探索判断步骤如下：

1)若(s+b(1)+b(7)+b(4))% 3≠0，则继续探索；否则，记 s1=(s+b(1)+b(7)+b(4))/3。

2）根据约定对 b(3)、b(5) 和 b(8) 的值进行探索，设置：

b(3) 的取值范围为(s1-b(1)-b(4))/2+1～s1-b(1)-b(4)；

b(5) 的取值范围为(s1-b(4)-b(7))/2+1～s1-b(4)-b(7)；

b(8) 的取值范围为(s1-b(1)-b(7))/2+1～s1-b(1)-b(7))。

同时根据各边之和为 s1，计算出 b(2)、b(6) 和 b(9)：

```
b(2)=s1-b(1)-b(4)-b(3)
b(6)=s1-b(4)-b(5)-b(7)
b(9)=s1-b(1)-b(7)-b(8)
```

3）若 b 数组存在相同正整数，则继续探索。

4）设 s2=b(1)*b(1)+b(2)*b(2)+b(3)*b(3)+b(4)*b(4)，若另两边之平方和不为 s2，则继续探索；否则探索成功，打印输出结果，接着继续探索直到所有数字组探索完毕为止。

（2）9 数字三角形求解程序设计

```
* 9 数字三角形  f612
 dime b(9)
 input ″  请输入正整数 s: ″ to s
 n=0
 for b(1)=1 to (s-21)/3
 for b(7)=b(1)+1 to (s-28)/2
 for b(4)=b(7)+1 to s-36
      if (s+b(1)+b(4)+b(7))%3!=0
     loop
   endif
      s1=(s+b(1)+b(4)+b(7))/3
      d3=int((s1-b(1)-b(4))/2)+1
      d5=int((s1-b(4)-b(7))/2)+1
      d8=int((s1-b(1)-b(7))/2)+1
      for b(3)=d3 to s1-b(1)-b(4)-1
   for b(5)=d5 to s1-b(4)-b(7)-1
      for b(8)=d8 to s1-b(1)-b(7)-1
           b(2)=s1-b(1)-b(4)-b(3)
           b(6)=s1-b(4)-b(7)-b(5)
           b(9)=s1-b(1)-b(7)-b(8)
           t=0
          for k=1 to 8
           for j=k+1 to 9                          && 排除相同整数
              if b(k)=b(j)
                 t=1
                 k=8
                 exit
              endif
           endfor
           endfor
           if t=1
              loop
           endif
           s2=b(1)*b(1)+b(2)*b(2)+b(3)*b(3)+b(4)*b(4)
           if b(4)*b(4)+b(5)*b(5)+b(6)*b(6)+b(7)*b(7)#s2
                 loop
```

```
            endif                                && 排除平方和不相等
            if b(7)*b(7)+b(8)*b(8)+b(9)*b(9)+b(1)*b(1)#s2
               loop
            endif
            n=n+1
            ?  str(n)+": "+str(b(1),2)           && 输出第 n 个解
            for k=2 to 9
               ?? ","+str(b(k),2)
            endfor
            ?? "    s1="+ltrim(str(s1))
            ?? "  s2="+ltrim(str(s2))
         endfor
         endfor
         endfor
      endfor
      endfor
      endfor
      ? "  共"+str(n,2)+"个解。"
      return
```

（3）程序运行示例

请输入正整数 s: 45

1: 2, 3, 7, 8, 6, 1, 5, 9, 4 s1=20, s2=126

共 1 个解。

解的图示如图 61-6。

图 61-6　和为 45 的一个填数结果

请输入正整数 s: 80

1: 1, 8, 15, 7, 16, 3, 5, 13, 12 s1=31, s2=339

2: 3, 7, 8, 17, 9, 4, 5, 16, 11 s1=35, s2=411

3: 5, 4, 14, 12, 13, 2, 8, 16, 6 s1=35, s2=381

共 3 个解。

62　折叠方阵与旋转方阵

1．问题提出

程序设计爱好者在探索趣味方阵时分别设计了折叠方阵与旋转方阵。

（1）折叠方阵

折叠方阵就是按指定的折叠取向（分为竖横型与横竖型两种）排列的整数方阵。

竖横型：起始数放在方阵的左上角，然后从起始数开始递增，层层折叠地排列为方阵，每一层先竖由上而下，然后折转为横由右至左。如图 62-1（a）所示为起始数是 1，行数是 5 的竖横型折叠方阵。

横竖型：起始数放在方阵的左上角，然后从起始数开始递增，层层折叠地排列为方阵，每一层先横由左而右，然后折转为竖由下至上。如图 62-1（b）所示为起始数是 1，行数是 5 的横竖型折叠方阵。

```
 1   2   5  10  17        1   4   9  16  25
 4   3   6  11  18        2   3   8  15  24
 9   8   7  12  19        5   6   7  14  23
16  15  14  13  20       10  11  12  13  22
25  24  23  22  21       17  18  19  20  21
```

（a）竖横型　　　　（b）横竖型

图 62-1　5 行折叠方阵

试构造输出起始数为 a，行数为 m（a，m 从键盘输入确定）的两种折叠方阵。

（2）旋转方阵

把整数 1，2，...，n^2 从外层至中心按顺时针方向螺旋排列所成的 n×n 方阵，称顺转 n 阶方阵；按逆时针方向螺旋排列所成的称逆转 n 阶方阵。如图 62-2 所示为 5 阶旋转方阵。

```
 1   2   3   4   5        1  16  15  14  13
16  17  18  19   6        2  17  24  23  12
15  24  25  20   7        3  18  25  22  11
14  23  22  21   8        4  19  20  21  10
13  12  11  10   9        5   6   7   8   9
```

（a）顺转型　　　　（b）逆转型

图 62-2　5 阶旋转方阵

试设计程序分别选择打印这两种方式的 n 阶旋转方阵（n 从键盘输入）。

2．折叠方阵设计

（1）设计要点

设置变量 n 从 a 开始递增 1 取值，据竖横型折叠方阵的构造特点给二维数组 z(m,m) 赋值。显然起始数 a 赋值给 z(1,1)。

除 z(1,1)外，m 行的方阵还有折叠的 m-1 层；

第 i 层(i=2,3,...,m)的起始位置为(1,i)，随后列号 y 不变行号 x 递增；至 x=i 时折转，行号 x 不变列号 y 递减，至 y=1 时该层结束，每一位置递增的 n 赋值给 z(x,y)。

赋值完成，用二重循环打印输出竖横型折叠方阵。

如果在输出语句中交换坐标 x,y，即输出横竖型折叠方阵。

（2）折叠方阵程序实现

```
*  折叠方阵 f621
set talk off
```

```
? "  1: 竖横型      2: 横竖型"
input "  请选择相应型号: " to t
input "  请输入方阵的行数 m: "  to  m
input "  请确定方阵的起始数 a: "  to  a
dime  z(m,m),st(2)
st(1)=[竖横型]
st(2)=[横竖型]
z(1,1)=a
n=a
for  i=2 to m
   x=1
   y=i
   n=n+1
   z(x,y)=n
   do  while  x<i
       n=n+1
       x=x+1
       z(x,y)=n                    &&  n 递增,按折叠规律给 z 数组赋值
   enddo
   do  while  y>1
       n=n+1
       y=y-1
       z(x,y)=n
   enddo
endfor
? "起始数为"+str(a,4)+"的"+str(m,2)+"行"+st(t)+"折叠方阵:"
for  x=1 to m
   ? ""
   for  y=1 to m
     if t=1
        ??  str(z(x,y),5)        &&  按坐标输出竖横型折叠方阵
     else
        ??  str(z(y,x),5)        &&  按坐标输出横竖型折叠方阵
     endif
   endfor
endfor
return
```

（3）程序运行示例与变通

运行程序，分别输入 t=1，m=6，a=100，得

```
起始数为 100的 6行竖横型折叠方阵:
   100  101  104  109  116  125
   103  102  105  110  117  126
   108  107  106  111  118  127
   115  114  113  112  119  128
   124  123  122  121  120  129
   135  134  133  132  131  130
```

分别输入 t=2，m=5，a=40，得

```
起始数为  40的 5行横竖型折叠方阵:
    40   43   48   55   64
    41   42   47   54   63
    44   45   46   53   62
    49   50   51   52   61
    56   57   58   59   60
```

变通：如果把输出语句?? str(z(x,y),5)修改为：

?? str(2*a+m*m-1-z(x,y),5)

运行程序所得竖横型折叠方阵有何变化？

3. 旋转方阵设计

（1）设计要点

打印输出这两种旋转方阵关键在于数组元素的赋值以及赋值与打印的巧妙结合。

对应方阵的 n 行 n 列设置二维数组 a(n,n)。令 m=int(n/2)，当 n 为偶数时，方阵共 m 圈。当 n 为奇数时，方阵除 m 圈外正中间还有一个数 a(m+1,m+1)=n*n。

对于 m 圈，每圈有上下左右四条边。最外圈定义为第 1 圈，从外往内依次定义为第 2 圈，…，第 i 圈每边有 n-2i+1 个数。

为了实现旋转准确对各圈各边的每一个数组元素赋值，我们引入中间变量 s，t：

s=n-2i+1

t=t+4s （t 置初值 0）

设置 i(1～m)循环对第 i 圈操作，设置 j(i～n-i)循环对第 i 圈的四条边的 n-2i+1 个元素操作。i，j 二重循环可对方阵的每一元素赋值。

在顺时针转方阵中，具体赋值为：

上行为 a(i,j)=t+1-i+j：其中+j 体现往右元素值递增 1；+t-i 体现随圈数 i 增加数值增加值；而 1 为具体调整数。

右列为 a(j,n+1-i)=t+s+1+j-i，即在 a(i,j)的基础上增 s。

下行为 a(n+1-i,j+1)=t+3*s-j+i：其中-j 体现往左元素值递增 1；+t+i 体现随圈数 i 增加数值增加值；而 3*s 为具体调整数。

左列为 a(j+1,i)=t+4*s-j+i，即在 a(n+1-i,j+1)的基础上增 s。

在逆时针旋转方阵中，还是上述赋值，只是打印输出时把行列互换。这样处理是巧妙的，较为简便。

（2）旋转方阵程序设计

```
* 旋转方阵 f622
input "输入方阵阶 n:" to n
dime a(n,n),st(4)
? " 方阵有以下两种旋转方式:"
? " 1: 逆时针转"
? " 2: 顺时针转"
input " 选择旋转方式代码: " to z
m=int(n/2)
t=0
a(m+1,m+1)=n*n
for i=1 to m                    && 按规律给 a 数组赋值
  s=n+1-2*i
  for j=i to n-i
    a(i,j)=t+1-i+j
    a(j,n+1-i)=t+s+1+j-i
    a(n+1-i,j+1)=t+3*s-j+i
    a(j+1,i)=t+4*s-j+i
  endfor
  t=t+4*s
endfor
? " 所求旋转方阵为:"
for i=1 to n
  ? ""
  for j=1 to n                  && 按坐标输出方阵
     if z/2=int(z/2)
        ?? str(a(i,j),4)
     else
        ?? str(a(j,i),4)
     endif
  endfor
endfor
return
```

（3）程序运行示例与变通

```
输入方阵阶 n:7
  方阵有以下两种旋转方式:
  1: 逆时针转
  2: 顺时针转
```

```
选择旋转方式代码: 1
所求旋转方阵为:
 1  24  23  22  21  20  19
 2  25  40  39  38  37  18
 3  26  41  48  47  36  17
 4  27  42  49  46  35  16
 5  28  43  44  45  34  15
 6  29  30  31  32  33  14
 7   8   9  10  11  12  13
输入方阵阶 n:8
方阵有以下两种旋转方式:
1: 逆时针转
2: 顺时针转
选择旋转方式代码: 2
所求旋转方阵为:
 1   2   3   4   5   6   7   8
28  29  30  31  32  33  34   9
27  48  49  50  51  52  35  10
26  47  60  61  62  53  36  11
25  46  59  64  63  54  37  12
24  45  58  57  56  55  38  13
23  44  43  42  41  40  39  14
22  21  20  19  18  17  16  15
```

程序变通：把程序中的输出量 str(a(i, j), 4) 改变为 str(n*n-a(i, j)+1, 4)，可输出由内到外的旋转方阵。

*63 幻方

1. 问题提出

幻方是一个古老而又神奇的数学趣题。幻方在我国古代被称为“洛书”、“九宫格”，宋代数学家杨辉称之为“纵横图”等。

相传，名列“三皇五帝”之首的伏羲曾见龙马负图出河，称之为河图；夏禹治水时，洛河水中浮出了神龟，背负文字，有数至九，大禹用它作成九畴，称之为洛书。后来，人们就以：“河出图”、“洛出书”表示太平时代的祥瑞。

“洛书”的图案，古代有一首歌来叙述它说：“戴九履一，左三右七，二四为肩，六八为足。”头上是九，下面是一，左边是三，右边是七，这些都是阳数，白点子，占了四方。另外四个角，上面右角是两点，左角是四点，如同在肩膀上，下面右角是六点，左角是八点，像两只足，为阴数，是黑点，五则居中，如图 63-1 所示。

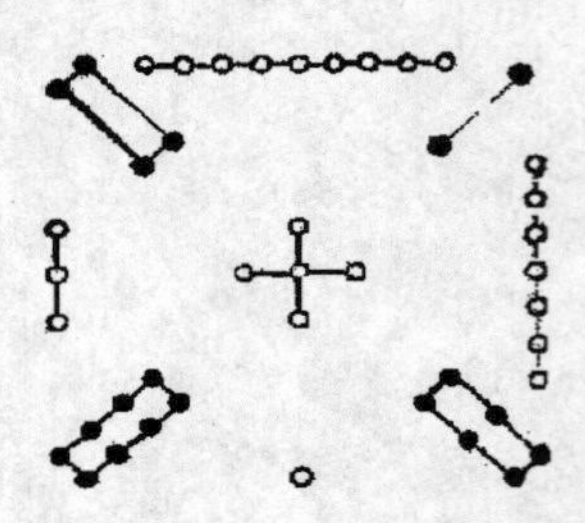

4	9	2
3	5	7
8	1	6

图 63-1　九宫图

杨辉在 1275 年写的《续古摘奇算法》一书中编制出 3～10 阶幻方。

n 阶幻方是由数 1，2，...，n^2 排列而成的 n×n 方阵，要求方阵中的每一横行、每一纵列与两条对角线上的 n 个数之和均相等，其值为 $n(n^2+1)/2$（称为幻和，Magic Sum）。由此可知，幻方实际上是一种特殊的方阵。

根据键盘输入的整数 n，构造并输出一个 n 阶幻方。

2. 设计要点

构造幻方的方法很多。我国宋代数学家杨辉就有关于构造 3 阶幻方的论述：九子斜排，上下对易，左右相更，四维挺出，载九履一，左三右七，二四为肩，六八为足。

设计输出一般 n 阶幻方，需据输入的阶数 n 分为 n 为奇数，n 为 4 的倍数以及 n 为非 4 倍数的偶数三种情形作相应的赋值，使方阵中的每一横行，每一纵列，两条对角线上的 n 个数之和均相等这一要求。

（1）当 n 为奇数时的构造

采用连续斜行赋值法。

1）首先把数 1 定在正中的下一格，数 2 定在 1 的斜行右下格，依此类推。即一般数 i 定在数 i-1 的斜行右下格（行数 x 列数 y 均增 1）。

2）直至当数 i-1 为 n 的倍数时，数 i 定在数 i-1 格正下方的第 2 格（行数 x 增 2，列数 y 不变）。

3）按上述操作，格的位置(x,y)若超出 n 行 n 列的范围，按模 n 定位。即若出现 x>n，则定在第 x-n 行。出现 y>n，则定在第 y-n 列。

（2）当 n 为 4 的倍数时的构造

采用对称元素交换法。

1）首先把数 n^2～1 的降序排列按照行从上至下，列从左至右的顺序依次填入方阵的 n×n 格。

2）然后，把方阵的所有 4×4 子方阵中的两对角线位置（即(i-j)%4=0 or (i+j-1)%4=0，其中 i 为行号，j 为列号）上的数固定下来不动。

3）所有其他位置上的数关于方阵中心作对称交换，也就是把元素 a(i,j)与元素 a(n+1-i,n+1-j)的值交换。

（3）当 n 为非 4 倍数的偶数（即 4m+2 形）时的构造

1）首先把大方阵分解为 4 个奇数（2m+1 阶）子方阵。仿上述奇数阶幻方给分解的 4 个子方阵对应赋值，上左子方最小(i)，下右子方次小(i+v)，下左子方最大(i+3v)，上右子方次大(i+2v)，即 4 个子方阵对应元素相差 v，其中 v=n*n/4。

2）然后作相应的元素交换：

a(i,j)与 a(i+u,j) 在同一列做对应交换（j<t 或 j>n-t+2）。

a(t,1)与 a(t+u,1)，a(t,t)与 a(t+u,t)两对元素交换。其中 u=n/2，t=(n+2)/4。

上述交换以使每行每列与两对角线上元素之和相等。

3. n 阶幻方程序设计

```
*  构造并输出一个 n 阶幻方 f631
set talk off
input "输入阶数 n(2<n<30): " to n
dime a(n,n)
s=n*(n*n+1)/2                          && s 为幻和
if n%2!=0                              && n 为奇数时元素赋值
   y=(n+1)/2
   x=y+1
   for i=1 to n*n
     a(x,y)=i
     if i%n=0
        x=x+2
     else
        x=x+1
        y=y+1
     endif
     if x>n
        x=x-n
     endif
     if y>n
        y=y-n
     endif
   endfor
else
   if n%4!=0                           &&  n=4k+2 时元素赋值
      u=n/2
      v=u*u
      y=(u+1)/2
      x=y+1
      t=y
```

```
        for i=1 to v                        && 4 个子方阵赋值
          a(x,y)=i
          a(x,y+u)=i+2*v
          a(x+u,y)=i+3*v
          a(x+u,y+u)=i+v
          if i%u=0
             x=x+2
          else
             x=x+1
             y=y+1
          endif
          if x>u
             x=x-u
          endif
          if y>u
             y=y-u
          endif
        endfor
        for i=1 to u                        &&  4 个子方阵部分元素交换
        for j=1 to n
           if (j<=t-1 or j>=n-t+3)
              x=a(i,j)
              a(i,j)=a(i+u,j)
              a(i+u,j)=x
           endif
        endfor
        endfor
        x=a(t,1)
        a(t,1)=a(t+u,1)
        a(t+u,1)=x
        x=a(t,t)
        a(t,t)=a(t+u,t)
        a(t+u,t)=x
   else                                     && n 为 4 的倍数时元素赋值
     t=n*n
     for i=1 to n
     for j=1 to n
       if((i-j)%4=0 or (i+j-1)%4=0)
         a(i,j)=t
         t=t-1
       else
         a(i,j)=n*(i-1)+j
```

```
          t=t-1
        endif
      endfor
      endfor
  endif
  endif
  ? str(n,5)+"阶幻方:"                    && 循环输出一个 n 阶幻方
  for i=1 to n
     ? "   "
     for j=1 to n
        ?? str(a(i,j),5)
     endfor
  endfor
  ? "幻和为: "+ltrim(str(s))
  return
```

4．程序运行示例

运行程序，输入 n=3，得 3 阶幻方图即九宫图，如图 63-1 所示。

运行程序，输入 n=4，得一个 4 阶幻方：

```
   16    2    3   13
    5   11   10    8
    9    7    6   12
    4   14   15    1
```

输入阶数 n=6，得一个 6 阶幻方：

```
   31    9    2   22   27   20
    3   32    7   21   23   25
   35    1    6   26   19   24
    4   36   29   13   18   11
   30    5   34   12   14   16
    8   28   33   17   10   15
```

5．构造 4 阶积幻方

（1）积幻方定义

如果方阵的各行、各列、两对角线上各数的积都相等，该方阵称为积幻方，相等的乘积称为幻积。

设计程序，构造一个 4 阶积幻方。

（2）设计要点

以上所述的 n 阶幻方是和幻方，是由 $1 \sim n^2$ 这些连续自然数构成的。由连续自然数不可能构造出积幻方，可见积幻方是广义幻方。

为说明积幻方的构造规律，下面给出一个简单的 4 阶积幻方。图 63-2（a）给出的就是一个积幻方，幻积为 6720。这个 4 阶积幻方的构成规则见图 63-2（b）。

```
 1   12   10   56          1×1   4×3   2×5   8×7
40   14    4    3          8×5   2×7   4×1   1×3
28    5   24    2          4×7   1×5   8×3   2×1
 6    8    7   20          2×3   8×1   1×7   4×5
```

（a）自然数形式　　（b）乘积形式

图 63-2　一个 4 阶积幻方图

考察乘积形式的图 63-2（b），其结构特点如下：

1）它的各个方格中第一个乘数取 1、2、4、8 这四个数值，每一个数值在方阵的各行、各列、两条对角线上都是均匀分布的。

2）它的各个方格中第二个乘数取 1、3、5、7 这四个数值，也具有在各行、各列、两对角线上均匀分布的特点。

3）设计第一个乘数与第二个乘数是很好配合的，使得到的各个乘积是 16 个互不相同的自然数之积。

构造 4 阶积幻方必须满足这三个条件。

我们依据以上的构造特点生成 4 阶积幻方：

1）为避免两两相乘出现相同的乘积，第一个乘数取 1 和 2^k，第二个乘数取互不相等的奇数。

2）为实现每一个数在各行、各列与两对角线上各出现一次，按如图 63-3 所示两个四阶拉丁方进行分布。

例如按第 1 拉丁方分布，第 2 个数“2”分布在(1,4)、(2,1)、(3,3)、(4,2)，确保“2”在各行、各列与两对角线上各出现一次。按第 2 拉丁方分布，第 2 个数“2”分布在(1,3)、(2,1)、(3,2)、(4,4)，确保“2”在各行、各列与两对角线上各出现一次。而且两组数分别按以上两个拉丁方分布，可确保一组的每一个数与另一组的 4 个数各相乘一次。

1	3	4	2
2	4	3	1
3	1	2	4
4	2	1	3

（a）第 1 拉丁方

1	4	2	3
2	3	1	4
3	2	4	1
4	1	3	2

（b）第 2 拉丁方

图 63-3　两个 4 阶拉丁方

在设计中，两组数可以从键盘输入，也可以随机产生，只要确保两两相乘时不出现相同的数即可。

程序中输出积幻方的同时，也输出积形式的方阵，相当于检验各行各列与两对角线上的 4 个数之积相等。

（3）4 阶积幻方程序设计

```
* 4阶积幻方 f632
set talk off
clear
dime a(4,4),b(4,4),x(4)
stor 1 to a(1,1),a(3,2),a(4,3),a(2,4)
stor 2 to a(2,1),a(4,2),a(3,3),a(1,4)
stor 4 to a(3,1),a(1,2),a(2,3),a(4,4)
stor 8 to a(4,1),a(2,2),a(1,3),a(3,4)
for i=1 to 4                      &&  产生一组4个奇数
   x(i)=int(rand()*20+1)
   if x(i)%2=0
      x(i)=x(i)+1
   endif
   t=0
   for j=1 to i-1
      if x(i)=x(j)
         t=1
         exit
      endif
   endfor
   if t=1
      i=i-1
      loop
   endif
endfor
t=x(1)*x(2)*x(3)*x(4)
stor x(1) to b(1,1),b(2,3),b(3,4),b(4,2)
stor x(2) to b(2,1),b(1,3),b(3,2),b(4,4)
stor x(3) to b(1,4),b(2,2),b(3,1),b(4,3)
stor x(4) to b(1,2),b(2,4),b(3,3),b(4,1)
? "  4阶积幻方："
for i=1 to 4
   ? "  "
   for j=1 to 4
      ?? str(a(i,j)*b(i,j),4)
   endfor
endfor
```

```
? "  对应的乘积形式："
for i=1 to 4
    ?"  "
    for j=1 to 4
       ?? str(a(i,j),2)+"*"+str(b(i,j),2)+"  "
    endfor
endfor
? "  幻积为："+ltrim(str(2*4*8*t,16))
return
```

（4）程序程序示例

```
4阶积幻方：              对应的乘积形式：
  19  20 104  34         1*19   4* 5   8*13   2*17
  26 136  76   5         2*13   8*17   4*19   1* 5
  68  13  10 152         4*17   1*13   2* 5   8*19
  40  38  17  52         8* 5   2*19   1*17   4*13
```

6. 说明

幻方是古今中外研究的一个数阵奇葩，网上探讨也相当火热。上面所论述的是一般平面 n 阶幻方。事实上，现在研究的幻方种类很多，包括：

一般幻方（和幻方），乘积幻方，双重幻方（各行各列两对角线上和相等，积也相等）。

对称幻方，同心幻方，完美幻方。

平面幻方（二维），幻立方（三维），多维幻方。

平方幻方，立方幻方，高次幻方，高次多维幻方。

魔鬼幻方，马步幻方，多重幻方，六角幻方，双料幻方，幻环，幻圆等。

*64 三阶素数幻方

1. 问题提出

通常的 n 阶幻方由 1，2，...，n^2 填入构成。素数幻方是由素数构成的各行、各列与两对角线之和均相等的方阵。

试在区间[100,400]找出 9 个素数，构成一个 3 阶素数幻方，使得该方阵中 3 行、3 列与两对角线上的 3 个数之和均相等。

2. 设计要点

试在一般区间[c,d]找出 9 个素数，构成一个 3 阶素数幻方，使得该方阵中 3 行、3

列与两对角线上的3个数之和均相等。如果有解，统计有多少个解（不含通过旋转与倒置所成的同构解）？这是一个新颖的有一定难度的问题。

设正中间数为n，幻和（即每行，每列与每对角线之和）为s。注意到

(中间一行)+(中间一列)+2*(两对角线)=6s

(上下行)+(左右列)=4s

两式相减即得

6n=2s → n=s/3

这意味着凡含n的行或列或对角线的三数中，除n之外的另两数与n相差等距。为此，设方阵为：

```
n-x  n+w  n-y
n+z   n   n-z
n+y  n-w  n+x
```

同时设基本解的两对角线的三数为大数在下（即x，y>0），下面一行三数为大数在右（即x>y）。这样约定是避免重复统计基本解。

显见，上述3×3方阵的中间一行，中间一列与两对角线上三数之和均为3n。要使左右两列，上下两行的三数之和也为3n，当且仅当

z=x-y

w=x+y　　(x>y)

同时易知9个素数中不能有偶素数2，因而x，y，z，w都只能是正偶数。

我们首先找出[c,d]中的奇素数赋给a数组，n依次在a数组中取值。

对于每一个素数n，穷举y，x，并按上述两式得z，w：

若出现x=2y，将导致z=y，方阵中出现两对相同的数，显然应予排除。

显然n-w是9个数中最小的，n+w是9个数中最大的。若n-w<c或n+w>d，应予以排除。另外，由于n+x≤d且n+y≤d且x>y，所以y≤d-n-1和x≤d-n。

用试商法判定方阵中其他8个数是否是素数（非素数标记为t=1）。若8个数均为素数，即已找到一个三阶素数幻方基本解，按方阵格式输出并用变量m统计基本解的个数。

这样处理，能找出所有基本解，既无重复，也没有遗漏。

3. 三阶素数幻方程序设计

```
* 在[c,d]中寻求素数构建三阶素数幻方 f641
Set talk off
clear
input ″ 请确定区间下限c: ″ to c
input ″ 请确定区间上限d: ″ to d
dime a((d-c)/4)
if c%2=0
```

```
      c=c+1
   endif
   u=0
   m=0
   for k=c to d step 2                          && 求出[c,d]中的奇素数
      t=0
      for j=3 to sqrt(k) step 2
         if k%j=0
            t=1
            exit
         endif
      endfor
      if t=0
         u=u+1
         a(u)=k
      endif
   endfor
   for i=4 to u-3                               && 寻求适合的 n,x,y
      n=a(i)
      for y=2 to d-n-1 step 2
      for x=y+2 to d-n step 2
         z=x-y
         w=x+y
         if (x=2*y or n-w<c or n+w>d)
            loop                                && 控制幻方的素数范围
         endif
         t=0
         for j=3 to sqrt(n+w) step 2
               if ((n-w)%j=0 or (n-z)%j=0 or (n-x)%j=0)
                  t=1
                  exit                          && 检验 8 个是否全为素数
               endif
               if ((n-y)%j=0 or (n+w)%j=0 or (n+z)%j=0)
                  t=1
                  exit
               endif
               if ((n+y)%j=0 or (n+x)%j=0)
                  t=1
                  exit
               endif
         endfor
         if t=0
```

```
            m=m+1                                 && 统计并输出三阶素数幻方
            ? "NO "+str(m,3)
            ? str(n-x,5)+str(n+w,5)+str(n-y,5)
            ? str(n+z,5)+str(n,5)+str(n-z,5)
            ? str(n+y,5)+str(n-w,5)+str(n+x,5)
         endif
      endfor
   endfor
endfor
? "  共"+str(m,3)+"个素数方阵."
return
```

4. 程序运行 2 例

```
请确定区间下限 c: 100
请确定区间上限 d: 400
NO 1:                                   NO 2:
  137  353  191                           173  359  257
  281  227  173                           347  263  179
  263  101  317                           269  167  353
共 2 个素数方阵.
请确定区间下限 c: 1000
请确定区间上限 d: 1600
NO 1:                      NO 2:                      NO 3:
 1091 1583 1229              1223 1571 1307             1367 1559 1373
 1439 1301 1163              1451 1367 1283             1439 1433 1427
 1373 1019 1511              1427 1163 1511             1493 1307 1499
共 3 个素数方阵.
```

十一、插入乘号——决策的最优化

65 数列最优压缩

1. 问题提出

一个数列由已知的 n 个正整数组成。对该数列进行一次压缩操作：去除其中两项 a，b，添加一项 a*b+1。这样经 n-1 次操作后该数列只剩一个数 A，试求 A 的最大值。

2. 设计要点

设数列为 3 项 x，y，z（不妨设 x<y<z），由不等式

（x*y+1）*z>(x*z+1)*y>(y*z+1)*x

可知压缩操作时去掉的 a，b 两项为数列中的最小的两项时，可使最后所得的一个数最大。

我们采用贪心算法，当数列中有 3 项以上时，每次压缩操作选择去掉最小的两项。

3. 数列压缩程序设计

```
* 数列压缩 f651
set talk off
input [n=] to n
dime a(n)
for k=1 to n                                  &&  输入数列
   input  [请输入第]+ltrim(str(k,3))+[个整数：]  to a(k)
endfor
? str(n,2)+[个原始数据为:]
for k=1 to n                                  &&  显示 n 个原始数据
   ?? str(a(k),6)
endfor
for k=1 to n-1                                &&  操作压缩 n-1 次
   for i=k to n-1                             &&  对 n-k+1 项从小到大排序
   for j=i+1 to n
      if a(i)>a(j)                            && 确保 a(k)≤a(k+1) ≤…≤a(n-k+1)
         h=a(i)
```

```
          a(i)=a(j)
          a(j)=h
        endif
    endfor
    endfor
    a(k+1)=a(k)*a(k+1)+1                    &&  实施压缩操作
    ? [ 第]+ltrim(str(k))+[次操作后为:]     &&  输出操作结果
    for i=k+1 to n-1                        &&  对余下的n-k项从小到大排序
       for j=i+1 to n
          if a(i)>a(j)                      &&  确保a(k+1)≤a(k+2) ≤…≤a(n-k+1)
             h=a(i)
             a(i)=a(j)
             a(j)=h
          endif
       endfor
       ??  str(a(i),6)
    endfor
    ??  str(a(n),6)
endfor
? "  Amax="+str(a(n),6)
return
```

4. 程序运行示例

运行程序，输入n=5，输入5个数：3，7，4，6，9，输出结果：

```
5个原始数据为:        3    7    4    6    9
第1次操作后为:        6    7    9   13
第2次操作后为:        9   13   43
第3次操作后为:       43  118
第4次操作后为:  5075
Amax=  5075
```

*66 最长公共子串与子序列

1. 问题提出

首先要清楚“子串”与“子序列”的区别：子串中的各个字符在原有字符串中是连在一起的，而子序列中的各个字符在原序列中可以不连在一起。

例如：在字符串“abcdef”中，“bc”、“cde”是子串，当然也是子序列；而“ac”、“bce”是子序列而不是子串。

对给定的若干个字符串，求取这些字符串的最长公共子串。

对两个给定的字符串，求取这两个字符串的最长公共子序列。

2. 求最长公共子串

（1）设计要点

求若干个字符串的最长公共子串不同于求若干个整数的最大公约数。

1）试找出给定的所有字符串的最短字符串 st(1)；设其长度为 w。

2）应用 VFP 的取子串函数 substr()从大到小分解出 st(1)的各个子串 b：

设置 i(1～w)，j(1～i)循环，则 b=substr(st(1),j,w+j-i)，所得子串 b 遍取 st(1)的所有子串，其长度从 w 递减至 1。

3）对每个所得的子串 b，设初值 t=0；通过 VFP 字符串比较运算$，若子串 b 不是某一字符串的子串，则 t=1 后退出，产生下一个子串 b。

4）若对其他所有字符串比较后，保持 t=0，则 b 即为给定的所有字符串的最长公共子串，作打印输出。

（2）求最长公共子串程序设计

```
*  求若干个字符串的最长公共子串 f661
set talk off
clear
input [请输入字符串的个数n: ] to n
dime st(n)
for k=1 to n
   ? [请输入第]+str(k,2)+[个字符串：]
   accept to st(k)
endfor
for k=2 to n                        &&  比较找出最短的字符串 st(1)
   if len(st(1))>len(st(k))
      h=st(1)
      st(1)=st(k)
      st(k)=h
   endif
endfor
w=len(st(1))
for i=1 to w
   for j=1 to i
      b=substr(st(1),j,w+j-i)   &&  从大到小找出 st(1)的所有子串
      t=0
      for k=2 to n
         if !(b $ st(k))
            t=1
```

```
            exit                    &&  若b不是st(k)的子串即t=1
         endif
      endfor
      if t=0
         ? str(n,2)+[个字符串的最长公共子串为：]+b
         return
      endif
   endfor
endfor
return
```

（3）程序运行示例

运行程序，分别输入下列3个字符串：

```
What is local bus ?
Name some local buses.
local bus is a high speed I/O bus close to the processor.
3个字符串的最长公共子串为：local bus。
```

3. 求最长公共子序列

（1）问题表述

一个序列的子序列是在该序列中删去若干个元素后得到的序列。

例如，序列Z={b, d, c, a}是序列X={a, b, c, d, c, b, a}的一个子序列，或按紧凑格式书写，序列“bdca”是在“abcdcba”中删除字符“a”、“c”、“b”后所得的子序列。

若序列Z是序列X的子序列，又是序列Y的子序列，则称Z是序列X与Y的公共子序列。例如，序列“bcba”是“abcbdab”与“bdcaba”的公共子序列。

给定两个序列$X = \{x_1, x_2, \cdots, x_m\}$和$Y = \{y_1, y_2, \cdots, y_n\}$，找出序列X和Y的最长公共子序列。

（2）设计要点

最长公共子序列问题具有最优子结构性质，应用动态规划设计求解。

1）建立递推关系。设序列$X = \{x_1, x_2, \cdots, x_m\}$和$Y = \{y_1, y_2, \cdots, y_n\}$的最长公共子序列为$Z = \{z_1, z_2, \cdots, z_k\}$，$\{x_i, x_{i+1}, \cdots, x_m\}$与$\{y_j, y_{j+1}, \cdots, y_n\}$ (i=1, …, m; j=1, …, n)的最长公共子序列的长度为c(i, j)。

若i=m+1或j=n+1，此时为空序列，c(i, j)=0（边界条件）。

若x(1)=y(1)，则有z(1)=x(1)，c(1, 1)=c(2, 2)+1（其中1为z(1)这一项）；

若x(1)≠y(1)，则c(1, 1)取c(2, 1)与c(1, 2)中的较大者。

一般的，有递推关系

若x(i)=y(j)，则c(i, j)=c(i+1, j+1)+1（1≤i≤m, 1≤j≤n）；

若 x(i)≠y(j)，则 c(i,j)=max(c(i+1,j),c(i,j+1))。

边界条件：c(i,j)=0（i=m+1 或 j=n+1）。

2）逆推计算最优值。设置 i，j 循环，实施逆推

c(m,n)->c(m,n-1)->...->c(m,1)->c(m-1,n)->c(m-1,n-1)->...->c(1,1)

c(1,1)即为最长公共子序列的长度。

3）构造最优解。为构造最优解，即具体求出最长公共子序列，设置数组 s(i,j)，当 x(i)=y(j)时 s(i,j)=1；当 x(i)≠y(j)时 s(i,j)=0。

X 序列的每一项与 Y 序列的每一项逐一比较，根据 s(i,j)与 c(i,j)取值具体构造最长公共子序列。

实施 x(i)与 y(j)比较，其中 i=1，2，…，m；j=1，2，…，n；变量 t 从 0 开始取值，当确定最长公共子序列一项时，t=j+1。这样处理可避免重复取项。

若 s(i,j)=1 且 c(i,j)=c(1,1)时，取 x(i)为最长公共子序列的第 1 项；

随后，若 s(i,j)=1 且 c(i,j)=c(1,1)-1 时，取 x(i)最长公共子序列的第 2 项；

一般的，若 s(i,j)=1 且 c(i,j)=c(1,1)-w 时（w 从 0 开始，每确定最长公共子序列的一项，w 增 1），取 x(i)最长公共子序列的第 w+1 项。

（3）最长公共子序列程序实现

```
* 求最长公共子序列 f662
input ″  input m: ″ to m
input ″  input n: ″ to n
dime x(m),y(n),c(m+1,n+1),s(m,n)
? ″  已知字符串 X 为：″
for i=1 to m
   x(i)=int(rand()*26)+97           && 产生并输出 X 的 m 个字符
   ?? chr(x(i))
endfor
? ″  已知字符串 Y 为：″
for i=1 to n
   y(i)=int(rand()*26)+97           && 产生并输出 Y 的 n 个字符
   ?? chr(y(i))
endfor
for i=1 to m+1
   c(i,n+1)=0                       &&  赋边界值
endfor
for j=1 to n+1
   c(m+1,j)=0
endfor
for i=m to 1 step -1                && 递推计算最优值
for j=n to 1 step -1
```

```
    if x(i)=y(j)
       c(i,j)=c(i+1,j+1)+1
       s(i,j)=1
    else
       s(i,j)=0
       if c(i,j+1)>c(i+1,j)
          c(i,j)=c(i,j+1)
       else
          c(i,j)=c(i+1,j)
       endif
    endif
endfor
endfor
? " 最长公共子序列的长度为："+str(c(1,1),2)      && 输出最优值
? " 最长公共子序列为："
t=1
w=0
for i=1 to m                                      && 构造最优解
for j=t to n
    if s(i,j)=1 and c(i,j)=c(1,1)-w
       ?? chr(x(i))
       w=w+1
       t=j+1
       exit
    endif
endfor
endfor
return
```

（4）运行程序示例

```
input m: 20
input n: 25
已知字符串 X 为：ksejlrxnggcxxhbiexjp
已知字符串 Y 为：szgiqtudycxihicsicqoanozk
最长公共子序列的长度为：6
最长公共子序列为：sgcxhi
input m: 40
input n: 50
已知字符串 X 为：sltoftgdmitfhnssrvjepkxccfljltyusxffljsj
已知字符串 Y 为：zwyfvkdmlvtfpthoxtryvhuxtihpsrtmkzowiyjrwoubixboss
最长公共子序列的长度为：14
最长公共子序列为：fdmtfhrvpkjuss
```

67 删除中的最值问题

1. 问题提出

（1）整数删数字后最小数

请在整数 n=83179254297017652 中删除 9 个数字，使得余下的数字按原次序组成的新数最小。

（2）字符串删字符后最长非降子序列

请在字符串 “UXDQIRQFJEUURYHKNTUVPBYIDYXQCXITPVSNSKWJIIJTZ” 中删除若干个字符后，余下的字符构成不降子序列（即序列从第 2 个字符开始，每一个字符的 ASCII 码不小于它前面字符的 ASCII 码）。求最长的不降子序列。

2. 整数删数字后最小数求解

（1）设计要点

一般的，在给定的正整数 n 中删除其中 s 个数字后，余下的数字按原次序组成新数 m。对给定的 n，s，寻找一种方案，使得组成的新数 m 最小。

这是一道新颖且有一定难度的最值操作题。

操作对象 n 是一个可以超过有效数字位数的高精度数，采用字符串方式输入 n 是适宜的。

每次删除一个数字，选择一个使剩下的数最小的数字作为删除对象。之所以选择这样“贪心”的操作，是因为删 s 个数字的全局最优解包含了删一个数字的子问题的最优解。

当 s=1 时，在 n 中删除哪一个数字能达到最小的目的？

从左到右每相邻的两个数字比较：若出现减，即左边大于右边，则删除左边的大数字。若不出现减，即所有数字全部升序或相等，则删除最右边的数字。

当 s>1（当然小于 n 的位数 ln），按上述操作一个一个删除。删除一个达到最小后，再从串首开始同上逐个数字比较，删除第 2 个，依此分解为 s 次操作完成。

若删除不到 s 个后已无左边大于右边的减序，则停止删除操作，打印剩下串的左边 ln-s 个数字即可（相当于删除了若干个最右边的大数字，这里 ln 为原数 n 的位数）。

（2）删数字程序设计

```
* 删数字问题 f671
set talk off
accept ″请输入一个高精度数n:″ to  n
ln=len(n)
dime a(ln)
```

```
for i=1 to ln                          && 把每一位数字赋给数组
   a(i) = substr(n,i,1)
endfor
input  "请输入删除数字个数 s=" to  s
? "在整数"+n+"中删除"+ltrim(str(s))+"个数字后使剩下的整数最小."
i=0
t=0
x=0
? "先后删除数字："
do while s>x and t=0
   i=i+1
   if a(i)>a(i+1)                      && 出现递减,删除递减的首数字
      ?? a(i)+", "
      for k=i to ln-x-1
         a(k)=a(k+1)                   && 删除一个数字，后面数字前移
      endfor
      x=x+1                            && x 统计删除数字的个数
      i=0                              && 从头开始查递减区间
   endif
   if i=ln-x-1                         && 已无递减区间,t=1 脱离循环
      t=1
   endif
enddo
? "删除后以下数最小："
for i=1 to ln-s                        && 只打印剩下的左边 ln-s 个数字
   ?? a(i)
endfor
return
```

（3）程序运行示例与分析

运行程序，输入 n=83179254297017652，s=9，得

先后删除数字：8，3，9，7，5，4，9，7，2

删除后以下数最小：12017652

按上述设计，可能出现得到的最小数以“0”开头的情形。若题目规定删除后的最小数不得以“0”开头，势必增加程序设计的难度。

3．求解字符串删字符后最长不降子序列

给定一个由 n 个字符组成的字符串，从字符串中删除若干个字符后，使剩下的字符串成非降子序列（即字符串从第 2 个字符开始，每一个字符的 ASCII 码不小于它前面字符的 ASCII 码）。

求给定字符串的最长非降子序列。

（1）设计要点

设字符串的各个字符为 a(1)，a(2)，…，a(n)，对每一个字符操作（删除还是不删）为一个阶段，共为 n 个阶段。

1）建立递推关系

设置 b 数组，b(i)表示序列的第 i 个字符到最后第 n 个字符中的最长非降子序列的长度，i=1，2，…，n。对所有的 j>i，比较当 a(i)≤a(j)时的所有 b(j)的最大值，显然 b(i)为这一最大值加 1，表示加上 a(i)本身这一项。

因而有递推关系：

b(i)=max(b(j))+1 (a(i)≤a(j), 1≤i<j≤n)

边界条件：b(n)=1。

2）逆推计算最优值

设置循环，逆推依次求得 b(n-1)，…，b(1)，比较这 n-1 个值得其中的最大值 lmax，即为所求的最长非降子序列的长度即最优值。

3）构造最优解

从序列的第 1 项开始，依次输出 b(i)分别等于 lmax，lmax-1，…，1 的项 a(i)（a(i)不小于其前面的输出项），这就是所求的一个最长非降子序列。

（2）求最长非降子序列程序设计

```
* 在字符串中求最长非降子序列 f672
input " input n(n<300):" to n
dime a(n),b(n)
? "  已知字符串为：  "
? "  "
for i=1 to n
   a(i)=int(rand()*26)+65              && 产生并输出 n 个字符
   ?? chr(a(i))
endfor
b(n)=1
lmax=0
for i=n-1 to 1 step -1                 && 逆推求最优值 lmax
   max=0
   for j=i+1 to n
      if a(i)<=a(j) and b(j)>max
         max=b(j)
      endif
   endfor
   b(i)=max+1                  && 逆推得 b(i)
   if b(i)>lmax
      lmax=b(i)                && 比较得最大非降序列长
```

```
      endif
   endfor
   ? " 其中最长非降子序列的长度为："+str(lmax,2)
   ? " 一个最长非降子序列为："
   x=lmax
   y=0
   for i=1 to n                   && 输出一个最大非降序列
     if b(i)=x and y<=a(i)
        ?? chr(a(i))
        x=x-1
        y=a(i)
     endif
   endfor
   return
```

（3）程序运行示例与变通

运行程序，input n(n<300)：45，得字符串如题述中所示，输出：

其中最长非降子序列的长度为：11

一个最长非降子序列为：DIJKNTUVYYZ

运行程序，input n(n<300):50

已知字符串为：

OTWMTFRMPABWHKBCSXYUVVHQTQWZGOWVIZIYSNXEXLTRBNFATY

其中最长非降子序列的长度为：13

一个最长非降子序列为：ABHKSUVVWWXXY

注意，所给最长非降子序列可能有多个，这里只输出其中一个。

如果要求最长非增子序列，程序应如何修改？

如果要求最长增序子序列，程序应如何修改？

68 古尺神奇

1. 问题提出

有一年代尚无考据的古尺长 29 寸，因使用日久尺上的刻度只剩下 7 条，其余刻度均已不复存在。专家考证，使用该尺仍可一次性度量 1～29 之间任意整数寸长度。而且指出，29 是 7 条刻度所能实现全部度量的最大长度。

设计程序，确定古尺上 7 条刻度的位置分布。

2. 设计要点

这是一道有一定难度的实用性较强的趣题。

要使长为 29（单位略）的直尺一次性度量 1～29 之间任意整数长（简称完全度量），少于 7 条刻度是不行的。

事实上，假若只有 6 条刻度，连同尺的两条端线共 8 条，8 取 2 的组合数为 28，即 6 条刻度的直尺最多只有 28 种度量，显然小于 29。

注意到 7 条刻度，连同尺的两条端线共 9 条，9 取 2 的组合数为 36。为了探求尺长的最大值，从键盘输入 s，s 可从 36 开始往下递减取值（必要时可扩大范围）。

为了寻求实现直尺完全度量的 7 条刻度的分布位置，设置数组 a(9)，b(36)。尺左端为 a(1)=0，a(i)为第 i 条刻度距离尺左端线的长度，以及 a(9)=s 对应尺的右端线。注意到尺的两端至少有一条刻度距端线为 1（否则长度 s-1 不能度量），不妨设 a(2)=1，其余的 a(i)（i=3，…，8）在 2～s-1 中取不重复的数。不妨设

2≤a(3)<a(4)<...<a(8)≤s-1

应用回溯设计：a(3)取 2 开始，若 i<8，i 增 1 后 a(i)从 a(i-1)+1 开始递增 1 取值。

当 i>2 时，a(i)增 1 继续，直至 s-(9-i)时回溯。

当 i=8 时，7 条刻度连同尺的两条端线共 9 条，组合数为 36，36 种长度赋给 b 数组元素 b(1)，b(2)，...，b(36)。

为判定某种刻度分布位置能否实现完全度量，设置特征量 u：

对于 d 循环（1≤d≤s）中的每一个长度 d，如果在 b(1)～b(36)中存在某一个元素等于 d，特征量 u 值增 1。

最后，若 u=s，说明从 1 至尺长 s 的每一个整数 d 都有一个 b(i)相对应，即达到完全度量，于是打印出直尺的 7 条刻度的分布图。

3. 程序实现

```
*  古尺刻度探索   f681
set talk off
dime a(10),b(37)
input [  请输入尺长 s: ] to s
a(1)=0
a(2)=1
a(9)=s
c=0
i=3
a(i)=2
do while .t.
   if i<8
      i=i+1                   && 每一刻度在前一刻度基础上后移
      a(i)=a(i-1)+1
```

```
    loop
  else
  t=0
  for k=1 to 8
  for j=k+1 to 9
    t=t+1
    b(t)=a(j)-a(k)        && 序列部分和赋值给b数组
  endfor
  endfor
  u=0
  for d=1 to s
  for k=1 to 36
    if b(k)=d
      u=u+1               && 检验b数组取1～s有多少个
      exit
    endif
  endfor
  endfor
  if u=s                  && b数组值包括1～s所有整数
    if (a(8)!=s-1 or a(8)=s-1 and a(3)<=s-a(7))
      c=c+1
      ? "  NO"+str(c,2)+":  "
        ? "┌"+repl("─",s-1)+"┐"   &&  输出尺的上边
      ? "|"
      for k=2 to 9                    &&  输出尺的数字标注
         ?? repl("  ",a(k)-a(k-1)-1)
         if k<9
            ?? str(a(k),2)
         else
            ?? "|"
         endif
      endfor
      ? "└"                           && 输出尺的下边与刻度
      for k=2 to 9
         ?? repl("─",a(k)-a(k-1)-1)
         if k<9
            ?? "┴"
         else
            ?? "┘"
```

```
            endif
         endfor
      endif
   endif
   endif
   do while a(i)=s-9+i
      i=i-1                         &&  调整或回溯
   enddo
   if i>2
      a(i)=a(i)+1
   else
      exit                          && i=2 时退出，结束
   endif
enddo
return
```

4．程序运行结果

请输入尺长 s=29，得古尺刻度模型如图 68-1 所示。

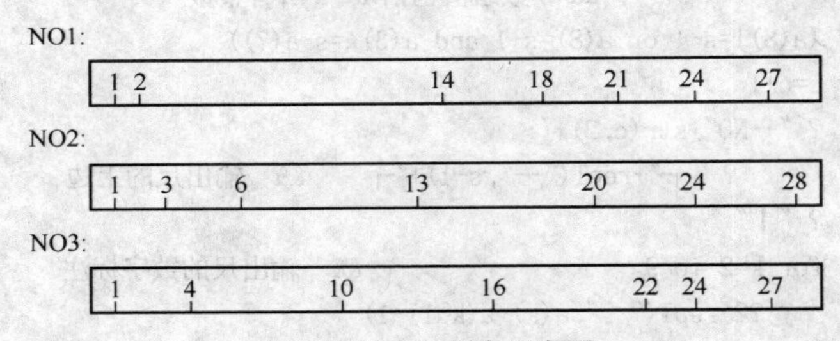

图 68-1　古尺刻度示意图

以上 3 个解即题目探求古尺的刻度分布图。

为了寻求 s 的最大值，可从键盘输入 30 或更大值，均无解。而输入 s=29 才有以上三个解。可见对 7 刻度而言，尺长 29 确为最大值。

对于输出结果的“完全度量”，不妨以第 2 个解予以展示。第 2 个解的段长序列为：1，2，3，7，7，4，4，1

该尺“完全度量”展示为：

1, 2, 3, 4, 2+3, 1+2+3, 7, 4+4, 4+4+1, 3+7, 7+4, 2+3+7, 1+2+3+7, 7+7, 7+4+4, 7+4+4+1, 3+7+7, 7+7+4, 2+3+7+7, 1+2+3+7+7, 3+7+7+4, 7+7+4+4, 7+7+4+4+1, 1+2+3+7+7+4, 3+7+7+4+4, 3+7+7+4+4+1, 2+3+7+7+4+4, 1+2+3+7+7+4+4, 1+2+3+7+7+4+4+1。

同时，对第 2 个解的分布可拓展为限制差基标号 RDB 的“增 7”线性分布：

1，2，3，7，…，7，4，4，1　　　①

对于 n（n>6）条刻度所分 n+1 段中，分布①中有相连的 n-5 个“7”段，可证分布①所能实现的完全度量长度为 L=7n-18。

同样，第 3 个解的段长序列为“1,3,6,6,6,2,3,2”，该分布可拓展为 RDB 的“增 6”线性分布：

$$1，3，6，\cdots，6，2，3，2 \quad ②$$

对于 n（n>6）条刻度所分 n+1 段中，分布②中有相连的 n-4 个“6”段，可证分布②所能实现的完全度量长度为 L=6n-11。

以上两个属于 RDB 优化成果的线性分布（湖南省自科基金项目：限制差基标号 RDB 分布模式探索与优化，项目号 05JJ40011）。相比较，当 n=7 时，①与②实现尺长相等；当 n>7 时，线性分布①优于分布②。

69 数码珠串

1. 问题提出

在某佛寺遗址考古发掘中意外发现一串奇特的佛珠手串，手串上共缀有 6 颗宝珠，每一宝珠上都刻有一个神秘的正整数。专家考证所串 6 颗宝珠上的整数具有以下奇异特性：

1）6 颗宝珠上的整数互不相同。

2）这 6 个整数之和为 s，沿手串相连的若干颗（1～6 颗）珠上整数之和为 1，2，…，s 不间断，这一特性象征祥瑞，即可以覆盖区间[1,s]中的所有整数。

3）实现 2）的所有情形，这里的和 s 是最大的。

4）在实现 2）的所有情形中，6 个整数中的最大数 m 是最小的。

你知道这里的 s、m 为多大？请确定珠串上 6 颗宝珠的整数及其相串的顺序。

2. 求解要点

为叙述方便，称沿圆圈若干个相连整数之和为“部分和”，称部分和为区间[1,s]中的所有整数为“完全覆盖”。

问题是要在如图 69-1 所示圆上的 6 个小圆圈中各填入一个整数，这 6 个整数之和为 s，且沿圆相连的若干个（1～6 个）小圆圈中整数之和覆盖区间[1,s]中的所有整数。

求 s 的最大值。

问题要求的 4 点中，抓住核心的 2）、3）设计。在满足 2）、3）的解中去除有整数相同的解，取其中最大的整数 m 为最小的解。

首先探讨沿圆圈 6 个整数组成部分和的个数。

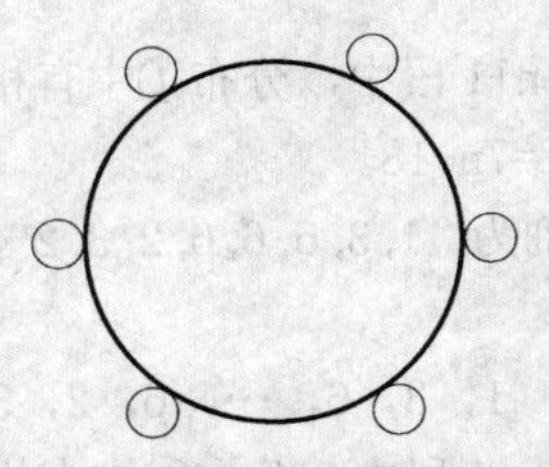

图 69-1　珠串数码示意图

部分和为 1 个整数，共 6 个；

部分和为 5 个相连整数组成，也为 6 个。

部分和为 2 个相连整数组成，共 6 个；

部分和为 4 个相连整数组成，也为 6 个。

部分和为 3 个相连整数组成，共 6 个；

部分和为所有 6 个相连整数组成，共 1 个。

因而部分和的个数为：6×5+1=31

而 6 个不同的正整数之和至少为 22。

因而设置 s 循环：s=31 至 22 往下递减取值。

为了确定和为 s 的 6 个整数取值及检验这 6 个整数是否能完全覆盖，建立以下模型：

设圆圈的周长为 s，在圆圈上划 6 条刻度，用 a 数组作标记。起点为 a(0)=0，约定 a(1)-a(0)为第 1 个数，a(2)-a(1)为第 2 个数，…，一般的 a(i)-a(i-1)为第 i 个数。因共 6 个数，显然刻度 a(6)=s 且与起点 a(0)重合。因 6 个数中至少有一个数为 1（否则不能覆盖 1），不妨设第 1 个数为 1，即 a(1)=1。

6 个数的每一个数都可以与（约定顺时针方向）相连的 1，2，…，5 个数组成部分和，连同 s 本身共 31 个部分和。

为构造部分和方便，定义 a(7)与 a(1)重合，即 a(7)=a(6)+a(1)；定义 a(8)与 a(2)重合，即 a(8)=a(6)+a(2)；…；最后有 a(11)与 a(5)重合，即 a(11)=a(6)+a(5)。

设置 b 数组存储部分和，变量 u 统计 b 数组覆盖区间[1,s]中数的个数。若 u=s，即完全覆盖，输出和为 s 时的解。

因 s 是从大到小取值，最先所得解为 s 最大的解。然后再从这些解中选取合适的解。

3．程序实现

```
* 佛珠祥瑞探索 f691
set talk off
dime a(20),b(100)
for s=31 to 28 step -1
   ? "  s="+str(s,2)+": "
   ? ""
```

```
v=0                          && 变量 v 统计 s 时解的个数
a(1)=1
for a(2)=a(1)+1 to s-4
for a(3)=a(2)+1 to s-3
for a(4)=a(3)+1 to s-2
for a(5)=a(4)+1 to s-1
  a(6)=s
  for i=7 to 11
     a(i)=s+a(i-6)
  endfor
  t=0
  for i=1 to 6
     t=t+1
     b(t)=a(t)
  endfor
  for i=1 to 5
  for j=i+1 to i+5
     t=t+1
     b(t)=a(j)-a(i)          && 产生部分和
  endfor
  endfor
  u=0
  for d=1 to s
  for i=1 to 31
     if b(i)=d               && b 有(1,s)中的一个数，u 增 1
        u=u+1
        exit
     endif
  endfor
  endfor
  if u=s                     && u=s 时为完全环覆盖，统计输出
     v=v+1
     ?? "  ("+str(v,2)+")  1"
     for i=1 to 5
        ?? ","+str(a(i+1)-a(i),2)
     endfor
     if v%2=0
        ? []
     endif
  endif
endfor
endfor
```

```
      endfor
    endfor
  endfor
  return
```

4. 程序运行示例与说明

运行程序，得

s=31:

(1)	1, 2, 5, 4, 6, 13	(2)	1, 2, 7, 4, 12, 5
(3)	1, 3, 2, 7, 8, 10	(4)	1, 3, 6, 2, 5, 14
(5)	1, 5, 12, 4, 7, 2	(6)	1, 7, 3, 2, 4, 14
(7)	1, 10, 8, 7, 2, 3	(8)	1, 13, 6, 4, 5, 2
(9)	1, 14, 4, 2, 3, 7	(10)	1, 14, 5, 2, 6, 3

程序输出 s=31 的 10 个解后停止。显然，s 的最大值为 31。

所输出的 10 个解中没有出现重复整数，均满足题目要求的条件 1)。

所输出的 10 个解中，6 个整数中最大整数 m 最小为 10，出现在（3）、（7）两个解中。这两个解实际上是一个解，互为顺逆时针方向（其他 8 个解实际上也是两两互为顺逆时针方向）。

因而所得数码珠串排列如图 69-2 所示。

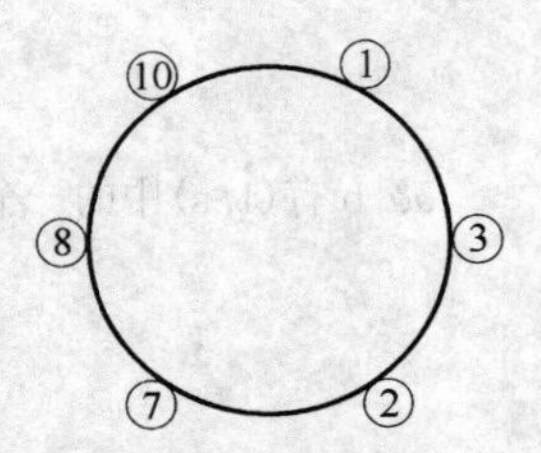

图 69-2　佛珠数码图

以上输出结果的“完全覆盖”可展示如下：

1, 2, 3, 1+3, 3+2, 1+3+2, 7, 8, 2+7, 10, 10+1, 3+2+7, 1+3+2+7, 10+1+3, 7+8。

其他为 s 减去以上部分和。

本题在设计时抓住本质的第 2，3 点而忽略第 1，4 点，在所得的解中再讨论条件 1，4 点，这是突出重点、分散难点的体现。

如果去掉程序中的“if(v>0) return;”语句，程序会继续往下探索。可知当 s=30，29 时无解。

当 s=28 时有以下两个解：

(1)　1, 3, 11, 5, 2, 6

(2)　1, 6, 2, 5, 11, 3

这两个解实际为互为顺逆时针方向的一个解。

5. 问题变通

为使问题简单化，作为练习，请设计求解：

如何把 21 分解为 5 个整数之和，同时把分解的 5 个整数排列在圆周上，使得沿圆圈相连的若干个（1～5 个）整数之和覆盖区间[1,21]中的所有整数。

*70　数阵中的最优路径

1. 问题提出

（1）数值三角形中的最大路径

随机产生一个 n 行的点数值三角形（该数值三角形的第 k 行有 k 个点，每一个点都带有一个正整数），如图 70-1 即随机产生的一个 7 行点数值三角形。寻找从顶点开始每一步可沿左斜（L）或右斜（R）向下直至底部的一条路径，使该路径所经过的点的数值和最大。

```
                  16
               12     3
            8     12     7
        14     9     17     5
      6    18     18    13    13
   11    8     8     3    15     8
  7    1   18     5     2    17    19
```

图 70-1　一个点数值三角形

（2）数值矩阵中的最小路径

随机产生一个 n 行 m 列的数值矩阵，如图 70-2 即随机产生的一个 7 行 5 列的数值矩阵，在整数矩阵中寻找从左上角至右下角，每步可向下（D）或向右（R）或斜向右下（0）的一条数值和最小的路径。

```
27    28    29    18    26
16    13    19    14    27
32    22    39    26    21
10    30    23    20    18
13    11    30    29    20
10    13    21    17    36
34    37    15    22    36
```

图 70-2　7 行 5 列数值矩阵

2. 数值三角形中的最大路径搜索

（1）设计思路

应用动态规划，采用逆推法即从底向上逐行反推。

随机产生的点数值三角形的数值存储在二维数组 a(n,n)，同时赋给 b(n,n)。这里数组 b(i,j) 为点 (i,j) 到底的最大数值和，stm(i,j) 是点 (i,j) 向左或向右的路标字符数组。

实施逆推法，知 b(i,j) 与 stm(i,j)（i=n-1，...，2，1）的值由 b 的第 i+1 行的值决定：

若 b(i+1,j+1)>b(i+1,j)，则

b(i,j)=b(i,j)+b(i+1,j+1): stm(i,j)="R"

若 b(i+1,j+1)<=b(i+1,j)，则

b(i,j)=b(i,j)+b(i+1,j): stm(i,j)="L"

这样所得 b(1,1) 即为所求的最大路径数值和。

为了打印最大路径，利用 stm 数组自上而下查找：先打印 a(1,1)，若 stm(1,1)= "R" 则下一个打印 a(2,2)，否则打印 a(2,1)。一般的，对 i=2，3，...，n:

若 stm(i-1,j)="R"，则打印 "-R-"，a(i,j+1)。同时赋值 j=j+1。

若 stm(i-1,j)="L"，则打印 "-L-"，a(i,j)。

依此打印出最大路径。

（2）求最大路径程序设计

```
*  求点数值三角形的最大路径 f701
input  "输入三角形行数 n:" to  n
dime  a(n,n),b(n,n),stm(n-1,n-1)
for  i=1 to n                     &&  输出 n 行的点数值三角形
   ?  space(40-3*i)
   for  j=1 to i
      a(i,j)=int(rand()*20+1)
      b(i,j)=a(i,j)
      ??  str(a(i,j),6)
   endfor
endfor
for  i=n-1 to 1 step -1          &&  逆推求取最大值
   for j = 1 to i
      if  b(i+1,j+1)>b(i+1,j)
         b(i,j)=b(i,j)+b(i+1,j+1)
         stm(i,j)="R"
      else
         b(i,j)=b(i,j)+b(i+1,j)
         stm(i,j)="L"
      endif
   endfor
```

```
endfor
? "最大路径数值和为:"+ltrim(str(b(1,1)))
? "最大路径为:"+str(a(1,1),2)
j=1
for  i=2 to n
    if  stm(i-1,j)="R"
       ??  "-R-"+str(a(i,j+1),2)
       j=j+1
    else
       ??  "-L-"+str(a(i,j),2)
    endif
endfor
return
```

（3）程序运行示例

运行程序，输入 n=7，产生的点数值三角形如图 70-1 所示，输出如下：

最大路径数值和为: 102

最大路径为: 16-L-12-R-12-R-17-R-13-R-15-R-17

运行程序，输入 n=8，产生的点数值三角形如图 70-3 所示，输出如下：

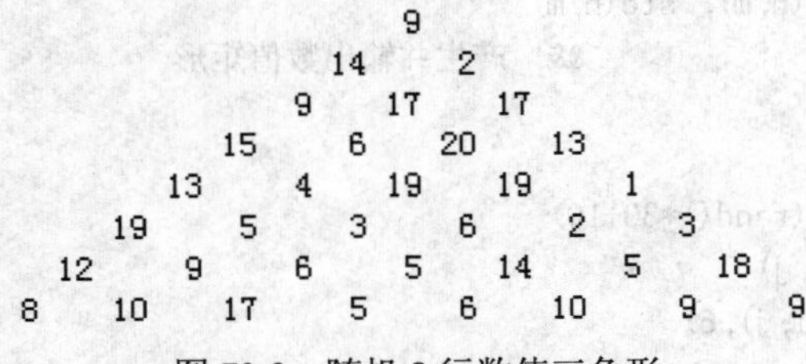

图 70-3　随机 8 行数值三角形

最大路径数值和为: 109

最大路径为: 9-L-14-R-17-R-20-L-19-R-6-R-14-R-10

3．数值矩阵中的最小路径搜索

（1）设计要点

应用动态规划设计，即从右下角逐行反推至左上角。确定 n，m 后，随机产生的整数二维数组 a(n,m)作矩阵输出，同时赋给部分和数组 b(n,m)。

这里数组 b(i,j)为点(i,j)到右下角的最小数值和，stc(i,j)是点(i,j)向右（R）或向下（D）或向右下（O）的路标字符数组。

注意到最后一行与最后一列各数只有一个出口，于是由 b(n,m) 开始向左逐个推出同行的 b(n,j)(j=m-1，...，2，1)；向上逐个推出同列的 b(i,m)（i=n-1，...，2，1)。

b(i,j)与 stc(i,j)（i=n-1，...，2，1；j=m-1，...，2，1）的值由同一列其下面的整数 b(i+1,j)与同一行其右边的整数 b(i,j+1)或其右下方的 b(i+1,j+1)的值决定：

设 min=min(b(i+1,j+1)，b(i,j+1)，b(i+1,j))；

首先，作赋值 min=b(i+1,j+1),stc(i,j)="0"；

若 b(i,j+1)<min，则 min=b(i,j+1),stc(i,j)="R"；

若 b(i+1,j)<min，则 min=b(i+1,j),stc(i,j)="D"。

然后赋值：b(i,j)=b(i,j)+min。

这样反推所得 b(1,1)即为所求的最小路径数字和。

为了打印最小路径，利用 c 数组自上而下操作：先打印 a(1,1)，i=1，j=1。

若 stc(i,j)="R"，则 j=j+1，然后打印 "-R-"与右边整数 a(i,j)；

若 stc(i,j)="D"，则 i=i+1，然后打印 "-D-"与下面整数 a(i,j)；

若 stc(i,j)="0"，则 i=i+1，j=j+1，然后打印 "-0-"与斜向右下整数 a(i,j)。

依此类推，直至打印到终点 a(n,m)。

（2）求数值矩阵最小路径程序设计

```
* 求数值矩阵左上角至右下角最小路径 f702
set talk off
input "输入矩阵行数n:" to n
input "输入矩阵列数m:" to m
dime  a(n,m), b(n,m), stc(n,m)
for  i=1 to n                    &&  产生并输出数值矩形
   ? ""
   for  j=1 to m
      a(i,j)=int(rand()*30+10)
      b(i,j)=a(i,j)
      ??  str(a(i,j),6)
   endfor
endfor
for  j=m-1 to 1 step -1          &&  逆推求取最小值
   b(n,j)=b(n,j)+b(n,j+1)
   stc(n,j)="R"
endfor
for  i=n-1 to 1 step -1
   b(i,m)=b(i,m)+b(i+1,m)
   stc(i,m)="D"
endfor
for  i=n-1 to 1 step -1
for  j=m-1 to 1 step -1
     stc(i,j)="0"
     min=b(i+1,j+1)
     if  b(i,j+1)<min
         min=b(i,j+1)
         stc(i,j)="R"
```

```
        endif
        if  b(i+1,j)<min
            min=b(i+1,j)
            stc(i,j)="D"
        endif
        b(i,j)=b(i,j)+min
endfor
endfor
?  "最小路径数值和为:"+ltrim(str(b(1,1)))
?  "最小路径为: "+str(a(1,1),2)          &&  输出最小路径
i=1
j=1
do  while  (i<n or j<m)
    stw=stc(i,j)
    do case
        case  stw="R"
            j=j+1
            ?? "-R-"+str(a(i,j),2)
        case  stw="D"
            i=i+1
            ??  "-D-"+str(a(i,j),2)
        case  stw="0"
            i=i+1
            j=j+1
            ??  "-0-"+str(a(i,j),2)
    endcase
enddo
return
```

（3）程序运行示例

运行程序，输入 n=7，m=5，产生的数值矩阵如图 70-2 所示，输出如下：

最小路径数值和为: 167

最小路径为: 27-0-13-D-22-0-23-0-29-D-17-0-36

运行程序，输入 n=6，m=6，得随机 6 行 6 列数值矩阵的最小路径如图 70-4 所示。

```
39    33    30    29    19    39
33    25    25    14    20    39
35    18    34    10    24    16
34    34    18    19    11    26
18    19    17    15    22    13
34    29    32    37    24    28
最小路径数值和为:151
最小路径为: 39-0-25-R-25-0-10-0-11-0-13-D-28
```

图 70-4 随机 6 行 6 列数值矩阵的最小路径

*71　插入乘号问题

1. 问题提出

在指定整数中插入运算符号问题，包括插入若干个乘号求积的最大最小，或插入若干个加号求和的最大最小，都是比较新颖且有一定难度的最优化问题。

例如，在整数 637829156 中如何插入 4 个乘号，使分得的 5 个整数的乘积最大？

一般的，在一个 n 位整数中插入 r 个乘号（1≤r<n<16），将它分成 r+1 个整数，找出一种乘号的插入方法，使得这 r+1 个整数的乘积最大。

2. 插入 4 个乘号问题的穷举求解

（1）设计要点

采用较为简单的穷举求解。所谓穷举，就是把所有的情形全部列举。在 9 位数中有 8 个可插入乘号的位置，插入 4 个乘号，共有从 8 取 4 的组合 c(8,4)种插入方式。比较所有这些插入方式，找出其中乘积最大的。

一般的，如果输入的是一个 n 位数，则要穷举所有 c(n-1,4)种插入 4 个乘号的插入方式。

为输入方便，使用字符形式输入整数，其位数 n 应在[5,15]中。把输入的 n 位数串逐位转换到 b 数组。

为了实现穷举，设置 t 数组标注乘号的位置，t(k)为第 k 个乘号位置。如 t(2)=4，表明第 2 个乘号在第 4 位数后。为循环方便，约定 t(5)=n。显然有

$$1\leqslant t(1)<t(2)<t(3)<t(4)<t(5)=n$$

设置 t(k)取值的 4 重循环。应用 d=d*10+b(k)计算被 4 个乘号分隔的 5 个整数值 d，并计算这 5 个整数的积 y。每一个 y 均与 max 比较得乘积的最大值 max，同时标注最大值时的乘号位置 w(k)。

最后按 w(k)的值打印输出插入结果与最大乘积 max。

（2）程序设计

```
*  在整数中插入 4 个乘号，使积最大 f711
acce ″  请输入整数：″ to sr
? ″在整数″+sr+″中插入 4 个乘号，使乘积最大。″
n=len(sr)
if n<5
   ? ″  输入的整数位数不够！ ″
   return
endif
```

```
dime b(n+1),t(5),w(5)
for k=1 to n              && 把输入的数串逐位转换到 b 数组
   b(k)=val(substr(sr,k,1))
endfor
t(5)=n
w(5)=n
max=0
for t(1)=1 to n-4          && 4 个乘号位置穷举
for t(2)=t(1)+1 to n-3
for t(3)=t(2)+1 to n-2
for t(4)=t(3)+1 to n-1
   d=0
   for k=1 to t(1)
      d=d*10+b(k)          && 计算第 1 个乘号前的 t(1)位数 d
   endfor
   y=d
   for k=1 to 4            && 分别计算后面 4 个数 d
      d=0
      for u=t(k)+1 to t(k+1)
         d=d*10+b(u)
      endfor
      y=y*d                && 计算 5 个数的乘积 y
   endfor
   if y>max
      max=y                && 比较得乘积最大值 max
      for k=1 to 4
         w(k)=t(k)         && 标注最大值时的乘号位置
      endfor
   endif
endfor
endfor
endfor
endfor
? " 积最大的插入结果: "
for k=1 to w(1)
   ?? str(b(k),1)
endfor
for k=1 to 4              && 输出插入的乘号位置
   ?? "*"
   for u=w(k)+1 to w(k+1)
      ?? str(b(u),1)
   endfor
```

```
endfor
?? "="+ltrim(str(max))
return
```

（3）程序运行示例

请输入整数：637829156

在整数 637829156 中插入 4 个乘号，使乘积最大。

积最大的插入结果： 63*7*82*915*6=198529380

试对更大的数运行

请输入整数：738297646103742

在整数 738297646103742 中插入 4 个乘号，使乘积最大。

积最大的插入结果：73*82*9*7646103*742=305649205542324

3. 插入 r 个乘号问题的动态规划设计

在一个由 n 个数字组成的数字串中插入 r 个乘号（1≤r<n<16），将它分成 r+1 个整数，找出一种乘号的插入方法，使得这 r+1 个整数的乘积最大。

例如，对给定的数串 847313926，如何插入 r=5 个乘号，使其乘积最大?

（1）动态规划设计要点

对于一般插入 r 个乘号，采用穷举已不适合。注意到插入 r 个乘号是一个多阶段决策问题，应用动态规划来求解是适宜的。

1）建立递推关系。设 f(i,k)表示在前 i 位数中插入 k 个乘号所得乘积的最大值，a(i,j)表示从第 i 个数字到第 j 个数字所组成的 j-i+1（i≤j）位整数值。

为了寻求递推关系，先看一个实例：对给定的数串 847313926，如何插入 r=5 个乘号，使其乘积最大? 我们的目标是为了求取最优值 f(9,5)。

设前 8 个数字中已插入 4 个乘号，则最大乘积为 f(8,4)*6;

设前 7 个数字中已插入 4 个乘号，则最大乘积为 f(7,4)*26;

设前 6 个数字中已插入 4 个乘号，则最大乘积为 f(6,4)*926;

设前 5 个数字中已插入 4 个乘号，则最大乘积为 f(5,4)*3926。

比较以上 4 个数值的最大值即为 f(9,5)。

依此类推，为了求 f(8,4)：

设前 7 个数字中已插入 3 个乘号，则最大乘积为 f(7,3)*2;

设前 6 个数字中已插入 3 个乘号，则最大乘积为 f(6,3)*92;

设前 5 个数字中已插入 3 个乘号，则最大乘积为 f(5,3)*392;

设前 4 个数字中已插入 3 个乘号，则最大乘积为 f(4,3)*1392。

比较以上 4 个数值的最大值即为 f(8,4)。

一般的，为了求取 f(i,k)，考察数字串的前 i 个数字中，设前 j（k≤j<i）个数字中已插入 k-1 个乘号的基础上，在第 j 个数字后插入第 k 个乘号，显然此时的最大乘积

为 f(j,k-1)*a(j+1,i)。于是可以得递推关系式：

f(i,k)=max(f(j,k-1)*a(j+1,i))　　(k≤j<i)

前 j 个数字没有插入乘号时的值显然为前 j 个数字组成的整数，因而得边界值为：

f(j,0)=a(1,j) (1≤j≤i)

注意到 VFP 数组下标不能取 0，用 g(j)代替 f(j,0)。实施中通常用 d 代替 a(j+1,i)。按以上递推关系可递推计算最优值 f(n,r)。

2）构造最优解。为了能打印相应的插入乘号的乘积式，设置标注位置的数组 t(k)与 c(i,k)，其中 c(i,k)为相应的 f(i,k)的第 k 个乘号的位置，而 t(k)标明第 k 个乘号“*”的位置，例如，t(2)=3，表明第 2 个“*”号在第 3 个数字后面。

当给数组元素赋值 f(i,k)=f(j,k-1)*d 时，作相应赋值 c(i,k)=j，表明 f(i,k)的第 k 个乘号的位置是 j。在求得 f(n,r)的第 r 个乘号位置 t(r)=c(n,r)=j 的基础上，其他 t(k)（1≤k≤r-1）可应用下式逆推产生

t(k)=c(t(k+1),k)

根据 t 数组的值，可直接按字符形式打印出所求得的插入乘号的乘积式。

（2）插入 r 个乘号问题程序实现

```
* 在一个数字串中插入 r 个*号，使积最大 f712
acce " 请输入整数：" to sr
input " 请输入乘号的个数：" to r
? "在整数"+sr+"中插入"+str(r,2)+"个乘号，使乘积最大。"
n=len(sr)
if n<=r
   ? " 输入的整数位数不够或 r 太大！"
   return
endif
dime b(n+1),g(n),t(r+1),f(16,16),c(16,16)
f=0
for k=1 to n                          && 把输入的数串逐位转换到 b 数组
   b(k)=val(substr(sr,k,1))
endfor
d=0
for j=1 to n
  d=d*10+b(j)
  g(j)=d                              && g(j)为第 1 个到第 j 个数字的数
endfor
for k=1 to r
for i=k+1 to n
for j=k to i-1
   d=0
   for u=j+1 to i
```

```
      d=d*10+b(u)            && 计算从第 j+1 至第 i 个数字的数 d
    endfor
    if k=1 and f(i,1)<g(j)*d
      f(i,1)=g(j)*d                  && 求取 f(i,1)
      c(i,1)=j
    endif
    if k>1 and f(i,k)<f(j,k-1)*d     && 递推求取 f(i,k)
      f(i,k)=f(j,k-1)*d
      c(i,k)=j
    endif
  endfor
  endfor
  endfor
  t(r)=c(n,r)
  t(r+1)=n
  for k=r-1 to 1 step -1
    t(k)=c(t(k+1),k)                 && 逆推出第 k 个*号的位置 t(k)
  endfor
  ? "  积最大的插入结果："
  for u=1 to t(1)
    ?? str(b(u),1)                   && 输出第 1 个*号前的数
  endfor
  for k=2 to r+1
    ?? "*"
    for u=t(k-1)+1 to t(k)
      ??  str(b(u),1)                && 输出第 k 个*号前的数
    endfor
  endfor
  ?? "="+ltrim(str(f(n,r),16))       && 输出最优值
  return
```

（3）程序运行示例

运行程序，

请输入整数：847313926

请输入乘号的个数：5

在数字串 847313926 中插入 5 个乘号，使乘积最大。

积最大的插入结果：8*4*731*3*92*6=38737152

对于更大的数值处理，

请输入整数：267315682902764

请输入乘号的个数：6

在数字串 267315682902764 中插入 6 个乘号，使乘积最大。

积最大的插入结果：26*7315*6*82*902*7*64=37812668974080

程序变通：如果需求插入乘号后的乘积最小值，程序如何修改？

72　智能甲虫的安全点

1．问题提出

在长 9 米，宽 5 米，高 3 米（a≥b≥c）的长方体房间 ABCD-A1B1C1D1 的地面墙角 A 处有一蜘蛛，蜘蛛可沿房间各面爬行去捕捉附于房间表面的甲虫。

甲虫是智能的，它所停留的位置是最安全的点（称为安全点，即从 A 点沿房间表面到该点的最短路程要大于到其余各点的最短路程）。

试确定甲虫所停留的安全点 P 的位置，并求出蜘蛛从 A 点沿房间表面到 P 点的最短路程（所求结果精确到小数点后 3 位）。

2．设计要点

这是一道新颖的有一定难度的几何最值趣题：

在长方体 ABCD—A1B1C1D1 中，设 AB=a，AD=b，AA1=c，当 a，b，c（a≥b≥c）给定时，具体寻求长方体表面上的安全点 P，使得从 A 点沿房间到 P 点的最短路程为最大。

甲虫首先考虑在 A 的对角顶点 C1 落脚（参见图 72-1），易知顶点 A 经 A1B1（或 CD）到 C1 的最短路程为 sqrt(a^2+(b+c)^2)(即面 ABCD 与 CDD1C1 沿棱 CD 展开在一个平面上，展开图连线 AC1 的长)；A 经 BB1（或 DD1）到 C1 的最短路程为 sqrt(c^2+(a+b)^2)；同样，A 经棱 BC（或棱 A1D1）到 C1 的最短路程为 sqrt(b^2+(a+c)^2)，注意到

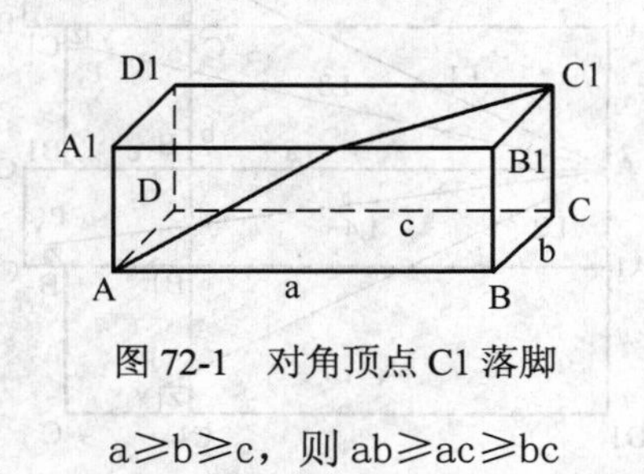

图 72-1　对角顶点 C1 落脚

a≥b≥c，则 ab≥ac≥bc

因而

sqrt(c^2+(a+b)^2) ≥sqrt(b^2+(a+c)^2) ≥sqrt(a^2+(b+c)^2)

即得从顶点 A 沿长方体表面到对角顶点 C1 的最短路程为

L=sqrt(a^2+(b+c)^2)

然后，甲虫试图运用自身的智能在顶点 A 的对角小侧面 BCC1B1 上寻求比 C1 更为安全的 P 点，因为其他 5 个面上的任何一点沿表面到 A 的最短路程显然小于 L，这从展

开图 72-2 上容易得知。

设 P 点在对角小侧面 BCC1B1 上距 CC1 为 y，距 B1C1 为 z（0≤y，z≤c），由展开图知从顶点 A 沿表面到 P 点有以下 4 条可选路线：

A 经 CD，CC1 到 P，最短路程为

L1=sqrt((b+c-z)^2+(a+y)^2)

A 经 A1B1，B1C1 到 P，最短路程为

L2=sqrt((b+c-y)^2+(a+z)^2)

A 经 BC 到 P，最短路程为

L3=sqrt((a+c-z)^2+(b-y)^2)

A 经 BB1 到 P，最短路程为

L4＝sqrt((a+b-y)^2+(c-z)^2)

通过 y，z 循环对面 BCC1B1 进行粗略扫描，确定每一扫描点的 L1，L2，L3，L4 中的最小值 min，如果所得 min>L，可知该点要比 C1 更为安全，把 min 赋值给 L，继续扫描，找出安全点 P 的位置及相应的最短路程 L。

为了达到指定的精度要求（精确到小数点后第 3 位），即不因扫描太粗糙而造成安全点的遗漏，又不致因扫描太细致而导致运行时间太长，我们在程序设计中采用 K 循环递进求精：即在上一轮粗略扫描找出的点的附近，重新确定 y，z 循环的起始点 yb，zb 与终止点 ye，ze，以及更细致的步长量 ys，zs，作下一轮较为细致的扫描求精。

递进求精的实施是巧妙的，也是有效的。

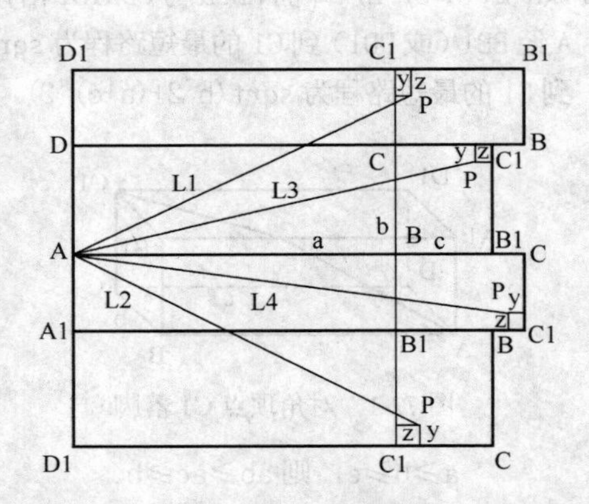

图 72-2　P 点在对角小侧面示意图

3. 智能甲虫的程序设计

```
*  智能甲虫 f721
 ?″  请输入确定三棱长 a,b,c (a≥b≥c):″
 input ″a=″ to a
```

```
input "b=" to b
input "c=" to c
ln=a*a+(b+c)*(b+c)
stor 0 to y1,z1,yb,zb
stor c to ye,ze
stor 0.05 to ys,zs
m=20
if c<3
    stor c/40 to ys,zs
endif
for k=1 to 3                                      && 递进三次求精
   for y=yb to ye step ys
   for z=zb to ze step zs
     ln1=(b+c-z)*(b+c-z)+(a+y)*(a+y)
     ln2=(b+c-y)*(b+c-y)+(a+z)*(a+z)
     min=iif(ln1<ln2,ln1,ln2)
     ln3=(a+c-z)*(a+c-z)+(b-y)*(b-y)
     if ln3<min
        min=ln3
     endif
     ln4=(a+b-y)*(a+b-y)+(c-z)*(c-z)
     if ln4<min
        min=ln4                                   && 比较求 ln1, ln2, ln3, ln4 的最小值 min
     endif
     if min>ln
        ln=min
        y1=y
        z1=z
     endif
  endfor
  endfor
  yb=y1*(0.65+k*0.16)
  ye=y1*(1.35-k*0.16)
  zb=z1*(0.65+k*0.16)
  ze=z1*(1.35-k*0.16)
  m=m*10
  ys=1/m                                          && 逐步缩减步长量 ys, zs
  zs=1/m
endfor
? " 安全点 P 在顶点 A 的对角"
```

```
if y1=0 and z1=0                    && 输出安全点位置
    ?? "顶点 C1。"
else
    ?? "侧面 BCC1B1 上,"
    ?  "   距 CC1 为"+str(y,5,3)+"米, "
    ?? "距 B1C1 为"+str(z1,5,3)+"米。"
endif
?  "   最短路程为:"+str(sqrt(ln),7,3)+"米。"
return
```

4．程序运行示例与讨论

运行程序，

请输入确定三棱长 a,b,c (a≥b≥c):10,5,3
安全点 P 在顶点 A 的对角侧面 BCC1B1 上,
距 CC1 为 0.750 米,距 B1C1 为 0.750 米。
最短路程为: 12.966 米.

容易计算顶点 A 到对角顶点 C1 的最短路程为 12.806，显然比上面计算的最短路程 12.966 要小。也就是说，程序所得顶点 A 的对角侧面 BCC1B1 上的安全点 P 确实比对角顶点 C1 更为安全。

运行程序，

请输入确定三棱长 a,b,c (a≥b≥c):9,6,4
安全点 P 在顶点 A 的对角顶点 C1。
最短路程为: 13.454 米.

73　点的覆盖圆

1．问题提出

已知平面上 8 个点的坐标为：

(3,6),(7,2),(9,5),(1,7),(3,1),(8,2),(4,5),(2,8)

试求覆盖这 8 个点的圆的最小半径。

2．设计思路

一般化任给出平面上 n 个点的坐标，试求覆盖这 n 个点的覆盖圆最小半径。

不妨把半径取最小值的覆盖圆称为最小圆。

若最小圆的圆周上只有两个点，则这两个点的连线定为圆的直径。因为如果两点连线不是直径，总可以通过把圆心向连线弦靠近调整把覆盖圆进一步缩减，导致与最小圆矛盾。

若最小圆的圆周上有3个（或3个以上点），则最小圆为这3个点（或3个以上点）的外接圆。

求外接圆半径的步骤：

1）求出两点(x1,y1)，(x2,y2)距离L1：

L1=sqrt((x1-x2)^2+(y1-y2)^2)

2）已知三边长L1，L2，L3，求三角形面积S：

L=(L1+L2+L3)/2 (半周长)

S=sqrt(L*(L-L1)*(L-L2)*(L-L3))

3）据公式4SR=L1*L2*L3，求外接圆半径R：

R=L1*L2*l3/(4*S)

因此，求覆盖n个点最小圆，只要分别求出所有3点组合覆盖的最小圆，取其中半径最大者即为所求。

确定覆盖3点的最小圆：

若存在一边的平方和大于或等于另两边的平方和，即3点组成直角或钝角三角形，或3点共线，此时，最小圆的直径为最长边。

否则，3点组成锐角三角形，最小圆为3点的外接圆。

通过设置循环对n个点穷举所有的3点组合，比较所有最小圆半径取其最大值。

3．点的覆盖圆程序设计

```
* 求覆盖n个点的最小圆  f731
 set deci to 6
 input "输入点数n: " to n             && 确定已知点的点数
 dime x(n),y(n)
 max=0
 for i=1 to n
    ? "请输入第"+str(i,2)+"个点的坐标:"
    input "x=" to x(i)
    input "y=" to y(i)                && 输入n个点的x，y坐标
 endfor
 for a=1 to n-2                       && a，b，c三重循环穷举所有三点组合
 for b=a+1 to n-1
 for c=b+1 to n
     L1=sqrt((x(b)-x(c))^2+(y(b)-y(c))^2)
     L2=sqrt((x(a)-x(c))^2+(y(a)-y(c))^2)
     L3=sqrt((x(b)-x(a))^2+(y(b)-y(a))^2)
     L=(L1+L2+L3)/2
     s=sqrt(L*abs(L-L1)*abs(L-L2)*abs(L-L3))     && 求三角形面积s
     if L2*L2+L3*L3<=L1*L1
        r=L1/2                        && 直角钝角或共线时，r为最长边的一半
```

```
      else
        if L3*L3+L1*L1<=L2*L2
          r=L2/2
        else
          if L1*L1+L2*L2<=L3*L3
            r=L3/2
          else
            r=L1*L2*L3/(4*s)          &&  求外接圆半径 r
          endif
        endif
      endif
      if r>max
        max=r                         && 比较得最大半径
      endif
  endfor
  endfor
  endfor
  ?  str(n,2)+"个点覆盖圆的最小半径为:"+str(max,9,4)
  return
```

4. 程序运行示例

运行程序，输入点数 n:8，输入 8 个点坐标：

(7,3)，(9,5)，(2,7)，(5,2)，(8,4)，(3,7)，(6,5)，(4,6)，得

```
8 个点覆盖圆的最小半径为:  3.6595
```

若要求同时求出此时圆周上是三个点还是两个点？同时显示出这些点的坐标。程序应作何修改？

十二、尾数前移——运算模拟的典范

74　均位奇观探索

1. 问题提出

程序设计爱好者 A、B 请教老师一个均位数问题：是否存在一个多位整数（多于 1 位），它的各位数字相同，同时它的平方数的各位数字也相同？

“问题非常新颖”，老师作出了回答，“在十进制中我看不太可能，至于在其他进制数中是否存在，还需要探索”。

究竟会不会出现“均位奇观”这一特有现象？A 与 B 设计程序进行了探索，A 在十六进制以内得到一个解，B 在 16～99 进制之间也得到一个解。

请求出他们所得的解。

2. 设计思路

求解该题要熟悉数制转换操作：把十进制数按除 p 取余法转换为 p 进制数。

设置 g，p 循环，把十进制数 g 及其平方数 s 先后转换为 p（2～99）进制数。同时设置两标识量 t1 与 t2 并赋值为 0。

首先把数 g 按除 p 取余法转换为 p 进制数，如果该 p 进制数存在某两位不同，则标注 t1=1；如果该 p 进制数的各位数字都相同（同为 e，如果 e 为 10，11，12，...，无须转换为相应的字母 A，B，C，...），则保留 t1=0；

如果 t1=0，则把数 g 的平方数 s 转换为 p 进制数，如果该 p 进制数存在某两位不同，则标注 t2=1。否则保留 t2=0；

检测若 t1=0 且 t2=0，打印输出在 p 进制中的这一均位奇观。输出时如果 p 大于 10，输出的“数字”可能为两位，因此有必要用符号（例如用“ <”“>”）予以标记。

3. 均位奇观程序设计

```
* 均位奇观 f741
set talk off
for p=2 to 99
for g=p+1 to 9999
```

```
s=g*g
d1=g
e=d1%p
if e<10
   z1=ltrim(str(e))                    &&  z1 赋初值
else
   z1="<"+ltrim(str(e))+">"
endif
d1=int(d1/p)
t1=0
do while d1<>0
   c=d1%p
   if c<10
      z1=z1+ltrim(str(c))              &&  g 转换为 p 进制的字符形式 z1
   else
      z1=z1+"<"+ltrim(str(c))+">"
   endif
   d1=int(d1/p)
   if c<>e
      t1=1                             &&  z1 各位数字不同，t1=1
      exit
   endif
enddo
d2=s
e=d2%p
if e<10
   z2=ltrim(str(e))                    &&  z2 赋初值
else
   z2="<"+ltrim(str(e))+">"
endif
d2=int(d2/p)
t2=0
do while (d2<>0 and t1=0)
   c=d2%p
   if c<10
      z2=z2+ltrim(str(c))              &&  g 平方 s 转换为 p 进制的字符形式 z2
   else
      z2=z2+"<"+ltrim(str(c))+">"
   endif
   d2=int(d2/p)
   if c<>e
      t2=1                             &&  z2 各位数字不同，t2=1
```

```
         exit
      endif
   enddo
   if t1=0 and t2=0                    && 满足均位条件，输出解
      ? [  在]+str(p)+[进制中：  ]+z1+[^2=]+z2
   endif
endfor
endfor
return
```

4．程序运行结果

在 7 进制中：55^2=4444

在 41 进制中：<29><29>^2=<21><21><21><21>

注意： *以上给出了 A、B 所得均位奇观的答案。后一个答案中的<29>与<21>都是一个 41 进制中的数字。*

这是一个新颖的探索问题。从提出这一问题到通过程序设计得到这一新颖问题的解，可引导我们思索在 p 进制中的有趣课题。

75　多少个 1 能被 2009 整除

1．问题提出

一个整数由 n 个 1 组成，能被 2009 整除，问 n 至少为多大？

2．模拟整数除法运算求解

（1）设计要点

这是一个新颖的程序设计趣题。解的存在性是肯定的，我们可以应用抽屉原理证明解的存在，且 n≤2009。但具体解是多少？靠简单推理或人工计算并不可取，应用程序设计模拟整数除法来求解是简便的。

设整数除法运算每次试商的被除数为 a，除数为 p=2009，每次试商的余数为 c。循环以余数 c≠0 作为循环条件。循环外赋初值：c=1111，n=4 或 c=111，n=3 等。

模拟整数除法，设置模拟循环，循环中被除数 a=c*10+1，试商余数 c=a%p。

若余数 c=0，结束循环，输出结果；

否则，计算 a=c*10+1 为下一轮运算的被除数，继续。每试商一位，统计积中“1”的个数的变量 n 增 1。

（2）程序实现

```
*  n 个 1 被 2009 整除  f751
```

```
set talk off
p=2009
c=1111                  &&  变量c与n赋初值
n=4
do while c#0            &&  循环模拟整数除法
   a=c*10+1
   c=a%p
   n=n+1                &&  每试商一位n增1
enddo
? [ 由]+ltrim(str(n))+[个1组成的整数能被2009整除。]
return
```

（3）程序运行结果

运行程序，得：

由210个1组成的整数能被2009整除。

3. 统计余数求解

（1）设计要点

设从个位开始每一个“1”除以p（约定p为大于1且个位数字不为5的奇数）的余数为c，n个1除以p的余数为s。

赋初值c=1（相当于个位数1除以p的余数），从第2个1开始，每一个“1”除以p的余数为前一个1除以p的余数乘10后对p取余，即有递推关系： c=(c*10)%p。

每一个c累加到和变量s，并实施和对p取余后赋值给s： s=(s+c)%p。

设置条件循环，循环条件为s#0。循环中，每统计一位余数，统计1个数的变量n增1。当满足s=0时，即实现n个1能被指定整数p整除，退出循环，输出n的值。

（2）程序实现

```
*  n个1被整数p整除 f752
set talk off
input ″ 请输入大于1且个位数字不为5的奇数p: ″ to p
if p%2=0 or p%5=0
   ? ″输入的整数不符合要求！″
   return
endif
c=1
s=1
n=1
do while s#0
   c=(c*10)%p
   s=(s+c)%p            &&  统计n个1除以p的余数
   n=n+1                &&  每试商一位n增1
```

```
enddo
? [  由]+ltrim(str(n))+[个 1 组成的整数能被]
?? ltrim(str(p))+[整除。]
return
```

（3）程序运行结果

运行程序，请输入整数 p：2011

由 670 个 1 组成的整数能被 2011 整除。

4．问题拓展

以下对问题中的数 p 一般化，并改变为求乘数的问题形式。

两位程序设计爱好者 A，B 在进行“积为 n 个 1 的数字游戏”：

A 任意给定一个正整数 p（约定整数 p 为个位数字不是 5 的奇数），B 寻求另一个正整数 q，使得 p 与 q 之积为全是 1 组成的整数。

（1）模拟除法设计

设整数除法运算每次试商的被除数为 a，除数为 p（即给定的正整数），每次试商的商为 b，余数为 c。

模拟整数除法：被除数 a=c*10+1，试商余数 c=a%p，商 b=a/p 即为所寻求的数 q 的一位。若余数 c=0，结束；否则，计算 a=c*10+1 为下一轮运算的被除数，继续。

每试商一位，设置变量 n 统计积中“1”的个数，同时输出商 b，并用 m 统计 b 的位数。为输出整齐，设置每 10 位空格，每 40 位换行。

以余数 c≠0 作为条件设置条件循环，循环外赋初值：c=1，n=1 或 c=11，n=2 等。

（2）程序设计

```
*  积为 n 个 1 的乘数探求 f753
set talk off
input [  A 给出个位数字不是 5 的奇数 p：] to p
? [  B 寻求的整数 q 为：]
c=1                                  &&  变量 c 与 n 赋初值
n=1
m=0
? "  "
do while c#0                         &&  循环模拟整数除法
   a=c*10+1
   c=a%p
   b=int(a/p)
   n=n+1
   m=m+len(ltrim(str(b)))
   ?? ltrim(str(b))                  &&  每次试商输出所得商
   if m%10=0                         &&  规范输出格式
```

```
            ?? ″  ″
    endif
    if m%40=0
            ? ″  ″
    endif
enddo
? [  乘积 p*q 为]+ltrim(str(n))+[个 1。]
return
```

（3）程序运行示例

```
A 给出个位数字不是 5 的奇数 p：29
B 寻求的整数 q 为：
3831417624  5210727969  348659
乘积 p*q 为 28 个 1。
A 给出个位数字不是 5 的奇数 p：2009
B 寻求的整数 q 为：
5530667551  5734749184  2265361429  1244953265
8591892041  3693932857  6959238980  1449034898
5122504286  2673524694  4306177755  6551075714
8387810408  7163320612  7979647143  4102096123
0020463469  9408218571  9816381837  2877606327
083679
乘积 p*q 为 210 个 1。
```

76　01 串积问题

1. 问题提出

程序设计爱好者 A，B 继续第二轮计算游戏：

B 任给一个正整数 b，A 寻求另一个整数 a，使 a 与 b 的积为最小且全由 0 与 1 组成的数。

例如，B 给出 b=23，A 找到 a=4787，其最小 01 串积为 110101。

2. 设计要点

01 串积问题相对前面的积全为“1”的乘数问题处理要复杂一些。我们应用求余数判别。

1)注意到 01 串积为十进制数，应用求余运算“%”可分别求得个位“1”，十位“1”，……除以已给乘数 b 的余数，存放在 c 数组中：c(1)为 1，c(2)为 10 除以 b 的余数，c(3)为 100 除以 b 的余数，……。

2）要从小到大搜索 01 串，不重复也不遗漏，从中找出最小的能被 b 整除的串。为此，设置 k 从 1 递增的永真循环，每个十进制数 k 依次展开为二进制，就得到所需要的这些串。不过，这时每个串不再看作二进制数，而要看作十进制数。

3）在某一 k 转化为二进制数过程中，每转化一位 a(i)（0 或 1），求出该位除以 b 的余数 a(i)*c(i)，通过累加求和得 k 转化的整个二进制数除以 b 的余数 s。

4）判别余数 s 是否被 b 整除：若 s%b=0 或 mod(s,b)=0，即找到所求最小的 01 串积，转化为十进制数后除以 b 得所求的另一乘数，作打印输出。

3. 积为 01 串程序实现

```
*   01 串积 f761
set talk off
dime a(2000),c(2000)
input [  B 给出整数 b：] to b
c(1)=1
for i=2 to 2000
   c(i)=(10*c(i-1))%b              && 第 i 位除 b 的余数，存于数组元素 c(i)
endfor
k=1
do while .t.
   j=k
   i=0
   s=0
   do while j<>0
      i=i+1
      a(i)=j%2                     && 除 2 取余法转化为二进制数，存放在 a 数组
      s=s+a(i)*c(i)                && 该位除以 b 的余数 a(i)*c(i)，累加到 s
      j=int(j/2)
   enddo
   if s%b=0
      s=0
      for j=i to 1 step -1
          s=s*10+a(j)              && 二进制转化为十进制
      endfor
      ?  [  A 寻求整数 a：]+ltrim(str(s/b,14))
      ?  [  a*b 的最小 01 串积为：]+ltrim(str(s,14))
      exit
   endif
   k=k+1
enddo
return
```

运行程序：

```
    B给出整数b：27
    A寻求整数a：40781893
    a*b 的最小 01 串积为：1101111111
```

4．应用字符串设计

（1）设计要点

当乘数 b 很大时，可能使乘积为指数形式而导致无法求解。改进用字符串可望扩大求解范围：

1）数 k 应用除二取余转化为二进制数的每一位 a 存放在字符串 as 中，该位对应的“1”除以 b 的余数为 u，由 s=s+a*u 求得每一 01 串除以 b 的余数 s。

2）若 s%b=0，as 即为所求最小的 01 串积。逐位转化为十进制除以 b 即得另一乘数 z（字符串）。去掉 z 的高位“0”后打印输出。

（2）应用字符串的程序设计

```
* 01 串积(不需数组) f762
set talk off
input [  B给出整数b：] to b
k=1
do while .t.
   j=k
   i=0
   s=0
   as=[]
   u=1/10                 && 为使第 1 位除以 b 的余数 u 为 1，给 u 赋初值
   do while j<>0
      i=i+1
      u=mod(10*u,b)       && 各位 1 除以 b 的余数
      a=mod(j,2)          && 除 2 取余的余数，即二进制数的每一位
      s=s+a*u             && 余数累加
      j=int(j/2)          && 除 2 取余的商
      as=str(a,1)+as      && 转化的二进制数字符串
   enddo
   if mod(s,b)=0
      z=[]
      y=0
      for j=1 to i
          x=y*10+val(substr(as,j,1))   && 二进制数 as 逐位转化为十进制数
          y=x-int(x/b)*b               && 除以 b 的余数
          z=z+str(int(x/b),1)          && 除以 b 的商转化为字符存于 z
```

```
        endfor
        for j=1 to i
           if substr(z,j,1)#[0]          && 去掉字符串 z 的高位 0
              exit
           endif
        endfor
        ?  [  A 寻求整数 a：]+substr(z,j)
        ?  [  a*b 的最小 01 串积为:]+as
        exit
     endif
     k=k+1
enddo
return
```

（3）程序程序示例与说明

```
B 给出整数 b：2011
A 寻求整数 a：4977628101
a*b 的最小 01 串积为：10010010111111
B 给出整数 b：2041
A 寻求整数 a：490499755561
a*b 的最小 01 串积为：1001110001100001
```

这些数值比较大的 01 串积求解，靠人工计算是很难完成的。

77 连写数整除问题

1. 问题提出

程序设计爱好者 A，B 继续第三轮计算游戏：

A 给出一个正整数 n，B 寻求最小整数 m，使得连写数 1234...m（指 1，2，3，4，…，一直不间断写到 m 所成的数）能被指定整数 n 整除（能被 n 整除的连写数可能有很多，只求最小的）。并求出连写数 1234...m 除以 n 所得的商。

2. 应用余数判别

（1）设计要点

首先通过循环求得连写数 a=1234...m 大于等于键盘指定整数 n。

若 a 能被 n 整除，输出结果。

若 a 不能被 n 整除，则求连写数 123...m 除以 n 的余数 c。

设 123...(m-1)除以 n 的余数为 c，m 为 sa 位，计算 t=10^sa，于是 123...(m-1)除以 n 的余数为：c=(c*t+m)%n（即余数的递推关系）。

至 c=0，即求得 m：连写数 1234...m 被 n 整除。

为了求连写数 1234...m 除以 n 所得的商，对于 sa 位的整数 k，有

被除数：a=c*t+k （t=10^sa）

商：b=int(a/n)，输出 k 位：right("000"+ltrim(str(b)),sa)

余数：c=a%n

（2）程序实现

```
*  应用余数判别连写数 f771
?  "寻求连写数 1234...m 能被指定 n 整除."
input  "  A 给出整数 n：" to  n
a=1
m=1
do  while  a<n              &&  求出大于等于 n 的连写数 a
   m=m+1
   a=a*10+m
enddo
if  a%n=0
    ?  "  B 寻求整数 m: "+ltrim(str(m))
    ?  "  连写数 12..."+ltrim(str(m))+"/"+ltrim(str(n))
    ??  "="+ltrim(str(a/n))
    return
endif
c=a
m1=m
do  while  c#0             && 余数判别
    m=m+1
    sa=ltrim(str(m))
    t=1
    for  j=1 to len(sa)
       t=t*10
    endfor
    c=(c*t+m)%n            && c 为 12...m 除以 n 的余数
enddo
?  "   B 寻求整数 m: "+ltrim(str(m))
?  "   连写数 123..."+ltrim(str(m))+"/"+ltrim(str(n))+"="
b=int(a/n)             && 求出连写数除以 n 的商，并输出
c=a%n
??  ltrim(str(b))
for k=m1+1 to m
    sa=len(ltrim(str(k)))
```

```
    t=1
    for j=1 to sa
        t=t*10
    endfor
    a=c*t+k
    b=int(a/n)
    ??  right("000"+ltrim(str(b)),sa)   && 不足 sa 位前补“0”
    c=a%n
endfor
return
```

（3）程序程序示例

A 给出整数 n：57

B 寻求整数 m：27.

连写数 123...27/57=2165908580721265463423889792842477584636011

3. 应用模拟除法设计

（1）设计要点

要使连写数 1234...m 能被键盘指定的整数 n 整除，模拟整数的除法操作：

设被除数为 a，除数为 n，商为 b，余数为 c，则

b=int(a/n)，c=a-b*n 或 c=a%n

当 c≠0 且 m 为 1 位数时，a=c*10+m 作为下一轮的被除数继续。

当 c≠0 一般的 m 为一个 t 位数时，则分解为 t 次（即循环 t 次）按上述操作完成。

直至 c=0 时，连写数能被 n 整除，打印输出连写数 1234...m 除以 n 所得的商。

在整个模拟除法过程中，m 按顺序增 1。

（2）模拟除法程序设计

```
*  模拟除法求连写数 f772
?  "寻求连写数 1234...m 能被指定 n 整除."
input  "  A 给出整数 n：" to  n
a=1
m=1
do  while  a<n               &&  求出大于等于 n 的连写数 a
   m=m+1
   a=a*10+m
enddo
if  a%n=0
    ?  "  B 寻求整数 m："+ltrim(str(m))
    ?  "  连写数 12..."+ltrim(str(m))+"/"+ltrim(str(n))
    ??  "="+ltrim(str(a/n))
```

```
        return
    endif
    c=a
    a1=a
    m1=m
    do  while  c#0
        m=m+1
        sa=ltrim(str(m))
        for  j=1 to len(sa)          && 把m分解为sa位实施除法
            a=c*10+val(subs(sa,j,1))
            b=int(a/n)
            c=a%n
        endfor
    enddo
    ?  "   B寻求整数m:"+ltrim(str(m))
    ?  "   连写数123..."+ltrim(str(m))+"/"+ltrim(str(n))+"="
    b=int(a1/n)                      && 求出连写数除以n的商，并输出
    c=a1%n
    ?? ltrim(str(b))
    k=m1
    do  while  k<m
        k=k+1
        sa=ltrim(str(k))
        for  j=1 to len(sa)
            a=c*10+val(subs(sa,j,1))
            b=int(a/n)
            ?? ltrim(str(b))
            c=a%n
        endfor
    enddo
    return
```

（3）程序运行示例与说明

A 给出整数 n：2010

B 寻求整数 m：270.

连写数 123...270/2010=614212881100060355299312……182222521527

从这么巨大的数的寻求之中可以领略计算机的计算速度。

说明：对任意指定的整数 n，是否一定存在 m，连写数 1234…m 能被 n 整除？尚无肯定的答案。从目前有限的探索中还未发现“不存在 m”的特例。

78　尾数前移问题

1. 问题提出

整数 n 的尾数是 9，把尾数 9 移到最前面（成为最高位）后所得的数为原整数 n 的 3 倍，原整数 n 至少为多大?

这是《数学通报》上发表的一个具体的尾数前移问题。

第 4 届国际数学奥林匹克第 1 题也是一个尾数前移问题：求性质如下的最小自然数 n，它的最后一位数字是 6，把这个数字 6 移到其余数字前面，则所得数是原数 n 的 4 倍。

我们要求解一般的尾数前移问题：

整数 n 的尾数 q（限为一位）移到 n 的前面所得的数为 n 的 p 倍，记为 n(q,p)。这里约定 $2 \leqslant p \leqslant q \leqslant 9$。

对于指定的尾数 q 与倍数 p，求解 n(q,p)。

2. 模拟整数除法求解

（1）设计要点

设 n 为 efg…wq（每一个字母表示一位数字），尾数 q 移到前面变为 qefg…w，它是 n 的 p 倍，意味着 qefg…w 可以被 p 整除，商即为 n=efg…wq。

注意到尾数 q 前移后数的首位为 q，第二高位 e 即为所求 n 的首位，第三高位 f 即为 n 的第二高位，等等。这一规律是构造被除数的依据。

应用模拟整数除法：首先第一位数 q 除以 p（注意约定 q≥p），余数为 c，商为 b。输出数字 b 作为所求 n 的首位数。

进入模拟循环，当余数 c=0 且商 b=q 时结束，因而循环条件为 c!=0 or b!=q。在循环中计算被除数 a=c*10+b，试商得 b=int(a/p)（输出作为所求 n 的一位），余数 c=a%p；然后 b 与 c 构建下一轮试商的被除数，依此递推。

因而尾数前移问题模拟整数除法的参量为：

原始数据：尾数 q，倍数 p；

初始量：b=q/p；c=q%p；

循环条件：c!=0 or b!=q；

（2）尾数前移问题模拟整数除法程序实现

```
*  模拟除法求解尾数前移问题 f781
set talk off
input ″ 请输入整数 n 的指定尾数 q:″ to q
```

```
input "  请输入前移后为n的倍数p:" to p
b=int(q/p)
c=q%p                           && 确定初始条件
?  "  n("+str(q,1)+","+str(p,1)+")="
??  str(b,1)                    && 输出n的首位
k=1
do while c!=0 or b!=q           && 试商循环处理
     a=c*10+b
     b=int(a/p)                 && 模拟整数除法
     c=a%p
     ?? str(b,1)                && 输出n的一位数
     k=k+1
enddo
? "  共为"+str(k,2)+"位。"
return
```

（3）程序运行示例

```
请输入整数n的指定尾数q:9
请输入前移后为n的倍数p:3
n(9,3)=3103448275862068965517241379
共为28位。
请输入整数n的指定尾数q:6
请输入前移后为n的倍数p:4
n(6,4)=153846
共为6位。
```

这就是题述中两题的答案。

3. 模拟整数乘法求解

（1）设计要点

设置存储数n的w数组。从w(1)=q开始，乘数p与n的每一位数字w(k)相乘后加进位数m，得a=w(k)*p+m；积a的十位以上的数作为下一轮的进位数m=int(a/10)；而a的个位数此时需赋值给乘积的下一位w(k+1)=a%10。

当计算的被除数a为尾数q时结束。

因而尾数前移问题模拟整数乘法参量为：

原始数据：输入尾数字q，倍数p；

初始量：w(1)=q，m=0，k=1，a=p*q；

循环条件：a!=q；

进位数：m=int(a/10)。

（2）程序设计

```
*  模拟乘法求解尾数前移问题 f782
```

```
set talk off
input ″ 请输入整数n的指定尾数q:″ to q     && 输入处理数据q,p
input ″ 请输入前移后为n的倍数p:″ to p
dime w(100)
for j=1 to 100
   w(j)=0                  && 数组清零
endfor
w(1)=q
m=0
k=1
a=p*q                      && 输入初始量
do while a!=q
   a=w(k)*p+m
   k=k+1
   w(k)=a%10
   m=int(a/10)             && 模拟整数乘法，m为进位数
enddo
? ″  n(″+str(q,1)+″,″+str(p,1)+″)=″
for j=k-1 to 1 step -1
   ?? str(w(j),1)          && 从高位到低位打印每一位
endfor
? ″  共″+str(k-1,2)+″位。″
return
```

（3）程序运行示例与思考

运行程序，请输入尾数q，倍数p：7，6，得

n(7,6)=1186440677966101694915254237288135593220338983050847457627

共58位。

以上所求的数为高精度多位数，应用模拟乘除运算得到较好解决。

思考：如果允许n的尾数q多于一位，p不大于q的最高位数，如何求取n(q,p)?

*79 求圆周率π到n位

1. 问题提出

关于圆周率π的计算，历史非常久远。我国数学家祖冲之最先把圆周率π计算到3.1415926，领先世界一千多年。其后，德国数学家鲁特尔夫把π计算到小数点后35位，日本数学家建部贤弘计算到41位。1874年英国数学家香克斯利用微积分倾毕生精力把π计算到707位，但528位后的数值是错的。

应用计算机计算圆周率π 曾有过计算到数百万位至数千万位的报导，主要是通过π

的计算展示大型计算机的运算速度与计算软件的性能。

试计算圆周率π，精确到小数点后指定的 x 位。

2. 算法设计

（1）选择计算公式

计算圆周率π的公式很多，选取收敛速度快且容易操作的计算公式是设计的首要一环。

我们选用以下公式：

$$\frac{\pi}{2} = 1 + \frac{1}{3} + \frac{1\cdot 2}{3\cdot 5} + \frac{1\cdot 2\cdot 3}{3\cdot 5\cdot 7} + \cdots + \frac{1\cdot 2\cdot \cdots \cdot n}{3\cdot 5\cdot \cdots \cdot (2n+1)}$$

$$= 1 + \frac{1}{3}\left(1 + \frac{2}{5}\left(1 + \cdots + \frac{n-1}{2n-1}\left(1 + \frac{n}{2n+1}\right)\cdots\right)\right) \quad ①$$

（2）确定计算项数

其次，要依据输入的计算位数 x 确定所要加的项数 n。显然，若 n 太小，不能保证计算所需的精度；若 n 太大，会导致作过多的无效计算。

可证明，式中分式第 n 项之后的所有余项之和 $R_n < a_n$。因此，只要选取 n，满足 $a_n < \frac{1}{10^{x+1}}$ 即可。即只要使

$$\lg 3 + \lg\frac{5}{2} + \cdots + \lg\frac{2n+1}{n} > x + 1 \quad ②$$

于是可设置对数累加实现计算到 x 位所需的项数 n。为确保准确，算法可设置计算位数超过 x 位（例如 x+5 位），只打印输出 x 位。

（3）模拟乘除综合运算

设置 a 数组，下标根据计算位数预设 5000，必要时可增加。计算的整数值存放在 a(0)，小数点后第 i 位存放在 a(i) 中（i=1，2，…）。考虑到 VFP 数组下标起始为 1，不能取零，因而设置变量 g 取代 a(0)，即为计算圆周率的整数部分。

依据公式①，应用模拟乘除运算进行计算：

数组除以 2n+1，乘以 n，加上 1；再除以 2n−1，乘以 n−1，加上 1；…。这些数组操作设置在 j（j=n，n−1，…，1）循环中实施。

按公式实施除法操作：被除数为 c，除数 d 分别取 2n+1，2n−1，……，3。商仍存放在各数组元素（a(i)=int(c/d)）。余数（c%d）乘 10 加在后一数组元素 a(i+1)上，作为后一位的被除数。

按公式实施乘法操作：乘数 j 分别取 n，n−1，…，1。乘积要注意进位，设进位数为 b，则对计算的积 a(i)=a(i)*j+b，取其十位以上数作为进位数 b=int(a(i)/10)，取其个位数仍存放在原数组元素 a(i)=a(i)%10。

循环实施除乘操作完成后，按数组元素从高位到低位顺序输出。因计算位数较多，为方便查对，每一行控制打印 50 位，每 10 位空一格。

3. 圆周率π的程序实现

```
* 高精度计算圆周率π   f791
set talk off
input "请输入精确位数:" to x
dime a(x+5)
s=0
n=0
do while s<log(10)*(x+1)                    &&  累加确定计算的项数n
   n=n+1
   s=s+log((2*n+1)/n)
enddo
for i=1 to x+5
   a(i)=0
endfor
c=1
for j=n  to 1 step -1                       &&  按公式分步计算
  d=2*j+1
  g=int(c/d)
  c=c%d*10+a(1)
  for i=1 to x+4                            &&  实施除（2j+1）操作
     a(i)=int(c/d)
     c=c%d*10+a(i+1)
  endfor
  a(x+5)=int(c/d)
  b=0
  for i=x+5 to 1 step -1                    &&  实施乘j操作
    a(i)=a(i)*j+b
    b=int(a(i)/10)
    a(i)=a(i)%10
  endfor
  g=g*j+b
  b=int(g/10)
  g=g+1
  c=g
endfor
b=0
for i=x+5 to 1 step -1
   a(i)=a(i)*2+b                            && 实施乘2操作
```

```
   b=int(a(i)/10)
   a(i)=a(i)%10
endfor
g=g*2+b
b=int(g/10)
? "        pi="+str(g,1)+[.]                  && 逐位输出计算结果
l=10
for i=1 to x
   ??  str(a(i),1)
   l=l+1
   if l%10=0
      ?? " "
   endif
   if l%50=0
      ? ""
   endif
endfor
return
```

4. 程序运行示例

运行程序，

```
请输入精确位数:500
pi=3.1415926535 8979323846 2643383279 5028841971
6939937510 5820974944 5923078164 0628620899 8628034825
3421170679 8214808651 3282306647 0938446095 5058223172
5359408128 4811174502 8410270193 8521105559 6446229489
5493038196 4428810975 6659334461 2847564823 3786783165
2712019091 4564856692 3460348610 4543266482 1339360726
0249141273 7245870066 0631558817 4881520920 9628292540
9171536436 7892590360 0113305305 4882046652 1384146951
9415116094 3305727036 5759591953 0921861173 8193261179
3105118548 0744623799 6274956735 1885752724 8912279381
8301194912
```

十三、外索夫游戏——博弈策略的秘诀

80　围圈循环报数

1．问题提出

有 100 个小朋友按编号顺序 1，2，...，100 逆时针方向围成一圈。从 1 号开始按逆时针方向 1，2，...，9 报数，凡报数 9 者出列（显然，第一个出圈的为编号 9 者）。

问：最后剩下一个未出圈者的编号是多少？第 50 个出圈者的编号为多少？

2．设计要点

围圈循环报数问题称为 Joseph 问题。我们考虑一般问题：

有 n 个小朋友按编号顺序 1，2，...，n 逆时针方向围成一圈。从 1 号开始按逆时针方向 1，2，...，m 报数，凡报数 m 者出列。

求最后剩下一个未出圈者的编号与指定第 p 个出圈者的编号。

设置数组 a(n)，每一数组元素赋初值 1。每报数一人，和变量 s 增 1。当加 a(i) 后和变量 s 的值为 m 时，a(i)=0，标志编号为 i 者出圈，设置 ln 统计出圈人数。同时，s=0 并重新逆时针方向报数后累加。

当出圈人数 ln 为指定的 p 时，x=i，x 即为第 p 个出圈者的编号。

当出圈人数 ln 达 n-1 时，即未出圈者只剩 1 人，终止报数，打印最后剩下者的编号。

3．围圈循环报数程序设计

```
*  围圈循环报数 f801
? "编号 1,2,...n 的 n 个人逆时针依次围成一圈,从 1 开始,"
? "逆时针 1,2,3,...,m 报数,凡 m 的倍数者出圈."
? "求最后一个未出列者与第 p 个出列者的编号."
input "  n=" to n
input "  m=" to m
input "  p=" to p
dime a(n)
for i=1 to n
  a(i)=1
```

```
endfor
ln=0
s=0
x=0
i=0
do while ln<n-1
   i=i+1
   if i>n
     i=1                         && 一圈报完接着下一圈
   endif
   s=s+a(i)                      && 按逆时针顺序报数
   if s=m
      a(i)=0                     && 报到指定的 m 者出圈赋 0
      s=0
      ln=ln+1
   endif
   if ln=p and x=0
      x=i                        && 第 p 个出圈者 i 号赋给 x
   endif
enddo
for i=1 to n
   if a(i)=1                     && 搜寻剩下最后一个未出列者
      ? "  报数最后剩下一人编号为:"+str(i,2)+"号."
   endif
endfor
? "  第"+str(p,2)+"个出列者编号是:"+str(x,2)+"号."
return
```

4．程序运行示例

运行程序，输入 n=100，m=9，p=50，得

报数最后剩下一人编号为: 82 号.
第 50 个出列者编号是: 85 号.

*81　围圈中的无忧位与绝望位

1．问题提出

学院某系要在本系 154 个同学中选派一半同学即 77 人参加夏令营。由于报名踊跃，争执不下，系学生会主席王小明提议实施按学号围圈、报数淘汰的办法实施筛选：同学

们学号为 1，2，...，154，按学号顺序逆时针方向围成一圈。小明的学号为 1 号，从 1 号开始按逆时针方向 1，2，...，m 报数，凡报数 m 者出圈淘汰，如此继续报数淘汰，直至最后剩下 77 人确定参加夏令营。

为了确保公平公正，报数数 m 通常由摇双骰（色子）确定，两个色子点数之和（显然为区间[2，12]中的正整数）确定为报数数 m。他具体举例说，例如双色子点数之和为 8，即按 1，2，...，8 逆时针方向沿圈报数，凡报数 8 者出圈淘汰。

系计算机兴趣小组三位编程高手在计算这一选派方法后有人欢喜有人愁。小林认为他幸运占据了一个无忧位：无论 m 在 2，3，…，12 中取什么数，他都能确保不被淘汰出局。小陈学号比小林大，他也是无忧位。小张则直叫不好，他说他是一个绝望位：无论 m 在 2，3，…，12 中取什么数，他都将被淘汰出局。请问：

1）小林、小陈与小张的学号分别是什么编号？

2）如果把人数拓展到任意三位偶数时，按这一筛选一半同学的方法，当学生数为多少时小明的 1 号是无忧位？当学生数为多少时小明的 1 号是绝望位？

2．对指定 n 人无忧位与绝望位探索

（1）设计思路

设置数组 a(n)，每一数组元素赋初值 1。同时设置报数数 m（2～12）循环，对每一个 m 实施报数，每报数一人，变量 w 增 1。当加 a(i)后变量 w 的值为 m 时，置 a(i)=0，标志编号为 i 者出圈。设置 y 统计出圈人数。同时，w=0 并重新逆时针方向报数后累加。

当编号 i 增至 n+1 时则 i=1。

当出圈人数 y 达 n/2 人时，即未出圈者只剩 n/2 人，终止报数。

然后应用数组 s(i)统计出局的编号 i 的次数，s(i)的值都初始化为 11，在报数的过程中若 i 号出列则 s(i)=s(i)-1。对于 m=2，3，…，12 这 11 个数，若 s(i)=11（即面临 11 个报数数，每次都未淘汰），位置 i 即为无忧位；若 s(i)=0（即面临 11 个报数数，每次都被淘汰），位置 i 即为绝望位。

（2）对 n 人无忧位与绝望位探索程序设计

```
* n人无忧位与绝望位探索 f811
set talk off
clear
?"编号1,2,...,n的偶数n个人逆时针依次围成一圈，"
?"从1开始逆时针1,2,3,...m报数,凡m的倍数者出圈最后保留n/2人。"
?"对[2, 12]中每一个m,确保留下的为无忧位，每次出局的为绝望位。"
input [n=] to n
dime s(n),a(n)
for i=1 to n
    s(i)=11
endfor
```

```
for m=2 to 12
   for i=1 to n
      a(i)=1
   endfor
   y=0
   w=0
   i=1
   do while y<n/2                      &&  出圈人数不足 n/2 时继续报数
      if a(i)=1
         w=w+a(i)                      &&  按逆时针顺序报数到 i 号
         if w=m
            a(i)=0                     &&  报数到指定的 m 者出圈赋 0
            w=0                        &&  重新开始报数
            y=y+1                      &&  出圈人数增 1
            s(i)=s(i)-1
         endif
      endif
      i=i+1
      if i=n+1
         i=1                           &&  又继续从头开始报数
      endif
   enddo
endfor
for i=1 to n
   if s(i)=11
      ? "  无忧位为: "+ltrim(str(i))
   endif
   if s(i)=0
      ? "  绝望位为: "+ltrim(str(i))
   endif
endfor
return
```

（3）程序运行示例

运行程序，输入 n=154，得

绝望位为：120

无忧位为：127,137

由上面解答可知，非常幸运的小林的学号为 127 号，小陈的学号为 137 号。而不幸的小张则为 120 号。

因存在有无忧位与绝望位，看来这一筛选方法并不公平也欠公正。

3．对指定区间内偶数人时指定编号为无忧位与绝望位探索

（1）设计思路

在以上无忧位与绝望位设计的基础上，增加一个人数 n 循环。对于 n 人中的第 x 号

位，如果 m 取 2，3，…12 这 11 个数都未淘汰，即 s(x)=11，人数 n 作无忧位打印输出。对于 n 人中的第 x 个位，如果 m 取 2，3，…12 这 11 个数都被淘汰，即 s(x)=0，人数 n 作绝望位打印输出。

（2）对指定区间内偶数人时指定编号为无忧位与绝望位程序设计

```
* 指定区间内偶数人时指定编号为无忧位与绝望位探索 f812
set talk off
clear
? "区间[c,d]内的偶数 n 人编号 1,2,...,n 逆时针依次围成一圈,"
? "从 1 开始逆时针 1,2,3,...m 报数,凡 m 的倍数者出圈最后保留 n/2 人。"
? "对哪些 n,[2, 12]中每一个 m,指定的 x 号确保留下？必然出局？"
input [c=] to c
input [d=] to d
dime s(d),a(d)
input [x=] to x
c=iif(c<x,x,c)                      && 确保起点 c 不小于编号 x
c=iif(c%2=0,c,c+1)                  && 确保 c 为偶数
t=0
for n=c to d step 2                 && n 为区间[c,d]中的偶数
  for i=1 to n
    s(i)=11
  endfor
  for m=2 to 12
    for i=1 to n
      a(i)=1
    endfor
    y=0
    w=0
    i=1
    do while y<n/2                  && 出圈人数不足 n/2 时继续报数
      w=w+a(i)                      && 按逆时针顺序报数，w 增加
      if w=m
          a(i)=0                    && 报数到指定的 m 者出圈赋 0
          w=0
          y=y+1
          s(i)=s(i)-1
      endif
      i=i+1
      if i=n+1                      && 报数到 n 后又从 1 开始
          i=1
      endif
    enddo
```

```
      endfor
      if s(x)=11
          ?  str(n,4)+[人时]+ltrim(str(x))+"号为无忧位。"
          t=1
       endif
       if s(x)=0
          ?  str(n,4)+[人时]+ltrim(str(x))+"号为绝望位。"
          t=1
       endif
   endfor
   if t=0
      ?  ltrim(str(x))+"号不可能为无忧位，也不可能为绝望位。"
   endif
   return
```

（3）程序运行示例

运行程序，输入 c=100，d=1000，x=1，得

当人数为 226，或 240，或 540 人时 1 号为无忧位。而人数为任何三位偶数时，1 号不可能为绝望位。

82　列队顺逆报数

1．问题提出

编号为 1，2，...，100 的 100 位小朋友依次排成一列。从 1 号开始 1，2，3 报数，凡报到 3 者出列，直至报数到队列尾部。此后，又从队列尾开始反向 1，2，3 报数，凡报到 3 者同样出列。这样反复顺逆报数，直至队列剩下 2 个小朋友为止。

问：最后未出列的两个小朋友编号为多少？第 50 个出列的是哪一个？

2．设计思路

为一般考虑，设总人数为 n，报数从 1，2，...报到 m。求最后 m-1 个未出列者与指定的第 p 个出列者的编号。

设置数组 a(n)，每一数组元素赋初值 1。每报数一人，和变量 s 增 1。当加 a(i)后和变量 s 的值为 m 时，a(i)=0，标志编号为 i 者出列，设置 ln 统计出列人数。同时，s=0 并重新向后作报数累加。至队尾后，和变量 s=0，向前报数同样处理。

当出列人数 ln 为指定的数 p 时，x=i，x 即为第 p 个出列者的编号。

当出列人数 ln 达 n-m+1 时，即未出列者只有 m-1 人，终止报数，打印这剩下的 m-1 个编号。

3. 列队报数处理程序设计

```
*  列队报数   f821
? ″编号的n个人排一列,从前到后1,2,...,m报数,″
? ″报m的出列.接着从后到前1,2,...,m报数,类推.″
? ″求最后m-1个未出列者与第p个出列者.″
input ″ n=″ to n
input ″ m=″ to m
input ″ p=″ to p
dime a(n)
for i=1 to n
   a(i)=1
endfor
ln=0
x=0
t=0
do while .t.
   s=0
   for i=1 to n
      s=s+a(i)                            && 从头到尾顺报数
      if s=m
         a(i)=0                           && 报到指定的m者出列赋0
         s=0
         ln=ln+1
      endif
      if ln=p and x=0
         x=i                              && 第p个出列者i号赋给x
      endif
      if ln=n-m+1
         t=1
         exit
      endif
   endfor
   if t=1
      exit
   endif
   s=0
   for i=n to 1 step -1                   && 从尾到头逆报数
      s=s+a(i)
      if s=m
         a(i)=0
```

```
            s=0
            ln=ln+1
         endif
         if ln=p and x=0
            x=i
         endif
         if ln=n-m+1
            t=1
            exit
         endif
      endfor
      if t=1
         exit
      endif
enddo
? "队列中最后剩下"+str(m-1,2)+"个人号码分别为:"
for i=1 to n
   if a(i)=1
      ?? str(i,4)      && 依次打印剩下 m-1 个未出列者
   endif
endfor
? "  第"+str(p,2)+"个出列者是:"+str(x,2)+"号."
return
```

4. 程序运行示例

运行程序，输入 n=100，m=3，p=50，得

队列中最后剩下 2 个人号码分别为: 4 77

第 50 个出列者是: 25 号.

输入 n=100，m=4，p=60，得

队列中最后剩下 3 个人号码分别为: 11 75 94

第 60 个出列者是: 73 号.

83 洗牌复原

1. 问题提出

给定 2n 张牌，编号为 1，2，3，...n，n+1，...2n，这也是最初的牌的顺序。一次洗牌是把序列变为 n+1，1，n+2，2，n+3，3，n+4，4，...2n，n。

可以证明，对于任意自然数 n，都可以在经过 m 次洗牌后第一次重新得到初始的顺序。

编程对于指定的自然数 n（n 从键盘输入）的洗牌，求出重新得到初始顺序的洗牌次数 m 的值。必要时显示洗牌过程。

2. 设计要点

设洗牌前位置 k 的编号为 p(k)，洗牌后位置 k 的编号变为 b(k)。

我们寻求与确定洗牌前后牌的顺序改变规律。

前 n 个位置的编号赋值变化：位置 1 的编号赋给位置 2，位置 2 的编号赋给位置 4，……，位置 n 的编号赋给位置 2n。即 b(2k)=p(k)（k=1，2，……n）。

后 n 个位置的编号赋值变化：位置 n+1 的编号赋给位置 1，位置 n+2 的编号赋给位置 3，……，位置 2n 的编号赋给位置 2n-1。即 b(2k-1)=p(n+k)（k=1，2，……n）。

在循环中每洗一次牌后检测是否复原，若没复原（y=1），继续；若已复原（保持 y=0），则退出循环，输出洗牌次数 m。

若选择“需要显示洗牌过程”，则循环 m 次，输出每次洗牌后的编号。

3. 洗牌复原程序设计

```
* 洗牌复原  f831
input ″ 洗牌共 2n 张,请输入 n: ″ to n
dime p(2*n),b(2*n)
for k=1 to 2*n
   p(k)=k               && 最初牌的顺序
endfor
m=1
do while .t.
   y=0
   for k=1 to n         && 实施一次洗牌
      b(2*k)=p(k)
      b(2*k-1)=p(n+k)
   endfor
   for k=1 to 2*n
      p(k)=b(k)
   endfor
   for k=1 to 2*n
      if p(k)!=k        && 检测是否回到初始的顺序
         y=1
         exit
      endif
   endfor
   if y=0               && 输出回到初始的洗牌次数
      ? ″ 需经″+str(m,3)+″次洗牌才能回到原始状态。″
```

```
         exit
      endif
      m=m+1
   enddo
   accept ″ 需要显示洗牌过程吗(y/n): ″ to c
   if c="n" or c="N"
      return
   else
      ? ″初始: ″
      for k=1 to 2*n
         p(k)=k                    && 最初牌的顺序
         ?? str(p(k),3)
      endfor
      for j=1 to m
         for k=1 to n              && 实施一次洗牌
            b(2*k)=p(k)
            b(2*k-1)=p(n+k)
         endfor
         for k=1 to 2*n
            p(k)=b(k)
         endfor
         ? str(j,4)+″: ″           && 打印第 m 次洗牌后的结果
         for k=1 to 2*n
            ?? str(p(k),3)
         endfor
      endfor
   endif
   return
```

4. 程序运行示例

```
洗牌共 2n 张,请输入 n: 100
需经 66 次洗牌才能回到原始状态。
需要显示洗牌过程吗(y/n): n  (结束!)
洗牌共 2n 张,请输入 n: 7
需经 4 次洗牌才能回到原始状态。
需要显示洗牌过程吗(y/n): y
初始:     1  2  3  4  5  6  7  8  9 10 11 12 13 14
      1:  8  1  9  2 10  3 11  4 12  5 13  6 14  7
      2:  4  8 12  1  5  9 13  2  6 10 14  3  7 11
      3:  2  4  6  8 10 12 14  1  3  5  7  9 11 13
      4:  1  2  3  4  5  6  7  8  9 10 11 12 13 14
```

84 翻币倒面

1. 问题提出

有 n 枚硬币，正面朝上排成一排。每次将 d 枚硬币（不必相连）翻过来放在原位置，直到所有硬币翻成反面朝上为止。

设 n≥2d，编程找出步数最少的翻法，并打印输出翻币过程与所需最少次数（用○表示正面，●表示反面）。

2. 设计要点

n 枚币每次翻 d 枚，若 n 是 d 的整数倍，按顺序翻 n/d 次即可！

若 n 是奇数而 d 是偶数，无法完成翻转。

设为完成翻转有 k 枚币需 3 次（反-正-反），翻转总枚次为 s，共进行 m 次翻转：

1）若 d 是奇数且 n 除 d 的余数 t 也为奇数，或 d 是偶数，有

k=d-(d+t)/2=(d-t)/2

s=3(d-t)/2+(n-(d-t)/2)=n+(d-t)

m=s/d=(n-t+d)/d=int(n/d)+1

即 k=(d-t)/2 枚需 3 次翻转，共需 m=int(n/d)+1 次翻转。

2）若 d 是奇数且 n 除 d 的余数 t 是偶数，有

k=d-t/2

s=3(d-t/2)+(n-(d-t/2))=n+2d-t

m=s/d=(n-t+2d)/d=int(n/d)+2

即 k=d-t/2 枚需 3 次翻转，共需 m=int(n/d)+2 次翻转。

3. 翻币程序设计

```
* 翻币操作 f841
set talk off
clear
input ″ 请输入硬币枚数 n:″ to n
input ″ 请输入每次翻转枚数 d:″ to d
t=n%d
if n%2>0 and d%2=0
   ? ″ 无法完成！″
   return
endif
if n%d=0
   ? ″ 按顺序翻″+str(n/d,2)+″次即可！″
```

```
   return
endif
if d%2>0 and t%2>0 or d%2=0 and n>2*d
   k=int((d-t)/2)
   m=int(n/d+1)              && 有 k 枚需翻 3 次
else
   k=int(d-t/2)
   m=int(n/d+2)              && 需进行 m 次翻币才能完成
endif
st=replicate("○",n)
? " 起始："+st               && 显示 n 硬币朝上（白子）起始状态
st=stuff(st,1,2*d,replicate("●",d))              && 翻转前 d 枚
? " NO"+str(1,2)+"："+st
st=stuff(st,1,2*k,replicate("○",k))              && 前 k 枚再翻转
st=stuff(st,2*d+1,2*(d-k),replicate("●",d-k)) && 从 d 开始翻 d-k 枚
? " NO"+str(2,2)+"："+st
st=stuff(st,1,2*k,replicate("●",k))              && 前 k 枚再翻转
st=stuff(st,4*d-2*k+1,2*(d-k),replicate("●",d-k))    && 接前翻 d-k 枚
? " NO"+str(3,2)+"："+st
for j=4 to m
    st=stuff(st,(2*j-2)*d-4*k+1,2*d,replicate("●",d)) && 依次翻转 d 枚
    ? " NO"+str(j,2)+"："+st
endfor
? " 经以上"+str(m,2)+"次完成翻币。"
Return
```

4．程序运行示例

请输入硬币枚数 n:18
请输入每次翻转枚数 d:5

得 n=18 枚硬币每次翻币 d=5 枚，经 4 次翻转完成如图 84-1 所示。

```
起始：○○○○○○○○○○○○○○○○○○
NO 1：●●●●●○○○○○○○○○○○○○
NO 2：○●●●●●●●●○○○○○○○○○
NO 3：●●●●●●●●●●●●●○○○○○
NO 4：●●●●●●●●●●●●●●●●●●
经以上 4次完成翻币。
```

图 84-1　18 枚硬币每次翻币 5 枚完成图

请输入硬币枚数 n:23
请输入每次翻转枚数:7

得 n=23 枚硬币每次翻币 d=7 枚，经 5 次翻转完成如图 84-2 所示。

```
起始：○○○○○○○○○○○○○○○○○○○○○○○
NO 1：●●●●●●●○○○○○○○○○○○○○○○○
NO 2：○○○○○○●●○○○○○○○○○○○○○○○
NO 3：●●●●●●●●●○○○○○○○○○○○○○○
NO 4：●●●●●●●●●●●●●●●●○○○○○○○
NO 5：●●●●●●●●●●●●●●●●●●●●●●●
经以上 5次完成翻币。
```

图 84-2　23 枚硬币每次翻币 7 枚完成图

注：当 n<2d 时，翻币讨论比较复杂，有兴趣的读者可进一步研究。

85　黑白棋子移动

1．问题提出

有 n（n>3）个白棋子与 n 个黑棋子排成一行，起始状态为 n 个白棋子排在左边，n 个黑棋子排在右边，最后为两个空位。按如下规则移动棋子：每次移动相邻的两个棋子到空位处，移动时不能调换这两个棋子的左右位置。经 2n-3 次移动后成为白黑相间（中间不允许空位）的终止状态。

例如 n=5 时的起始状态与需达到的终止状态如图 85-1 所示。

```
起始：○○○○○●●●●●__
终止：__○●○●○●○●○●
```

图 85-1　n=5 时的起始与终止状态

2．设计要点

应用降格策略把 n 对棋子情形经两次移动转化为 n-1 对棋子情形：第一次移动把白黑交界处的“白黑”两子移到空白处，第二次移动把最后的两个连续黑子移到空白处。

例如 n=5 情形经以上两次移动转化为 n=4 情形如图 85-2 所示。

```
起始：○○○○○●●●●●__
NO 1：○○○○__●●●●○●
NO 2：○○○○●●●●__○●
```

图 85-2　n=5 时经两次移动转化为 n=4 情形

为实现以上所述的下调转化，当 n>4 时设置 k（1～n-4）循环，每次把白黑交界处的白黑两子 substr(st,2*(n-k)+1,4)（注意，本程序所显示的每个棋子占两个位）移动到空白位；然后把最后的两连续黑子 substr(st,4*(n-k)+1,4)移到空白处。

移动操作应用 VFP 的函数 stuff（st,k,m,c）完成，即用字符串 c 替换字符串 st 中的第 k 个字符开始的 m 个字符。

这样，对于 n（n>4）对黑白棋子经 2(n-4)次移动后，其前面 10 个位置转化为 n=4 的起始状态。

对于 4 对棋子，经以下 5 次移动，可达到白黑相间（中间不留空位）的终止状态，具体移动转化过程如图 85-3 所示。

```
起始：○○○○●●●●__
NO 1：○○○__●●●○●
NO 2：○○○●○●●__●
NO 3：○__●○●●○○●
NO 4：○●○●○●__○●
NO 5：__○●○●○●○●
经以上 5次完成黑白棋子移动。
```

图 85-3　n=4 时的移动过程

具体移动规律为：移动次数 k 为 1，3 时，把从 9-2*k 位开始的两个棋子移到空白位处；移动次数 k 为 2，4 时，把从 17-k 位开始的两个棋子移到空白位处；最后第 5 次归位到终止状态。

3．黑白棋子移动程序设计

```
*  黑白棋子移动 f851
set talk off
input "请输入 n:" to n
st=replicate("○",n)+replicate("●",n)+"____"
? " 起始："+st                          && 显示 n 白子与 n 黑子起始状态
for k=1 to n-4
    st=stuff(st,4*(n-k)+5,4,substr(st,2*(n-k)+1,4))
    st=stuff(st,2*(n-k)+1,4,"____")    && 白黑交界处的白黑两子移到空白处
    ? " NO"+str(2*k-1,2)+"："+st
    st=stuff(st,2*(n-k)+1,4,substr(st,4*(n-k)+1,4))
    st=stuff(st,4*(n-k)+1,4,"____")    && 最后的两连续黑子移到空白处
    ? " NO"+str(2*k,2)+"："+st
endfor                                  && 前 10 个位置转化为 n=4 状态
for k=1 to 4
    if k%2=1
       st=stuff(st,18-k,4,substr(st,9-2*k,4))
       st=stuff(st,9-2*k,4,"____")      && 完成 n=4 时的第 1,3 次移动
    else
       st=stuff(st,11-2*k,4,substr(st,17-k,4))
       st=stuff(st,17-k,4,"____")       && 完成 n=4 时的第 2,4 次移动
```

```
        endif
        ? " NO"+str(2*n+k-8,2)+"："+st
    endfor
    st=stuff(st,13,4,substr(st,1,4))
    st=stuff(st,1,4,"____")                 && 第 5 次移动归位到终止状态
    ? " NO"+str(2*n-3,2)+"："+st
    ? " 经以上"+str(2*n-3,2)+"次完成黑白棋子移动。"
    return
```

4．程序运行示例

运行程序，输入 n=7，得 7 对棋子的移动过程如图 85-4 所示。

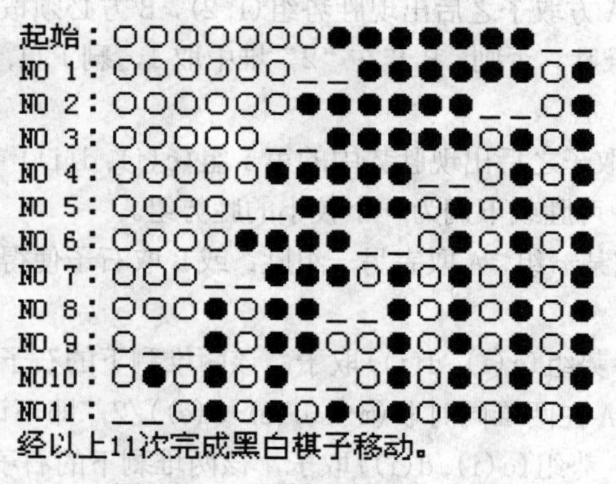

图 85-4　7 对棋子的移动过程

5．说明与变通

为什么当 n>4 时移动转化为 4 对棋子以起始状态而不继续转化为 3 对或 2 对呢？因为对于 n=3 或 n=2 情形难以进行有效的移动转化。

上述程序是对每个棋子为 2 位时设计的。如果用棋子只占 1 位，程序参数应该如何修改？请完成以上的变通。

86　外索夫游戏

1．问题提出

外索夫（Wythoff）游戏是一种取石子游戏。

参与外索夫游戏的 A，B 二人交替地从已有的两堆石子中按下面的规则取石子：可以从某一堆取出若干个石子，数量不限；也可以同时从两堆取石子，要求两堆取出的石

子数相等。每次不能不取，取最后一粒石子者为胜。

设计程序，计算机为一方，操作者为另一方，模拟这一取石子游戏。

2. 设计要点

怎样才能在游戏中取得胜利？对于任何一方，只要在他取完之后出现下面的局势（不妨称为胜势组。括号中的两个数字分别为两堆石子数），可导致胜利：

(1,2),(3,5),(4,7),(6,10),(8,13),...

"胜势组"即著名的Wythoff对，其构成规律是：第一组为(1,2)；第 i（i>1）组中的较小数 c(i)为与前 i-1 组中所有已知数不同的最小正整数，第 i 组中的较大数为 d(i)=c(i)+i（即第 i 组的两堆石子数之差为 i）。

胜势的证明：当 A 方取子之后出现胜势组(1,2)，B 方必须按规则取子。B 若取完某一堆，则 A 取完另一堆胜。否则，B 若在"2"堆中取 1，剩下(1,1)，A 可取完胜。即不管 B 如何取子，都是 A 胜。

一般的，当 A 方取子之后出现胜势中的第 i 组(c(i),d(i))（i>1，d(i)=c(i)+i），无论 B 如何取石子，A 可胜或下调为一个较小的胜势组。

1）对方 B 若取完某一组，A 取完另一组胜；或 B 取石子使得两堆石子数相同，A 则同时取完两堆胜。

2）对方 B 若在胜势组(c(i),d(i))取子，该两堆剩下的石子数为 m，n，e=|m-n|，而 m>c(e),n>d(e),则 A 在两堆同时取(m+n-c(e)-d(e))/2，即下调为第 e 组胜势组。

3）对方 B 若在胜势组(c(i),d(i))取子，该两堆剩下的石子数为 m，n，其中一堆为第 j 个胜势组（j<i）中的一个元素，而另一堆大于第 j 个胜势组中的另一个元素，则在另一堆取子后下调为第 j 个胜势组。

上述胜势的证明即游戏取胜的操作要领。

一般的，对操作者取石子只要作错误提示即可。计算机取石子时，若遇上胜势组，随意取石子应付，等待时机；其他情形则按上述策略下调为胜势组，一步步导致胜利。

为书写简便，记原始两堆石子数用{}括起来，计算机取后两堆石子数用[]括起来，操作者取后两堆石子数用()括起来。

一般来说，先行者有利，他可在第一次取子时转换为胜势组，因而胜率较大。但是也不尽然，若游戏开始时随机产生的两堆石子数即为某一胜势组，先行者不利。

3. 外索夫游戏程序设计

```
*   外索夫游戏  f861
clear
dime c(300),d(300)
c(1)=1
d(1)=2
```

```
for i=2 to 300                  && 计算胜势组待用
for k=c(i-1)+1 to 1000
   t=0
   for j=1 to i-1
       if k=d(j)
         t=1
       endif
   endfor
   if t=0
      c(i)=k
      d(i)=k+i
      exit
   endif
endfor
endfor
 m=int(rand()*50)+10
 n=m+int(rand()*30)             && 随机产生两堆石子数m,n
 ? "第一堆石子数:"+str(m,2)+"    第二堆石子数:"+str(n,2)
 t=int(rand()*1000)
 if t%2=0
    zs=1
    ? "计算机猜得先取."
 else
    zs=0
    ? "操作者猜得先取."
 endif
 ?  "{"+str(m,2)+","+str(n,2)+"}"
 i=1
 do while (m>0 or  n>0)
    if (zs=0 or i>1)
       ? "操作者取石子!"
       input "操作者在第一堆取:" to m1
       input "操作者在第二堆取:" to n1
       if (m1=0 and n1=0)
          ? "必须取石子!"
          loop
       endif
       if (m1>m or  n1>n)
          ? "石子不够,重取!"
          loop
       endif
       if (m1>0 and n1>0 and m1!=n1)
```

```
        ? "违规,重取!"
        loop
      endif
      m=m-m1
      n=n-n1
      ? "->("+str(m,2)+","+str(n,2)+")"
      if (m=0 and n=0)
        ? "全取完,操作者胜!祝贺您!"
        exit
      endif
    endif
    ? "计算机取石子!"
    e=abs(m-n)              && 计算机猜得先取开始处
    do case
        case m=0 and n>0
          m2=0
          n2=n
        case n=0 and m>0
          n2=0
          m2=m
        case m=n
          m2=m
          n2=n
        case m=c(e) and n=d(e) or n=c(e) and m=d(e)
          m2=1
          n2=0
        case m>c(e) and n>c(e)
          m2=(m+n-c(e)-d(e))/2
          n2=m2
        othe
          k=1
          do while k<=e
              do case
                  case m=c(k) and n>d(k)
                    m2=0
                    n2=n-d(k)
                    exit
                  case n=c(k) and m>d(k)
                    n2=0
                    m2=m-d(k)
                    exit
                  case m=d(k) and n>c(k)
```

```
                m2=0
                n2=n-c(k)
                exit
              case n=d(k) and m>c(k)
                n2=0
                m2=m-c(k)
                exit
            endcase
            k=k+1
        enddo
    endcase
    ? "计算机在第一堆取: "+str(m2,2)
    ? "计算机在第二堆取: "+str(n2,2)
    m=m-m2
    n=n-n2
    ? "->["+str(m,2)+","+str(n,2)+"]"
    if (m=0 and n=0)
        ? "全取完,计算机胜!"
        exit
    endif
    i=i+1
enddo
? "再见!欢迎下次再玩。"
return
```

4. 程序运行示例

运行程序，游戏简单进程为：

第一堆石子数:67　　　　第二堆石子数:90

操作者猜得先取。

{67,90}->(67,30)->[49,30]->(9,30)->[9,15]->(2,8)->[2,1]->(1,0)-[0,0]

全取完,计算机胜!

再见!欢迎下次再玩。

十四、多格式万年历——变幻多姿的图表

87　新颖的 p 进制乘法表

1．问题提出

设计十进制九九乘法表是应用程序设计实现表格的基础。本节在改进乘法表设计的基础上，应用程序设计创建一般 p 进制的新颖乘法表。

2．十进制九九乘法表

（1）设计要点

十进制的九九乘法表是一个二维表，通常设置二重循环实现。外循环 k 表示纵列方向的乘数，内循环 j 表示横行方向的乘数，其交叉位置为其乘积 k*j 的值。

（2）常规九九乘法表程序实现

```
* 九九乘法表  f871
? "    *"
for k=1 to 9            && 打印顶行乘数
   ?? str(k,5)
endfor
for k=1 to 9            && 纵列方向的乘数
    ? str(k,5)
    for j=1 to 9        && 横行方向的乘数
       ?? str(k*j,5)
    endfor
endfor
return
```

（3）程序运行结果

运行程序，得十进制乘法表如图 87-1 所示。

3．改进乘法表设计

常规的九九乘法表重复太多，显得不精巧。可对内循环变量 j 的取值范围进行适当精简：把 j（1～9）改进为 j（1～k）。

同时，为使表格显得“稳定”，把横行乘数置于表格的底部。

```
* 改进的九九乘法表  f872
for k=1 to 9            && 纵列方向的乘数
```

```
    ? str(k,5)
    for j=1 to k           && 横行方向的乘数
       ?? str(k*j,5)
    endfor
endfor
? "     *"
for k=1 to 9               && 打印底行乘数
   ?? str(k,5)
endfor
return
```

```
*   1   2   3   4   5   6   7   8   9
1   1   2   3   4   5   6   7   8   9
2   2   4   6   8  10  12  14  16  18
3   3   6   9  12  15  18  21  24  27
4   4   8  12  16  20  24  28  32  36
5   5  10  15  20  25  30  35  40  45
6   6  12  18  24  30  36  42  48  54
7   7  14  21  28  35  42  49  56  63
8   8  16  24  32  40  48  56  64  72
9   9  18  27  36  45  54  63  72  81
```

图 87-1　十进制九九乘法表

运行程序，得改进的三角形九九乘法表如图 87-2 所示。

```
1   1
2   2   4
3   3   6   9
4   4   8  12  16
5   5  10  15  20  25
6   6  12  18  24  30  36
7   7  14  21  28  35  42  49
8   8  16  24  32  40  48  56  64
9   9  18  27  36  45  54  63  72  81
*   1   2   3   4   5   6   7   8   9
```

图 87-2　改进的九九乘法表

4．2-10 进制乘法表

（1）设计要点

p（2～10）进制乘法表可仿九九表设计，外循环 k 取 1，2，…，p-1 为纵列方向的乘数，内循环 j 取 1，2，…，k 为横行方向的乘数，表格的交叉点为乘积 t=k*j 的值。

当 t<p 时，直接输出 t 即可；

当 t≥p 时，输出的两位数必须（应用 int(t/p)*10+t%p）转换为 p 进制输出。

例如在 p=8 进制时，若 t=7*7=49，不能直接输出 49，转换为 8 进制数“61”输出。

（2）2-10 进制乘法表程序设计

```
* p(2—10) 进制乘法表 f873
input [请输入进制 p:] to p
? [  ]+str(p,2)+[进制乘法表:]
for k=1 to p-1                    && 纵列乘数 k
   ?  str(k,5)
   for j=1 to k                   && 横行乘数 j
       t=k*j
       if t<p                     && 分两类打印乘积 t
          ??  str(t,5)
       else
          ??  str(int(t/p)*10+t%p,5)
       endif
    endfor
 endfor
 ? "    *"
for k=1 to p-1              && 打印底行乘数行
   ?? str(k,5)
endfor
return
```

（3）程序运行示例

运行程序，输入 p=8，得八进制乘法表如图 87-3 所示。

```
8进制乘法表:
1    1
2    2    4
3    3    6    11
4    4    10   14   20
5    5    12   17   24   31
6    6    14   22   30   36   44
7    7    16   25   34   43   52   61
*    1    2    3    4    5    6    7
```

图 87-3　八进制乘法表

由该表可知，在八进制中 7*6=52。

5．一般 2-16 进制乘法表

（1）设计要点

当 p 为 16 时，因涉及数字 A、B、C、D、E、F（分别对应数 10、11、12、13、14、15），设置字符串 dst=[0123456789ABCDEF]。

设置两个乘数 k，j 循环，k：1～p-1；j：1～k，两个乘数相乘得积为 t=k*j。

对其乘积 t 分为两类：

t<p 时，乘积只有一位，显示字符串 dst 中的第 t+1 个字符即可；

t≥p 时，乘积为二位，高位为字符串 dst 中的第 int(t/p)+1 个字符，低位为字符串 dst 中的第 t%p+1 个字符。

（2）2-16 进制乘法表程序设计

```
* p 进制乘法表 f874
input [请输入进制 p:] to p
dst=[0123456789ABCDEF]
clear
? [  ]+str(p,2)+[进制乘法表:]
for k=1 to p-1                      && 纵列乘数 k
   ?  [  ]+substr(dst,k+1,1)+[  ]
   for j=1 to k                     && 横行乘数 j
      t=k*j
      if t<p                        && 分两类打印乘积 t
         ??  [  ]+ substr(dst,t+1,1)+[  ]
      else
         ??  [  ]+ substr(dst,int(t/p)+1,1)
         ??  substr(dst,t%p+1,1)+[ ]
      endif
   endfor
endfor
? [  * ]
for k=1 to p-1                  && 打印底行乘数行
   ?? [  ]+substr(dst,k+1,1)+[  ]
endfor
return
```

（3）程序运行示例

运行程序，输入 p=16，得十六进制乘法表如图 87-4 所示。

```
16进制乘法表:
1   1
2   2   4
3   3   6   9
4   4   8   C   10
5   5   A   F   14  19
6   6   C   12  18  1E  24
7   7   E   15  1C  23  2A  31
8   8   10  18  20  28  30  38  40
9   9   12  1B  24  2D  36  3F  48  51
A   A   14  1E  28  32  3C  46  50  5A  64
B   B   16  21  2C  37  42  4D  58  63  6E  79
C   C   18  24  30  3C  48  54  60  6C  78  84  90
D   D   1A  27  34  41  4E  5B  68  75  82  8F  9C  A9
E   E   1C  2A  38  46  54  62  70  7E  8C  9A  A8  B6  C4
F   F   1E  2D  3C  4B  5A  69  78  87  96  A5  B4  C3  D2  E1
*   1   2   3   4   5   6   7   8   9   A   B   C   D   E   F
```

图 87-4　十六进制乘法表

由该表可知，在十六进制中 E*C=A8。

88　多格式万年历

1. 问题提出

年历作为一种特殊的数表，我们已经司空见惯。但要求程序设计选择多规格打印任意指定的 y 年年历，却并非轻而易举。

设计程序实现多规格打印万年历，要求按以下打印规格：每一横排打印 x 个月，整数 x 可选取 1，2，3，4，6 等 5 个选项。

2. 设计思路

设置两个数组：一维 m 数组存放月份的天数，如 m(8)=31，即 8 月份为 31 天。二维 d 数组存放日号，如 d(3,24)=11，即 3 月份第 2 个星期的星期 4 为 11 号，其中 24 分解为十位数字 2 与个位数字 4，巧妙地利用 2 维数组存放 3 维信息。

输入年号 y，m 数组数据通过赋值完成。根据历法规定，平年二月份为 28 天；若年号能被 4 整除且不被 100 整除，或能被 400 整除，该年为闰年，二月份为 29 天，则必须把 m(2) 改为 29。

同时，根据历法，设 y 年元旦是星期 w（取值为 0~6，其中 0 为星期日），整数 w 的计算公式为

$$s = \mathrm{mod}\left(y + \left[\frac{y-1}{4}\right] - \left[\frac{y-1}{100}\right] + \left[\frac{y-1}{400}\right], 7\right)$$

公式中符号[]为取整。元旦以后，每增一天，w 增 1，当 w=7 时改为 w=0 即可。

设置 3 重循环 i，j，k 为 d 数组的 d(i,j*10+k)赋值。i:1～12，表月份号；j:1～6，表每个月约定最多 6 个星期；k:0～6，表星期 k。

从元旦的 a=1 开始，每赋一个元素，a 增 1，同时 w=k+1。当 w=7 时 w=0（为星期日）。当 a>m(i)时，终止第 i 月的赋值操作。

输入格式参数 x(1,2,3,4,6)，设置 4 重循环控制规格打印：

n 循环，n：1～12/x，控制打印 12/x 段（每一段 x 个月）。

j 循环，j：1～6，控制打印每月的 6 个星期（6 行）。

i 循环，i：t～t+x-1，控制打印每行 x 个月（从第 t 个月至 t+x-1 月，t=x(n-1)+1）。

k 循环，k：0～6，控制打印每个星期的 7 天。

为实现年历中各月、各星期与各个日期上下对齐，应用 VFP 的空格函数 space(n)（即 n 个空格）进行调整。

3. 多格式万年历程序设计

```
* 多规格打印万年历 f881
input " 请输入年号: " to y
dime m(12), d(12,67)
for i=1 to 12
for j=1 to 67
    d(i,j)=0
endfor
endfor
store 31 to m(1),m(3),m(5),m(7),m(8),m(10),m(12)
store 30 to m(4),m(6),m(9),m(11)
m(2)=28
if y%4=0 and y%100<>0 or y%400=0      &&  闰年的二月为 29 日
   m(2)=29
endif
w=(y+int((y-1)/4)-int((y-1)/100)+int((y-1)/400))%7    && y 年元旦为星期 W
wst="  日  一  二  三  四  五  六  "
for i = 1 to 12
  a = 1
  for j = 1 to 6
    for k=0 to 6
      do while k<w
         k=k+1
      enddo
      d(i,j*10+k)=a         && 计算 i 月的第 j 个星期的星期 w 的日期为 a
      a=a+1
      w=k+1
      w=iif(w=7,0,w)
      if a>m(i)
         exit
      endif
  endfor
  if a>m(i)
     exit
  endif
endfor
endfor
input " 格式一横排 x 个月,请输入 x(1,2,3,4,6):"  to  x
?  space(16*x-3)+ "====="+str(y,4)+"====="
for n = 1 to 12 / x
  t=x*(n-1)+1
  ? space(4)
```

```
    for z=1 to x
      ?? space(14)+str(t+z-1,2)+"月"+space(13)
    endfor
    ? space(6)
    for z = 1 to x                    &&  按一横排 x 个月格式打印
      ??  wst
    endfor
    for j=1 to 6
     ? space(3)
     for i=t to t+x-1
      ?? space(3)
      for k=0 to 6
       if d(i,j*10+k) = 0          && 空缺日期位置打印空格
          ?? space(4)
       else
          ?? str(d(i,j*10+k),4)   && 打印日期
       endif
      endfor
     endfor
    endfor
  endfor
  return
```

4. 程序运行示例

运行程序，按每横行三个月格式打印 2011 年年历如图 88-1 所示。

```
请输入年号：2011
格式一横排 x 个月，请输入 x(1,2,3,4,6)：3

                              =====2011=====
          1月                           2月                          3月
日  一  二  三  四  五  六     日  一  二  三  四  五  六     日  一  二  三  四  五  六
                         1              1   2   3   4   5              1   2   3   4   5
 2   3   4   5   6   7   8      6   7   8   9  10  11  12      6   7   8   9  10  11  12
 9  10  11  12  13  14  15     13  14  15  16  17  18  19     13  14  15  16  17  18  19
16  17  18  19  20  21  22     20  21  22  23  24  25  26     20  21  22  23  24  25  26
23  24  25  26  27  28  29     27  28                         27  28  29  30  31
30  31
          4月                           5月                          6月
日  一  二  三  四  五  六     日  一  二  三  四  五  六     日  一  二  三  四  五  六
                     1   2      1   2   3   4   5   6   7                  1   2   3   4
 3   4   5   6   7   8   9      8   9  10  11  12  13  14      5   6   7   8   9  10  11
10  11  12  13  14  15  16     15  16  17  18  19  20  21     12  13  14  15  16  17  18
17  18  19  20  21  22  23     22  23  24  25  26  27  28     19  20  21  22  23  24  25
24  25  26  27  28  29  30     29  30  31                     26  27  28  29  30
```

图 88-1　每横行 3 个月格式的 2011 年年历（部分）

89 金字塔图案

1. 问题提出

应用程序设计打印一些简单的图形图案是很有趣味的课题之一。打印金字塔图案是较为基础的图案设计。

本节在打印基本金字塔的基础上，设计打印用不同字符构建的"分层金字塔"图案。

根据图案的形状特点，基本金字塔可分为宽松型、致密型与新颖型等类型。

2. 基本金字塔图案

（1）宽松型金字塔

宽松型金字塔的组成元素是"* "，即一个"*"号后带一个空格，可使得金字塔图案形状显得较为"宽松"。

1）设计要点。由于后一行比前一行多了2个"*"，因而后一行比前一行要少两个空格，这样才能使金字塔正立于不偏不倚。于是设计在第i行前打印2(n-i)个空格控制第i行的起始位置，然后打印第i行的2i-1个"* "。

为了实现打印n行金字塔，设置二重循环：i循环控制金字塔行数，j循环控制每一行打印的"* "的个数。

2）程序设计。

```
*  二重循环构造宽松型金字塔 f891
input "金字塔行数n:" to n
for i=1 to n
   ? space(2*(n-i))                  &&  第i行前打印2(n-i)个空格
   for j=1 to 2*i-1
      ?? "* "                        &&  元素"* "为一个"*"号后带一空格
   endfor
endfor
return
```

3）程序程序示例。运行程序，输入n=7，得7行金字塔图案如图89-1所示。

图89-1　7行宽松型金字塔

（2）致密型金字塔

致密型金字塔构成元素是“*”，一行中任意两个“*”紧密相连，金字塔图案形状显得较为“尖锐”。

1）设计要点。由于“*”之间紧密相连，后一行前导空格数只要比前一行少一个即可。于是设计第 i 行前设置 n-i+1 个空格，使得金字塔保持正立。

设置一重循环完成金字塔的构建：循环 i 控制金字塔的行数，每 i 行的 n-i+1 个前导空格与 2i-1 个“*”均应用重复函数 replicate()控制。这样，程序更为简单。

2）程序实现。

```
*  一重循环构建致密型金字塔 f892
set talk off
input "金字塔行数 n:" to n
for i=1 to n
   ? space(n-i+1)+replicate("*",2*i-1)     && 第 i 行为 2i-1 个紧密“*”
endfor
return
```

3）程序运行示例

运行程序，输入 n=6，得 6 行金字塔图案如图 89-2 所示。

```
     *
    ***
   *****
  *******
 *********
***********
```

图 89-2　6 行致密型金字塔

（3）新颖型金字塔

新颖型金字塔的第 i 行设计 i 个元素“* ”，改变了以上金字塔图案是第 i 行 2i-1 个“*”或“* ”的构造规律。

1）设计要点。应用简便的一重循环实现构建，设置 i 循环控制金字塔每一行，第 i 行由 n-i+1 个前导空格与 i 个“* ”组成。

2）程序实现。

```
*  新颖型金字塔 f893
set talk off
input "金字塔行数 n:" to n
for i=1 to n
   ? space(n-i+10)+replicate("* ",i)      && 第 i 行为 i 个"* "
endfor
return
```

3）程序运行示例。运行程序，输入 n=10，得 10 行金字塔图案如图 89-3 所示。

图 89-3　10 行新颖金字塔

3．分层金字塔

（1）设计要点

在以上新颖金字塔的基础上，设计分层。

所谓分层，即金字塔的外层全部为字符“@”（必要时可改变为其他字符）构建；从外至内的第 2 层全部为字符“*”构建；再往内一层又为字符“@”，依此类推。

为了构建 m 层金字塔，合 n=3m 行。

设置“@”与“*”相间的字符串 st=“@＊@＊@＊@＊@＊@＊@＊@＊@”，每一行从 st 中取若干个字符输出。要注意归纳每一行的 3 或 4 段的元素构成规律。

（2）程序实现

```
*  分层金字塔 f894
input ″ 请确定金字塔层数 m: ″ to m
n=3*m
st=″@＊@＊@＊@＊@＊@＊@＊@＊@″
clear
for i=1 to 2*m
   ? space(n-i+10)
   ?? left(st,i)+right(st,i-1)       && 第 i 行为 i 个″* ″
endfor
for i=2*m+1 to n
   ?  space(n-i+10)
   ?? left(st,6*m-2*i+2)
   ?? repl(subs(st,2*i-2*m-3,2),3*i-6*m-2)
   ?? right(st,6*m-2*i+1)
endfor
return
```

（3）程序运行示例

运行程序，输入 m=4，输出 4 层金字塔如图 89-4 所示。

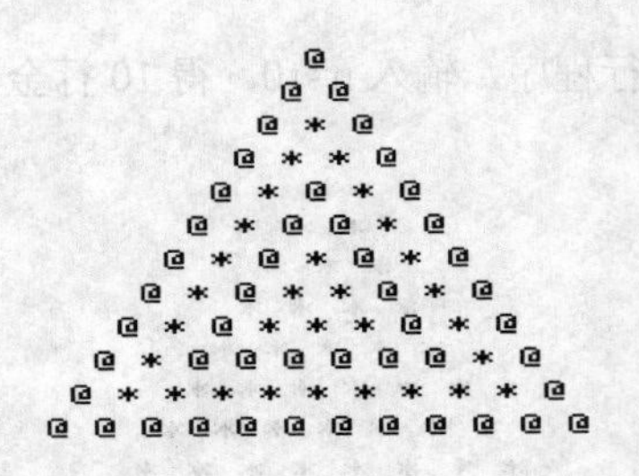

图 89-4　分 4 层金字塔

4．程序变通

若把以上程序中的 i 循环设置

```
for i=1 to n
```

改为

```
for i=n to 1 step -1
```

其他语句不作改动，则打印出倒立的金字塔。

90　带中空金字塔

1．问题提出

设计打印带中空金字塔图案：

1）外层由实体“*”构成，中心套含一个空心金字塔，空心金字塔中又套含一个小的实心金字塔。

2）金字塔的下半部含中空倒立金字塔图案。

2．中心套含金字塔图案

（1）设计要点

分 4 段设计由小变大带中心金字塔图案。第一段是上部 7 行实心部分；第二段是中上部 7 行中心带空部分；第三段是中下部 7 行带中心金字塔部分；第四段是下部 5 行，其中前两行中心空，后三行完成金字塔。

同样，为了控制由小变大的过程，程序中有四个循环上限应用了条件函数 iif()。例如 for i=1 to iif(n<7,n,7)，当 n 从 2 增长到 7 时，即 for i=1 to n，图案随 n 增长；当 n 大于 7 时，即 for i=1 to 7，这一部分图案只为 7 行，不随 n 增长。

（2）中心套含金字塔程序实现

```
* 中心套含金字塔图案 f901
clear
```

```
for n=3 to 26                     &&  控制金字塔由小变大
for j=1 to 7
    ?[]
endfor
for i=1 to iif(n<7,n,7)           &&  显示实心三角形
    ? space(60-i)+replicate("*",2*i-1)
endfor
for i=8 to iif(n<14,n,14)         &&  出现空心随 n 增大而增大
    ?  space(60-i)+replicate("*",7)
    ??  space(2*i-15)+replicate("*",7)
endfor
for i=15 to iif(n<21,n,21)        &&  开始出现中心金字塔
    ?  space(60-i)+replicate("*",7)+space(7)
    ??  replicate("*",2*(i-14)-1)+space(7)+replicate("*",7)
endfor
for i=22 to iif(n<23,n,23)        &&  完成空心三角形
    ?  space(60-i)+replicate("*",7)
    ??  space(2*i-15)+replicate("*",7)
endfor
for i=24 to n                     &&  完成外三角形
    ? space(60-i)+replicate("*",2*i-1)
endfor
wait wind time 0.3                &&  每个图形显示 0.3 秒
if n<26
   clear
endif
endfor
return
```

（3）程序运行示例

运行程序，得由小变大带中心套含金字塔图案如图 90-1 所示。

图 90-1　带中心套含金字塔图案

3. 含中空倒立金字塔

（1）设计要点

含中空倒立金字塔，表现为其大小是变化的，由 m 循环控制。空心金字塔的形态是金字塔的下半部插入一个倒立的空心金字塔。

设置 n 循环控制金字塔由小变大。当 n>(m+1)/2 时出现空心，空心出现在第(m+3)/2 至 n-1 行，因而空心三角形随 n 而延伸。最后一行消除空心。

为了控制图案的增长，用条件函数 iif(n<=(m+1)/2,n,(m+1)/2)来定义循环终值 k，即当 n<=(m+1)/2 时，循环终值 k 取 n，因而随 n 增大；当 n>(m+1)/2 时，循环终值 k 取与 n 无关的(m+1)/2 值，不因 n 的增长而变大。

图案的每一个图应用 wait 命令停留 0.3 秒。打印图案中元素“*”的个数应用重复函数 replicate 控制，replicate("*",2*i-1)为 2*i-1 个“*”号。

（2）程序实现

```
* 含中空倒立金字塔 f902
set talk off
clear
for m=15 to 25 step 2              && 控制金字塔由小变大
for n=0 to m                       && 控制由小变大的过程
   for j=1 to 7
      ?[]
   endfor
   k=iif(n<(m+1)/2,n,(m+1)/2)
   for i=1 to k                        && 控制上部的实心部分由小变大
      ? space(60-i)+replicate("*",2*i-1)
   endfor
   for i=(m+3)/2 to n-1            && 控制空心随 n 增大而增大
      ?  space(60-i)+replicate("*",2*i-m)
      ??  space(2*m-1-2*i)+replicate("*",2*i-m)
   endfor
   if n=m                          && 完成金字塔
      ? space(60-n)+replicate("*",2*n-1)
   endif
   wait wind time 0.3              && 每个图形显示 0.3 秒
   if n<m
      clear
   endif
endfor
endfor
return
```

（3）程序运行示例

运行程序，出现由小变大的空心金字塔，最后图案如图 90-2 所示。

图 90-2　含中空倒立金字塔图案

91　菱形与灯笼图案

1．问题提出

设计程序，打印 n 行上下对称的菱形图案。组成菱形图案的元素可以是“*”，或为指定的其他字符。然后构建分层菱形与菱形上下三角形相对移动的动态图案。

在菱形基础上，打印相对复杂一些的灯笼图案。

2．基本菱形图案

（1）设计要点

一般说来，菱形图案比金字塔要求高一些，关键是绝对值函数的巧妙应用。

菱形图案必须上下对称，因而要求行数 n 为奇数，若为偶数则增 1。设 m=(n+1)/2，因 n 行菱形关于第 m 行上下对称，则 t=|m-i|。

设置 i 循环控制菱形行数，第 i 行前输出 10+2t 个空格，然后输出 2*m-1-2*t 个“* ”。

（2）程序设计

```
* 基本菱形图案 f911
set talk off
clear
input "菱形行数n(奇数):" to n
if mod(n,2)=0              && 确保n为奇数
   n=n+1
endif
```

```
m=(n+1)/2
for i=1 to n
   t=abs(m-i)              && 为实现上下对称，引用绝对值函数
   ? " "
   for j=1 to 2*t+10
   ?? " "                  && 打印行前的空格
   endfor
   for j=1 to 2*(m-t)-1
     ?? "* "               && 打印构造菱形的"* "
   endfor
endfor
return
```

（3）程序运行示例

输入 n=9，得 9 行菱形如图 91-1 所示。

图 91-1　9 行菱形图案

3. 分层菱形图案

（1）设计要点

受以上新颖型金字塔设计启发，应用简便的一重循环实现构建分层菱形图案。

为对称实施方便，设置 st="@＊@＊@＊@＊@＊@＊@＊@＊@＊@"。

设置 i 循环控制金字塔每一行，考虑对称，设置 t=abs(m-i)。第 i 行由 5+2t 个前导空格与 2(m-t)-1 个字符组成。其中前 m-t 个从 st 的左边取，后 m-t-1 个从 st 的右边取。

（2）程序设计

```
* 分层菱形图案设计 f912
set talk off
clear
input "菱形行数 n(奇数):" to n
if n%2=0              && 确保 n 为奇数
   n=n+1
endif
m=(n+1)/2
```

```
st="@   *   @   *   @   *   @   *   @   *   @   *   @"
clear
for i=1 to n
   t=abs(i-m)
   ? space(2*t+5)
   ?? left(st,2*(m-t)-1)+right(st,2*(m-t-1))
endfor
return
```

（3）程序运行示例

输入 n=17，得分层菱形图案如图 91-2 所示。

图 91-2　17 行分层菱形图案

观察程序运行结果，所得菱形图案从内到外层层清晰。

4．层码菱形图案

（1）设计要点

在以上分层菱形设计的基础上，设置多数字分层，可构建层码菱形图案。

分析层码菱形的构建规律，设置引起分层元素为各层的数字，如何打印分层数字是构造分层菱形的关键。

每一行除前置空格外，第 u(u=m-t, t=|i-m|, i=1, 2, …, n)行为 2u 个元素（算上一尾空）。

1）所有偶数位元素为 3 个空格。

2）各行的后半部，第 j 个元素为(2*u-j+1)/2。

3）各行的前半部，第 j 个元素为(j+1)/2。

按以上规律在 j（1～2u）循环中分别输出，构成多分层菱形图案。

（2）程序设计

```
* 动态层码菱形图案设计 f913
```

```
set talk off
clear
for n=5 to 35 step 2            &&  动态从 5 行变大到 35 行
m=(n+1)/2
clear
for i=1 to n                    &&  输出多层菱形的 n 行
   t=abs(i-m)
   ? space(2*t+5)               &&  输出每一行前 2t+5 个格式空格
   u=m-t
   for j=1 to 2*u               &&  接着输出 2u 个字符
         do case
            case j%2=0          &&  各行偶数均为 3 空格
                ?? "   "
            case j>u            &&  输出各行后半部的分层数字
                ?? str((2*u-j+1)/2,1)
            Othe                &&  输出各行前半部的分层数字
              ?? str((j+1)/2,1)
         endcase
   endfor
endfor
wait wind time 0.5
endfor
return
```

（3）程序实现

运行程序，其中一个层码菱形图案如图 91-3 所示。

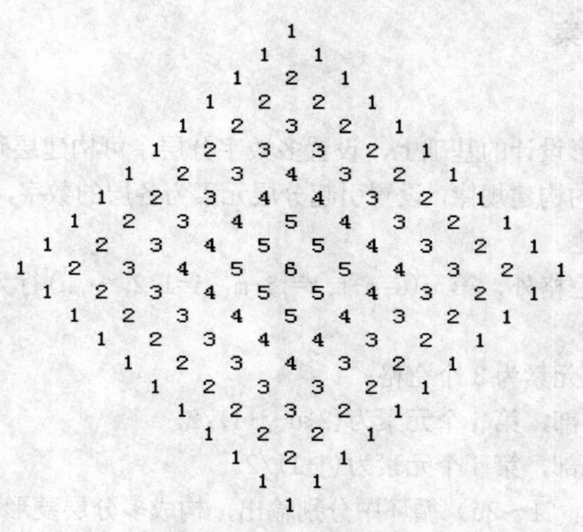

图 91-3　21 行层码菱形图案

4. 数字中空对称菱形

由指定的数字构造一个中空的上下左右对称的数字菱形，要求中空部分也为菱形形状。

（1）设计要点

输入菱形行数（奇数）n，菱形的中间行号为 m=(n+1)/2。设置 i 循环控制每一行。上下对称由绝对值函数实现，左右对称由在对称字符串 st 中对称取字符实现。每行前的空格与中空空格由空格函数控制。

除第 1 行与最后一行外，都有中空部分的空格字符，前后都有对称的数字字符。

（2）程序实现

```
*  数字中空对称菱形 f914
set talk off
input "请输入奇数 n:  " to n
m=(n+1)/2
st="2011.06.23.32.60.1102"             && 前后对称的数字字符串
? " "+str(n,2)+"行数字中空对称菱形:"
for i=1 to n
   t=abs(i-m)
   ? space(2*t+1)+left(st,m-t)         && 最前与最后行只一个字符
   if t<m-1                            && 其他行均加中空与左右对称字符
      ?? space(2*(m-1-t)-1)+right(st,m-t)
   endif
endfor
return
```

（3）程序运行示例

运行程序，输入 n=19，得 19 行数字中空菱形如图 91-4 所示。

```
                    2
                  20 02
                201   102
              2011     1102
            2011.       .1102
          2011.0         0.1102
        2011.06           60.1102
      2011.06.             .60.1102
    2011.06.2               2.60.1102
  2011.06.23                 32.60.1102
    2011.06.2               2.60.1102
      2011.06.             .60.1102
        2011.06           60.1102
          2011.0         0.1102
            2011.       .1102
              2011     1102
                201   102
                  20 02
                    2
```

图 91-4　19 行数字中空对称菱形图案

注意：确保对称字符串长度不小于 m，否则输出的图案不完整。

5. 带转动汉字的灯笼图案

（1）设计要点

灯笼图案表现为上下对称、左右也对称。在灯笼正中有一象征转动的汉字。

灯笼设计 17 行，其中前 7 行与后 7 行用“*”构建，第 1 行中每两个“*”间不空格，第 2 行中每两个“*”间空 1 格，第 3 行中每两个“*”间空 2 格，依此类推，体现灯笼形状。灯笼的最前与最后加上修饰字符。

中间 3 行具有相同宽度，其中的上下两行用“0”构建。

灯笼正中间一行显示汉字“欢度中秋佳节!”，赋值为 cs。每一次显示，汉字前推，象征灯笼旋转。为实现前推，设置字符数组 cc(29)，应用取子串函数 substr(cs,2*k-1,50) 构建 cc(k)。

设置 k 循环显示灯笼图案 29 次，第 k 次显示的汉字为 cc(k)，每次显示停留 0.2 秒。

程序中应用了 VFP 的重复函数 replicate(st,7)（即 st 重复 7 次）。

（2）程序设计

```
* 灯笼图案 f915
set talk off
dime cc(29)
n=17
cs="欢      度      中      秋      佳      节      !      "
cs=replicate(cs,2)
for k=1 to 29                  && 构造字符串数组 cc(k)
   cc(k)=substr(cs,2*k-1,50)
endfor
for k=1 to 29
clear
m=(n+1)/2
? space(3*m+5)+"?"
for i=1 to n
   t=abs(m-i)                 && 应用绝对值函数实现菱形上下对称
   if t<=1
      if t=0
         st=cc(k)             && 中间一行为旋转变化的汉字 cc(k)
      else
         st="0"+space(m-2)    && 中间上下 2 行变用"0"构建
         st=replicate(st,7)
      endif
      st=space(8)+st
   else
```

```
        st="*"+space(m-t-1)     &&  其他行用"*"构建
        st=space(3*t+5)+replicate(st,7)
    endif
    ?  st
endfor
? space(3*m+2)+"|||||||"
wait wind time 0.2
endfor
return
```

（3）程序运行示例

运行程序，得中间汉字不断变化的灯笼图案，其中一幅如图 91-5 所示。

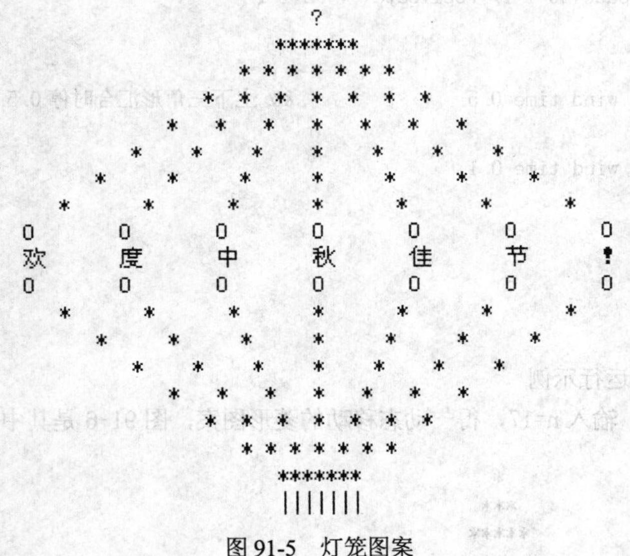

图 91-5　灯笼图案

6. 移动的菱形

菱形的中间行把菱形分为上下对称的两个三角形。要求上下两三角形沿中间行左右移动，移动到两顶端后反向继续移动。

（1）设计要点

上下两三角形形状不变，只是左右移动，可通过改变三角形每一行的前导空格数来实现。设置 t 循环，上下两个三角形的前导空格数一个随 t 增加，另一个随 t 减少。

为了加强移动感，每移动一次，应用 wait 命令停留 0.1 秒。

特别的，当两三角形汇合为一个完整的菱形时，停留 0.5 秒。

（2）上下三角形相对移动的菱形图案设计

```
* 上下三角形相对移动菱形 f916
clear
input "菱形行数 n(奇数):" to n
m=(n+1)/2
for k=1 to 10                           && 约定移动 10 次
for t=2*m-3 to -(2*m-3) step -1         && 设置 t 为移动的步长量
   for i=1 to m-1                           && 上三角形随 t 而变化位置
       ? space(50-i-t)+replicate("*",2*i-1)
   endfor
   ? space(50-m)+replicate("*",2*m-1)  && 显示菱形的固定的中线
   for i=m-1 to 1 step -1                  && 下三角形随 t 而变化位置
       ? space(50-i+t)+replicate("*",2*i-1)
   endfor
   if t=0
      wait wind time 0.5                   && 上下三角形汇合时停 0.5 秒
   else
      wait wind time 0.1
   endif
   clear
endfor
endfor
return
```

（3）程序运行示例

运行程序，输入 n=17，得一动态移动的菱形图案，图 91-6 是其中的一个图案。

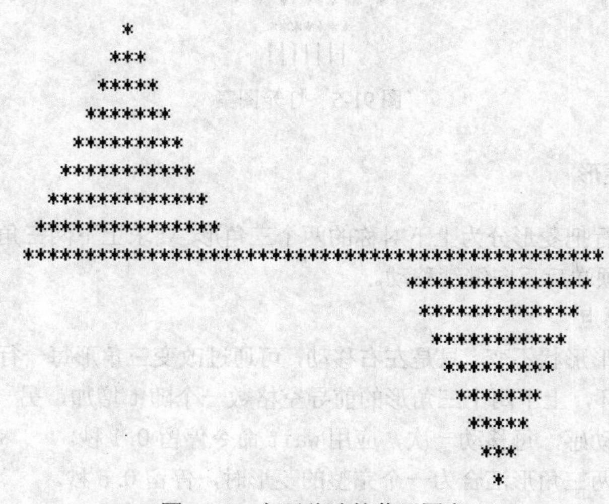

图 91-6　上下移动的菱形图案

92 函数 y=sin(x)/x 图形

1. 问题提出

函数 y=sin(x)/x 有着关于 y 轴对称的优美曲线。试应用字符“@”显示出函数 y=sin(x)/x 的大致图形。

2. 设计要点

注意到当 x→0 时，sin(x)/x→1；而其他点函数的值均小于 1。因而可在 x=0 点设置曲线的最大振幅。

应用 VFP 的格式输出命令画水平轴与纵列轴。设置水平 9 格为一个 π，在 k（-34～34）循环中首先计算 x=k*pi()/9，在第 15-9*sin(x)/x 行，第 42+k 列的位置输出字符“@”，描绘出函数 y=sin(x)/x 的图案。

3. 函数 y=sin(x)/x 图案程序设计

```
* y=sin(x)/x 图像 f921
for x=8 to 76                    && 打印 x 坐标轴
    @ 15,x say [-]
endfor
@ 15,77 say [->]
@ 16,43 say [0]
@ 16,78 say [x]
@ 5,42 say [^]
@ 5,43 say [y]
for y=6 to 20                     && 打印 y 坐标轴
   @ y,42 say [|]
endfor
for k=-34 to 34                   && 打印曲线图案
   if k=0
      @ 15-9,42 say [@]           && 显示原点最大振幅
   else
      x=k*pi()/9
      @ 15-9*sin(x)/x,42+k say [@]
   endif
endfor
return
```

4．程序运行结果

运行程序，得函数图案如图 92-1 所示。

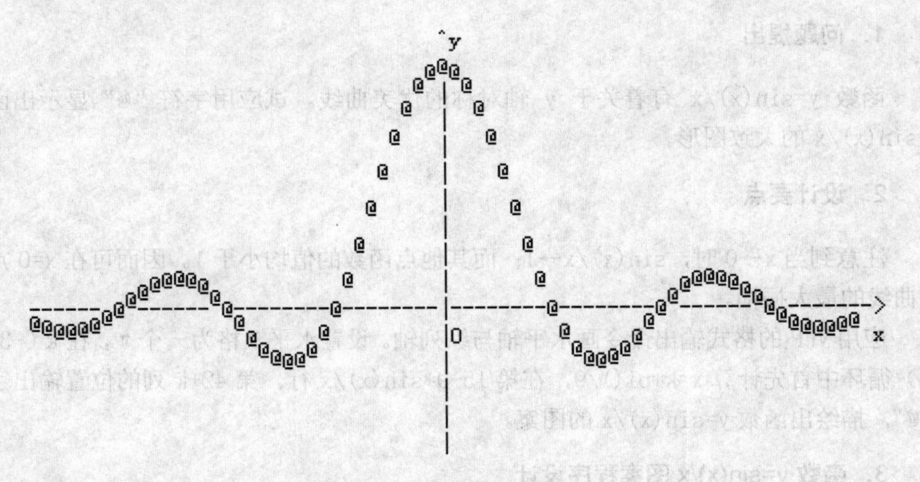

图 92-1　函数 y=sin(x)/x 图案

十五、高斯八皇后——排列组合的精彩

93 排列中的平方数

1．问题提出

给定 7 个数字 2，3，5，6，7，8，9 的全排列，共 7!个 7 位数中有多少个平方数？试求出这些 7 位平方数。

2．设计思路

设排列的 7 位数为 $b=y^2$，显然 y 介于 c=sqrt(2356789)与 d=sqrt(9876532)之间。

设置 y 循环在 c，d 中取值，计算 $b=y^2$，对每一个 b 赋值给 g 后，分离 g 的各个数字分别存储到 f 数组：f(k+1)为数字 k 的个数，k=0，1，2，…，9。

检验 f(k)是否存在大于 1：只要有一个 f(k)>1，说明有重复数字，不满足题意，标记 m=1；否则若所有 f(k)≤1，说明没有重复数字，保持原有 m=0。

对 m=0 且 f(1)+f(2)+f(5)=0（即没有数字 0，1，4）时，输出平方数。

3．程序实现

```
* 数字 2,3,5,6,7,8,9 全排列中的平方数 f931
set talk off
dime f(10)
? ″  数字 2,3,5,6,7,8,9 全排列中的平方数:″
? ″″
c=int(sqrt(2356789))
d=sqrt(9876532)
n=0
for y=c to d
   b=y*y                                && 确保 b 为一个 7 位平方数
   for k=1 to 10
     f(k)=0
   endfor
   g=b
   do while g>0
```

```
      k=g%10
      f(k+1)=f(k+1)+1
      g=int(g/10)
    enddo
    m=0
    for k=1 to 10
      if f(k)>1                         && 测试平方数是否有重复数字
        m=1
        exit
      endif
    endfor
    if (m=0 and f(1)+f(2)+f(5)=0)   && 若不含数字 0,1,4,则输出解
      n=n+1
      ?? str(b)+"="+str(y,4)+"^2"
      if n%3=0
        ? ""
      endif
    endif
  endfor
  ? " 共"+str(n,2)+"个平方数。"
  return
```

4. 程序运行结果

```
数字 2,3,5,6,7,8,9 全排列中的平方数:
   3297856=1816^2  3857296=1964^2  5827396=2414^2
   6385729=2527^2  8567329=2927^2  9572836=3094^2
共 6 个平方数。
```

5. 问题拓展

我们把问题一般化为求从 1～9 这 9 个数字中取 m 个的排列中的平方数。

（1）设计要点

对于输入的 m≤9，计算最小的 m 位数 t，从而确定 y 循环的起始点 c 与终止点 d。最后在检验时通过 f(0)=0 排除数字 0 后输出平方数。

（2）求 9 数字取 m 个排列中的平方数程序设计

```
* 9 数字取 m 个排列中的平方数 f932
dime f(10)
? " 9 数字取 m 个排列中的平方数 :"
input " 请输入整数 m: " to m
n=0
t=1
```

```
for y=1 to m-1
   t=t*10                          && 计算 t 为最小的 m 位数
endfor
c=int(sqrt(t))+1
d=sqrt(10*t)
for y=c to d
   b=y*y                           && 确保 b 为一个 m 位平方数
   for k=1 to 10
     f(k)=0
   endfor
   g=b
   do while g>0
      k=g%10
      f(k+1)=f(k+1)+1
      g=int(g/10)
   enddo
   m=0
   for k=1 to 10
      if f(k)>1                    && 测试平方数是否有重复数字
         m=1
         exit
      endif
   endfor
   if (m=0 and f(1)=0)             && 若不含数字 0 则输出解
      n=n+1
      ?? str(b)+"="+ltrim(str(y))+"^2  "
      if n%3=0
         ? ""
      endif
   endif
endfor
? "  共"+str(n,2)+"个平方数。"
return
```

(3) 程序运行示例

从 1，2，...，9 这 9 个数字中选 m 个排列的平方数：

```
请输入整数 m: 7
1238769=1113^2  1247689=1117^2  1354896=1164^2
1382976=1176^2  1763584=1328^2  2374681=1541^2
2537649=1593^2  3297856=1816^2  3481956=1866^2
3594816=1896^2  3857296=1964^2  4519876=2126^2
5184729=2277^2  5391684=2322^2  5673924=2382^2
```

```
5827396=2414^2  5948721=2439^2  6385729=2527^2
6395841=2529^2  6538249=2557^2  6853924=2618^2
7139584=2672^2  7214596=2686^2  7349521=2711^2
7436529=2727^2  7458361=2731^2  8213956=2866^2
8317456=2884^2  8473921=2911^2  8567329=2927^2
9247681=3041^2  9253764=3042^2  9357481=3059^2
9572836=3094^2  9678321=3111^2  9872164=3142^2
共 36 个平方数。
```

显然这 36 个解中包含有数字 2，3，5，6，7，8，9 全排列中的平方数。

特别的，若输入 m=9，则可输出 1～9 这 9 个数字全排列中的 30 个平方数。

94　实现 A(n,m)与若干复杂排列

1．问题提出

排列组合是组合数学的基础，也是很多实际应用问题求解的钥匙。

从 n 个不同元素中任取 m 个（约定 1≤m≤n），按任意一种次序排成一列，称为排列，其排列种数记为 A(n, m)。

计算 A(n, m)只要简单进行乘运算即可，前面已有介绍。本节通过程序设计展现出基本排列 A(n, m)，进而实现某些复杂排列。

2．穷举实现基本排列 A(n,m)

（1）设计要点

根据输入的正整数 n，m（约定 1≤m≤n），首先需计算穷举下限 m 位数 a=12…m 与上限 m 位数 b=n…(n-m+1)。

在穷举 e 循环中，把 e 转化为字符串 d，应用 VFP 的 at 函数检验长度为 m 的字符串 d 中若含数字 0 则返回；若含 n+1 以上数字则返回；若含 1～n 中的某一数字但其个数超过 1 个则返回（即含 1～n 中的某一数字最多一个）。

余下的 d 为一个 A(n, m)排列，设置变量 c 统计 A(n, m)排列的个数并输出解。

（2）实现 A(n, m)的程序设计

```
*  展现排列 A(n,m) f941
set talk off
clear
input "  请输入 n(n<10): " to n
input "  请输入 m(m<=n): " to m
t=1
a=0
```

```
b=0
for k=1 to m             && 确定m位数的起点a与终点b
    a=a+(m+1-k)*t
    b=b+(n-m+k)*t
    t=t*10
endfor
c=0
? [  从]+str(n,2)+[个中取]+str(m,2)+[个的排列为：]
? []
for e=a to b              && 穷举从a到b的m位数d
    d=str(e,m)
    t=0
    if at([0],d)>0        && 若d中含有0则返回
       loop
    endif
    for k=n+1 to 9        && 若d中含有n+1以上数字则返回
        if at(str(k,1),d)>0
           t=1
           exit
        endif
    endfor
    for k=1 to n          && 若d含1～n中某数字两次以上返回
        if at(str(k,1),d,2)>0
           t=1
           exit
        endif
    endfor
    if t=1
       loop
    endif
    c=c+1                 && 统计解的个数并输出解
    ?? [  ]+d
    if c%10=0
       ? []
    endif
endfor
? "  A("+str(n,1)+","+str(m,1)+")="+ltrim(str(c))
return
```

（3）程序运行示例

运行程序，输入 n=5，m=3，得从 5 个元素取 3 个的排列：

```
123  124  125  132  134  135  142  143  145  152
153  154  213  214  215  231  234  235  241  243
245  251  253  254  312  314  315  321  324  325
341  342  345  351  352  354  412  413  415  421
423  425  431  432  435  451  452  453  512  513
514  521  523  524  531  532  534  541  542  543

A(5,3)=60
```

特别的，当输入 m 与 n 相同时，则输出 n 的全排列。

3．回溯实现基本排列 A(n,m)

（1）设计要点

设置一维 a 数组，a(i)在 1～n 中取值，出现数字相同时返回。

当 i<m 时，还未取 m 个数，i 增 1 后 a(i)=1 继续；

当 i=m 时，输出一个 A(n,m)的排列，并设置变量 s 统计 A(n,m)排列的个数。

当 a(i)<n 时 a(i)增 1 继续。

当 a(i)=n 时回溯或调整。直到 i=1 且 a(1)=n 时结束。

（2）程序设计

```
*  回溯实现排列 A(n,m)  f942
 set talk off
 input "   input n  (n<10): " to n
 input "   input m(1<m<=n): " to m
 dime a(n)
 ? "  "
 s=0
 i=1
 a(i)=1
 do while .t.
    g=1
    for j=1 to i-1
      if  a(j)=a(i)              && 出现相同元素时返回
          g=0
          exit
      endif
    endfor
    if g>0 and i=m
       s=s+1
       for j=1 to m
           ??  str(a(j),1)   && 输出一个排列
       endfor
```

```
      ?? "  "
      if s%10=0
         ? "  "
      endif
   endif
   if g>0 and  i<m
      i=i+1
      a(i)=1
      loop
   endif
   do while a(i)=n and i>1
      i=i-1                    && 回溯到前一个元素
   enddo
   if i=1 and a(i)=n
      exit
   else
      a(i)=a(i)+1
   endif
enddo
 ? "  A("+str(n,1)+","+str(m,1)+")="+ltrim(str(s))
return
```

（3）程序运行示例

运行程序，输入 n=4，m=3，得

```
123   124   132   134   142   143   213   214   231   234
241   243   312   314   321   324   341   342   412   413
421   423   431   432
A(4,3)=24
```

（4）程序变通

注意到组合与元素的顺序无关，约定组合中的元素按升序排序。实际上，从 n 个中取 m 个的组合是从 n 个中取 m 个的排列的一个子集，这个子集中的每一个排列中的数字按升序排序。

因而，把以上程序中“出现相同元素时返回”的条件 a(j)=a(i) 改变为 a(j)>=a(i)，程序输出从 n 个不同元素中取 m（约定 1≤m≤n）个元素的组合。

如果把程序中输出一个排列的语句“ ?? str(a(j),1) ”修改为

```
?? chr(a(j)+96)
```

则输出“a”、“b”、“c”等小写字母组成的排列。

4．实现从 n 个不同元素中取 m 个元素与另 n-m 个相同元素的排列

如何展现从 4 个不同数字 1，2，3，4 中取 2 个数字与另 2 个“0”的排列？

一般地，探讨实现从 n 个不同元素中取 m（约定 1<m≤n）个元素与另外 n-m 个相同元素组成的 n 元排列。

（1）设计要点

设 n 个不同元素为数字 1～n，n-m 个相同元素为 n-m 个数字 0。

设置一维 a 数组，应用回溯法产生由数字 0～n 这 n+1 个元素取 n 个数字组成的 n 元组，检验每一个 n 元组，若非 0 元素（即数字 1～n）有重复时舍去；引入了一个变量 h 来控制 0 的个数，使 h=n-m，余下的即从数字 1～n 中取 m 个不同数字的排列。

设置变量 s 统计排列的个数。

（2）实现复杂排列程序设计

```
* 从n个不同元素中取m个元素与另n-m个相同元素的排列 f943
set talk off
input "  input n  (n<10): " to n
input "  input m(1<m<=n): " to m
dime a(n)
? "  "
s=0
i=1
a(i)=0
do while .t.
   g=1
   for j=i-1 to 1 step -1
     if a(j)>0 and a(j)=a(i)
        g=0                    && 出现相同非零元素时返回
     endif
   endfor
   if g>0 and i=n
      h=0
      for j=1 to n
        if a(j)=0
           h=h+1               && 统计 0 的个数
        endif
      endfor
      if h=n-m
        s=s+1
        for j=1 to n
          ??  str(a(j),1)      && 输出一个排列
        endfor
        ?? "  "
        if s%10=0
          ? "  "
```

```
            endif
         endif
      endif
      if g>0 and  i<n
         i=i+1
         a(i)=0
         loop
      endif
      do while a(i)=n and i>1
         i=i-1                        && 回溯到前一个元素
      enddo
      if i=1 and a(i)=n
         exit
      else
         a(i)=a(i)+1
      endif
   enddo
   ? "   s="+ltrim(str(s))
   Return
```

（3）程序运行示例

运行程序，输入 n=4，m=2，即得

（从 4 个不同元素中取 2 个元素与另 2 个相同元素的排列）

```
0012  0013  0014  0021  0023  0024  0031  0032  0034  0041
0042  0043  0102  0103  0104  0120  0130  0140  0201  0203
0204  0210  0230  0240  0301  0302  0304  0310  0320  0340
0401  0402  0403  0410  0420  0430  1002  1003  1004  1020
1030  1040  1200  1300  1400  2001  2003  2004  2010  2030
2040  2100  2300  2400  3001  3002  3004  3010  3020  3040
3100  3200  3400  4001  4002  4003  4010  4020  4030  4100
4200  4300
 s=72
```

5．实现 n 组每组 r 个相同元素的全排列

用 4 个“1”与 4 个“2”能排列出多少种不同的排列？试展现所有这些排列。

一般地，通过程序设计实现 n 组每组 r 个相同元素的排列。

（1）设计要点

首先，回溯实现 m=r*n 个不同元素 1，2，…，m 的排列。这 m 个整数按 n 取余，即得 n 组，每组 r 个相同元素的排列。

在实施 m=r*n 个不同元素 1，2，…，m 的排列时，不仅出现相同元素返回，同时对 n 同余的整数需保持升序（或降序）。因此当 j<i 时，返回条件设置为：

a(j)=a(i) or a(j)%n=a(i)%n and a(j)>a(i)

（2）程序实现

```
* n组每组r个相同元素的全排列 f944
dime a(1000)
input " input n (2<n): " to n
input " input r (0<r): " to r
? " "
m=r*n
s=0
i=1
a(i)=1
do while .t.
   g=1
   for j=1 to i-1
     if a(j)=a(i) or a(j)%n=a(i)%n and a(j)>a(i)
        g=0                        && 出现相同元素或同余小在后时返回
        exit
     endif
   endfor
   if g>0 and i=m
      s=s+1
      for j=1 to m
         ??  str(a(j)%n+1,1)    && 输出一个排列
      endfor
      ?? "  "
      if s%6=0
         ? " "
      endif
   endif
   if g>0 and  i<m
      i=i+1
      a(i)=1
      loop
   endif
   do while a(i)=m and i>1
      i=i-1                        && 回溯到前一个元素
   enddo
   if a(i)=m
      exit
   else
      a(i)=a(i)+1
```

```
   endif
enddo
?  ″    s=″+ltrim(str(s))
return
```

（3）程序运行示例

运行程序，输入 n=2，r=4，得 4 个“1”与 4 个“2”的排列：

```
21212121   21212112   21212211   21211221   21211212   2121[illegible]122
21221121   21221112   21221211   21222111   21122121   21122112
21122211   21121221   21121212   21121122   21112221   21112212
21112122   21111222   22112121   22112112   22112211   22111221
22111212   22111122   22121121   22121112   22121211   22122111
22211121   22211112   22211211   22212111   22221111   12212121
12212112   12212211   12211221   12211212   12211122   12221121
12221112   12221211   12222111   12122121   12122112   12122211
12121221   12121212   12121122   12112221   12112212   12112122
12111222   11222121   11222112   11222211   11221221   11221212
11221122   11212221   11212212   11212122   11211222   11122221
11122212   11122122   11121222   11112222
 s=70
```

95　实现 C(n,m)与允许重复组合

1．问题提出

从 n 个不同元素中取 m 个（约定 1<m<n）成一组，称为一个组合，其组合种数记为 C(n,m)。

计算 C(n,m)进行乘除运算即可，已在前面有过介绍。这里探讨通过程序设计展现每一种组合。

2．回溯实现 C(n,m)

（1）设计要点

基本组合在前一节排列基础上改变返回条件即可得到。事实上，回溯实现组合 c(n,m)可进一步优化。

回溯法实现从 1～n 这 n 个数中每次取 m 个数的组合，设置 a 数组，i 从 1 开始取值，a(1)从 1 开始到 n 取值。约定 a(1)，...，a(i)，...，a(m)按升序排列，a(i)后有 m-i 个大于 a(i)的元素，其中最大取值为 n，显然 a(i)最多取 n-m+i，即 a(i)回溯的条件是 a(i)=n-m+i。

当 i<m 时，i 增 1，a(i)从 a(i-1)+1 开始取值；直至 i=m 时输出结果。

当 a(i)=n-m+i 时 i=i-1 回溯。

当 i>1 或 a(1)<n-m+i 时，a(i)增 1 取值，否则结束。

（2）回溯实现 C(n,m)程序设计

```
*  实现组合 C(n,m) f951
set talk off
input " input n :" to n
input " input m(m<n) :" to m
dime a(n)
? " "
c=0
i=1
a(1)=1
do  while .t.
   if i=m              &&  已达 m 个元素即输出一个组合
      c=c+1
      for j=1 to m
        ?? str(a(j),1)
      endfor
      ?? " "
      if c%10=0
        ? " "
      endif
   else
      i=i+1
      a(i)=a(i-1)+1    && 新增元素从前一元素增 1 取值
      loop
   endif
   do while a(i)=n-m+i and i>1
      i=i-1            && 调整或回溯
   enddo
   if i>1 or a(1)<n-m+i
      a(i)=a(i)+1      && 元素本身增 1
   else
      exit             && 当 a(1)=n-m+1 时已取完，结束
   endif
enddo
 ? "  C("+str(n,1)+","+str(m,1)+")="+ltrim(str(c))
return
```

（3）程序运行示例

运行程序，输入 n=7，m=3，得在数字 1～7 中取 3 个的组合为：

```
123  124  125  126  127  134  135  136  137  145
146  147  156  157  167  234  235  236  237  245
246  247  256  257  267  345  346  347  356  357
367  456  457  467  567
C(7,3)=35
```

3. 允许重复的组合

从 1～5 中取 3 个允许重复的组合共有多少种？展现出这些组合。

一般地，在 n 个不同的元素中取 m 个允许重复的组合，其组合数为 C(n+m-1,m)，相当于 m 个无区别的球放进 n 个有标志的盒子，每个盒子放的球不加限制的方案数。设计程序，展示这些组合。

（1）设计要点

为实现可重复的组合，约定 1≤a(1)≤a(i)≤a(m)≤n，即按不减顺序排列。在以上回溯实现基本组合基础上作两点修改：

当 i<m 时，i 增 1，a(i)从 a(i-1)开始取值（因为可重复）；直至 i=m 时输出结果。

当 a(i)=n 时 i=i-1 回溯（因为组合的每一位置最大都可以取 n），直至 i=0 时结束。

（2）允许重复组合的程序设计

```
* 从n个元素中取m个允许重复的组合 f952
set talk off
input ″ input n :″ to n
input ″ input m :″ to m
dime a(n)
c=0
i=1
a(1)=1
do  while .t.
  if i<m
     i=i+1
     a(i)=a(i-1)                      && 因允许重复，a(i)从a(i-1)开始取值
     loop
  else
     c=c+1                            && 统计组合的个数
     for j=1  to m
        ?? ltrim(str(a(j)))           && 输出所取m个元素
     endfor
     ?? [  ]
     if c%10=0                        && 控制每一行输出 10 个
        ? []
     endif
   endif
   do  while a(i)=n and i>1           && 因数组下标不能为零而加 i>1
      i=i-1                           && 调整或回溯
   enddo
   if a(1)=n                          && 当a(1)=n时退出循环
```

```
            exit
        else
            a(i)=a(i)+1
        endif
      enddo
      ? "c="+ltrim(str(c))                  && 输出组合的个数
   return
```

（3）运行程序示例

运行程序，输入 n=5，m=3，得

```
111  112  113  114  115  122  123  124  125  133
134  135  144  145  155  222  223  224  225  233
234  235  244  245  255  333  334  335  344  345
355  444  445  455  555
c=35
```

注意：当组合的元素有两位以上时，每一组合中的元素要注意分隔。

96 高斯八后问题

1. 问题提出

在国际象棋中，皇后可以吃掉同行、同列或同一与棋盘边框成 45 度角的斜线上的对方任何棋子，是攻击力最强的棋子。

数学大师高斯（Gauss）于 1850 年由此引申出著名的八皇后问题：在国际象棋的 8×8 方格的棋盘上如何放置 8 个皇后，使得这 8 个皇后不能相互攻击，即任意两个皇后不允许处在同一横排，同一纵列，也不允许处在同一与棋盘边框成 45 度角的斜线上。

高斯当时认为有 76 个解。至 1854 年在柏林的象棋杂志上不同的作者共发表了 40 种不同的解。

设计程序，试求八皇后问题所有不同的解。

2. 穷举求解八后问题

（1）求解思路

高斯八后问题的一个解用一个 8 位数表示，8 位数解的第 k 个数字为 j，表示棋盘上的第 k 行的第 j 格放置一个皇后。

两个皇后不允许处在同一横排，同一纵列，则要求 8 位数中数字 1～8 各出现一次，不能重复。因而解的范围区间应为[12345678，87654321]，且穷举步长为 9（因为解中数字 1～8 各出现一次，该八位数的数字和为 9 的倍数，因而该数也为 9 的倍数）。

应用 VFP 的 at 函数可判别数字 1～8 是否在八位数（字符串 d）中各出现一次，如

at([3],d)=0 表明字符串 d 中没有数字 3。

两个皇后不允许处在同一与棋盘边框成 45 度角的斜线上，要求解的八位数的第 j 个数字与第 k 个数字差的绝对值不等于 j-k（设置 j>k）。

在穷举范围内凡满足以上条件的八位数即一个解，打印输出（每行打印 6 个解），同时用变量 s 统计解的个数。

（2）穷举求解程序设计

```
* 穷举求解高斯八后问题 f961
s=0
? [  高斯八后问题的解为：]
? []
for a=12345678 to 87654321 step 9            && 步长为 9 穷举八位数
   d=str(a,8)
   t=0
   for k=1 to 8                               && 判定不能同行同列
      if at(str(k,1),d)=0
         t=1
         exit
      endif
   endfor
   if t=1
      loop
   endif
   t=0
   for k=1 to 7                               &&  判定不能同处一斜线上
      for j=k+1 to 8
         if abs(val(substr(d,j,1))-val(substr(d,k,1)))=j-k
            t=1
            exit
         endif
      endfor
      if t=1
         exit
      endif
   endfor
   if t=0                                     &&  输出八后问题的解
      s=s+1
      ?? [  ]+d
      if s%6=0
         ? []
      endif
```

Chapter 15

```
    endif
  endfor
  ? [  共有]+str(s,2)+[个解。]
  return
```

(3) 程序运行结果

运行程序，得

```
高斯八后问题的解为：
15863724  16837425  17468253  17582463  24683175  25713864
25741863  26174835  26831475  27368514  27581463  28613574
31758246  35281746  35286471  35714286  35841726  36258174
36271485  36275184  36418572  36428571  36814752  36815724
36824175  37285146  37286415  38471625  41582736  41586372
42586137  42736815  42736851  42751863  42857136  42861357
46152837  46827135  46831752  47185263  47382516  47526138
47531682  48136275  48157263  48531726  51468273  51842736
51863724  52468317  52473861  52617483  52814736  53168247
53172864  53847162  57138642  57142863  57248136  57263148
57263184  57413862  58413627  58417263  61528374  62713584
62714853  63175824  63184275  63185247  63571428  63581427
63724815  63728514  63741825  64158273  64285713  64713528
64718253  68241753  71386425  72418536  72631485  73168524
73825164  74258136  74286135  75316824  82417536  82531746
83162574  84136275
共有92个解。
```

为方便理解，列出其中解 27581463 的图形如图 96-1 所示。

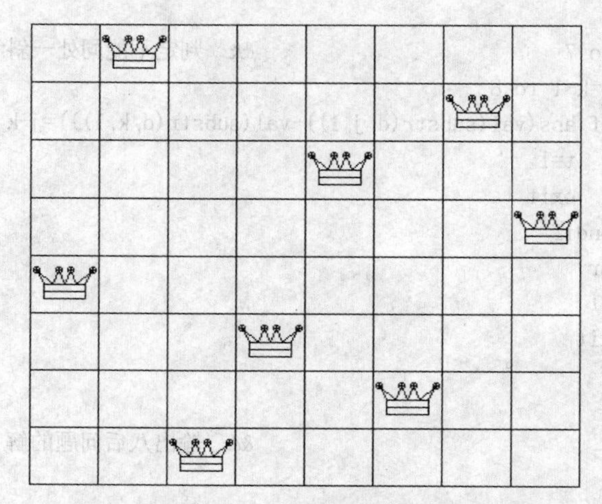

图 96-1　八后解 27581463 图示

穷举法求解程序设计比较简单，但速度较慢。下面应用回溯求解一般的 n 皇后问题。回溯因省略了一些无效操作，求解速度要快一些。

3. 回溯求解 n 皇后问题

（1）设计要点

问题的解空间是由数字 1～n 组成的 n 位整数组，其约束条件是没有相同数字且每两位数字之差不等于其所在位置之差。

设置数组 a(n)，数组元素 a(i)表示第 i 行的皇后位于第 a(i)列。

求 n 皇后问题的一个解，即寻求 a 数组的一组取值，该组取值中每一元素的值互不相同（即没有任两个皇后在同一行同一列），且第 i 个元素与第 k 个元素相差不为|i-k|（即任两个皇后不在同一 45° 角的斜线上）。

首先 a(1)从 1 开始取值。然后从小到大选择一个不同于 a(1)且与 a(1) 相差不为 1 的整数赋给 a(2)。再从小到大选择一个不同于 a(1)，a(2)且与 a(1)相差不为 2，与 a(2)相差不为 1 的整数赋给 a(3)。依此类推，至 a(n)也作了满足要求的赋值，打印该数组即为找到的一个 n 皇后的解。

为了检验 a(i)是否满足上述要求，设置标志变量 g，g 赋初值 1。若不满足上述要求，则 g=0。按以下步骤操作：

令　x=|a(i)-a(k)|　　(k=1，2，…，i-1)

判别：若 x=0 或 x=i-k，则 g=0。

若出现 g=0，则表明 a(i)不满足要求，a(i)调整增 1 后再试，依此类推。

若 i=n 且 g=1，则满足要求，用 s 统计解的个数后，格式打印输出这组解。

若 i<n 且 g=1，表明还不到 n 个数，则下一个 a(i)从 1 开始赋值继续。

若 a(n)=n，则返回前一个数组元素 a(n-1)增 1 赋值（此时，a(n)又从 1 开始）再试。

若 a(n-1)=n，则返回前一个数组元素 a(n-2)增 1 赋值再试。

一般地，若 a(i)=n（i>1），则回溯到前一个数组元素 a(i-1)增 1 赋值再试。

直到 a(1)=n 时，已无法返回，意味着已完成试探，求解结束。

（2）程序实现

```
* 回溯求解n皇后问题 f962
input ″  n=″ to n
dime a(n)
? ″  ″
s=0
i=1
a(1)=1
do while .t.
   g=1
   for j=i-1 to 1 step -1
      x=abs(a(i)-a(j))
      if x=0 or x=i-j
         g=0                    && 相同或同处一对角线上时返回
```

```
            endif
        endfor
        if i=n and g=1              && 满足条件时输出解
           s=s+1
           for j=1 to n
               ?? str(a(j),1)
           endfor
           ?? "  "
           if s%5=0
              ? "  "
           endif
        endif
        if i<n and g=1
            i=i+1
            a(i)=1
            loop
        endif
        do while a(i)=n and i>1
            i=i-1                   && 往前回溯
        enddo
        if i=1 and a(1)=n
           exit
        else
           a(i)=a(i)+1
        endif
   enddo
   ? "  共有"+str(s,2)+"个解。"
   return
```

（3）程序运行示例与说明

运行程序，输入整数 5，得 5 皇后问题的解：

```
13524  14253  24135  25314  31425
35241  41352  42531  52413  53142
共有 10 个解。
```

运行程序若输入 n=8，即输出高斯 8 皇后问题的所有 92 个解。

注意：若 n>10，输出解的数值间需用空格隔开。

*97　皇后控制棋盘问题

1. 问题提出

在 5×5 的棋盘上，如何放置 3 个皇后，才能控制该棋盘的每一个格子而皇后互相之间不能攻击呢？

一般地，在 n×n 的国际象棋棋盘上，如何放置 m 个皇后，可以控制整个棋盘的每一个格子而皇后互相之间不能攻击呢（即任意两个皇后不允许处在同一横排，同一纵列，也不允许处在同一与棋盘边框成 45 度角的斜线上）？

2．穷举求解 3 皇后控制 5×5 棋盘

（1）算法设计

设置穷举 a，b，c，d，e 循环分别表示数字解的第 1，2，3，4，5 位，循环取值为 0～5。这 5 个变量取值组合为字符串 f。

应用 VFP 的 at()函数测试，若 f 中不恰含 2 个 0、或含有 1～5 中某数字 2 个以上、或使皇后同处在 45 度角的斜线上则返回。

在 k 循环中若 h=val(substr(f,k,1))>0，表明在棋盘的第 k 行第 h 列放置一个皇后。为检测 f 是否能全控棋盘，设置一维数组 g(25)并全部置 0，显然下标为 j 的元素 g(j)处在 5*5 格棋盘的第 y=int((j+4)/5)行和第 x=j-int((j-1)/5)*5 列。对每一个 k，循环检测这 25 个元素，若某元素 j 存在 y=k 或 x=h 或 abs(x-h)=abs(y-k)，则 g(j)赋 1，代表该元素 j 所在的格被控制。最后检查 25 格若全为 1，棋盘被全控，则输出数字解 f 并用变量 s 统计解的个数。

（2）穷举求解 3 皇后控制 5×5 棋盘程序设计

```
*  求解 3 个皇后控制 5*5 棋盘 f971
set talk off
dime g(25)
clear
? [  3 个皇后控制 5*5 棋盘的解为：]
? []
s=0
for a=0 to 5                                    && 第一位从 0 到 5 穷举,余类推
for b=0 to 5
for c=0 to 5
for d=0 to 5
for e=0 to 5
    f=str(a,1)+str(b,1)+str(c,1)+str(d,1)+str(e,1)
    if at([0],f,2)=0 or at([0],f,3)>0           && 若 f 中不恰含 2 个 0 则返回
       loop
    endif
    t=0
    for k=1 to 5                                && 若 f 中含有 1～5 中某数字 2 次则返回
        if at(str(k,1),f,2)>0
           t=1
           exit
```

```
      endif
    endfor
    for k=1 to 4                              &&  判定皇后同处在一斜线上则返回
      for j=k+1 to 5
          if val(substr(f,j,1))=0 or val(substr(f,k,1))=0
             loop
          endif
          if abs(val(substr(f,j,1))-val(substr(f,k,1)))=j-k
             t=1
             exit
          endif
      endfor
      if t=1
        exit
      endif
    endfor
    if t=1
      loop
    endif
    for j=1 to 25                             && 棋盘所有 25 格置 0
       g(j)=0
    endfor
    for k=1 to 5
       h=val(substr(f,k,1))
       if  h>0                                &&  皇后放置在第 k 行第 h 列
          for j=1 to 25
              y=int((j+4)/5)
              x=j-int((j-1)/5)*5              && 下标为 j 的元素在棋盘第 y 行第 x 列
              if y=k or x=h or abs(x-h)=abs(y-k)
                 g(j)=1                       &&  皇后控制同行同列与四条对角线各格
              endif
          endfor
       endif
    endfor
    t=0
    for j=1 to 25
        if g(j)=0
           t=1
           exit
        endif
    endfor
    if t=0
```

```
        s=s+1                              && 统计解的个数并输出解
        ?? [  ]+f
        if s%6=0
           ? []
        endif
     endif
  endfor
  endfor
  endfor
  endfor
  endfor
  ? [  共有]+ltrim(str(s))+[个解。]
  Return
```

（3）程序运行结果

运行程序，得

```
3个皇后控制5*5棋盘的解为：
02401   03025   03041   03105   03501   04205
10403   10420   10530   14030   30205   30401
50130   50203   50240   52030
共有16个解。
```

为方便理解，列出其中解 10420 的图形如图 97-1 所示。

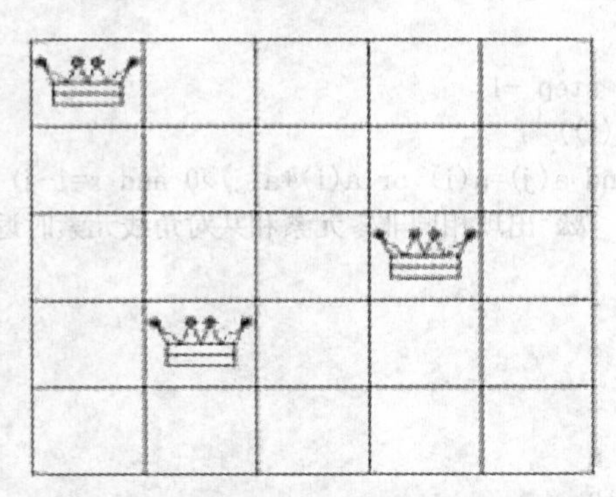

图 97-1　3 皇后控制 5*5 棋盘的一个解图

3. 回溯求解 m 个皇后控制 n×n 棋盘问题

（1）设计要点

m 皇后控制 n×n 棋盘问题比以上的 n 皇后问题求解难度更大些。

采用回溯法探求，设置数组 a(n)，数组元素 a(i)表示第 i 行的皇后位于第 a(i)列，当 a(i)=0 时表示该行没有皇后。

求 m 个皇后控制 n*n 棋盘的一个解，即寻求 a 数组的一组取值，该组取值中 n-m 个元素值为 0，m 个元素的值大于零且互不相同（即没有任两个皇后在同一列），第 i 个元素与第 k 个元素相差不为 abs(i-k)（即任两个皇后不在同一 45 度角的斜线上），且这 m 个元素可控制整个棋盘。

程序的回溯进程同 n 皇后问题设计，所不同的是所有元素从 0 开始取值，且 n 个元素中要确保 n-m 个取 0。

为了检验是否控制整个棋盘，设置二维数组 b(n,n)表示棋盘的每一格，数组的每一个元素置 0。对一个皇后放置 a(f)，其控制的范围的每一个格置 1。所有 m 个皇后控制完成后，检验 b 数组是否全为 1：只要有一个不为 1，即不是全控；若 b 数组所有元素都为 1，棋盘全控，打印输出数字解，同时用变量 s 统计解的个数。

（2）m 皇后控制 n×n 棋盘程序设计

```
* m 皇后控制 n×n 棋盘问题  f972
set talk off
input "   input n  (n<10): " to n
input "   input m(1<m<=n): " to m
dime a(n),b(n,n)
? "  "
s=0
i=1
a(i)=0
do while .t.
   g=1
   for j=i-1 to 1 step -1
     x=abs(a(j)-a(i))
     if (a(j)>0 and a(j)=a(i) or a(i)*a(j)>0 and x=i-j)
        g=0          && 出现相同非零元素和共对角线元素时返回
     endif
   endfor
   if g>0 and i=n
      h=0
      for j=1 to n
         if a(j)=0
            h=h+1                        && 统计 0 的个数
         endif
      endfor
      if h=n-m
         for c=1 to n
         for j=1 to n
            b(c,j)=0
         endfor
         endfor
```

```
        for f=1 to n
            if a(f)!=0
               for c=1 to n
               for j=1 to n
                 if c=f
                    b(c, j)=1          && 控制同行
                 endif
                 if j=a(f)
                    b(c, j)=1          && 控制同列
                 endif
                 if abs(c-f)=abs(j-a(f))
                    b(c, j)=1          && 控制四方向对角线
                 endif
               endfor
               endfor
            endif
        endfor
        t=0
        for c=1 to n
        for j=1 to n
           if b(c, j)=0
              t=1                      && 棋盘中存在某格不能控制，t=1
           endif
        endfor
        endfor
        if t=0                         && 棋盘所有格都能控制输出数字解
           s=s+1
           for j=1 to n
             ??  str(a(j),1)           && 输出一个解
           endfor
           ?? "   "
           if s%5=0
             ? "  "
           endif
        endif
     endif
  endif
  if g>0 and  i<n
     i=i+1
     a(i)=0
     loop
  endif
```

```
    do while a(i)=n and i>1
       i=i-1                                        && 回溯到前一个元素
    enddo
    if i=1 and a(i)=n
       exit
    else
       a(i)=a(i)+1
    endif
 enddo
 ?  "    s="+ltrim(str(s))
 Return
```

（3）程序运行示例

运行程序，输入 n=7，m=4，得 4 皇后控制 7×7 棋盘的解为：

```
0037026    0051062    0250014    0630074    2601500
4100520    4700360    6207300
  s=8
```

4．几点说明

运行程序输入 n=8，m=4，没有解输出，可见对 8×8 格棋盘不可能设置 4 皇后全控，至少要 5 个皇后才能全部控制。

综合 m 个皇后控制 n×n 棋盘（3≤m≤n≤9）的解数如表 97-1 所示。

表 97-1　m 皇后控制 n×n 棋盘（3≤m≤n≤9）的解数

皇后数 m	4×4	5×5	6×6	7×7	8×8	9×9
3	16	16	0	0		
4	2	32	120	8	0	0
5		10	224	1262	728	92
6			4	552	6912	7744
7				40	2456	38732
8					92	10680
9						352

从表各列上端的非零项可知，全控 8×8 或 9×9 棋盘至少要 5 个皇后，全控 6×6 或 7×7 棋盘至少要 4 个皇后。

同时，由表 8×8 列的下端可知，用 8 皇后控制 8×8 棋盘（显然是全控），实际上即高斯八后问题，共有 92 个解。从表中其他各列的下端知 6 皇后问题有 4 个解，而 7 皇后问题有 40 个解，等等。

当输入 m=n 时，即输出 n 皇后问题的解。这就是说，以上设计求解的 m 个皇后控制 n×n 棋盘问题引伸与推广了 n 皇后问题。

最后指出，若 n≥10，为避免解中的二位数与一位数的混淆，输出解时须在两个 a 数组元素之间加空格。

*98　伯努利装错信封问题

1．问题提出

某人给 6 个朋友每人写了一封信，同时写了这 6 个朋友地址的 6 个信封。有多少种投放信笺的方法，使每封信与信封上的收信人都不相符？

这是波兰的一道数学竞赛试题，也是伯努利装错信封问题的一个特例。

伯努利装错信封问题的一般表述：某人写了 n 封信，写了这 n 封信对应的 n 个信封。把所有的信都装错了信封的情况，共有多少种？

这是组合数学中有名的错位问题。著名数学家伯努利（Bernoulli）曾最先考虑此题。后来，欧拉对此题产生了兴趣，称此题是“组合理论的一个妙题”，并独立地解出了此题。

2．设计要点

为叙述方便，把某一元素在自己相应位置（如“2”在第 2 个位置）称为在自然位；某一元素不在自己相应位置称为错位。

事实上，所有全排列分为三类：

1）所有元素都在自然位，实际上只有一个排列。当 n=5 时，即 12345。

2）所有元素都错位。当 n=5 时，如 24513。

3）部分元素在自然位，部分元素错位。当 n=5 时，如 21354。

装错信封问题实际上是求 n 个元素全排列中的“每一元素都错位”子集。

当 n=2 时显然只有一个解：21（“2”不在第 2 个位置且“1”不在第 1 个位置）。

当 n=3 时，有 231，312 两个解。

一般地，可在实现排列程序设计中加上“限制取位”的条件。

设置一维 a 数组，a(i)在 1～n 中取值，出现数字相同 a(j)=a(i)或元素在自然位 j=a(j)时返回（j=1，2，…，n-1）。

当 i<n 时，还未取 n 个数，i 增 1 后 a(i)=1 继续；

当 i=n 且最后一个元素不在自然位 a(n)!=n 时，输出一个错位排列，并设置变量 s 统计错位排列的个数。

当 a(i)<n 时 a(i)增 1 继续。

当a(i)=n时回溯或调整。直到i=1且a(1)=n时结束。

3. 程序实现

```
* 装错信封问题 f981
 set talk off
 input "   input n  (n<10): " to n
 dime a(n)
 ? "  "
 s=0
 i=1
 a(i)=1
 do while .t.
    g=1
    for j=1 to i-1
      if  a(j)=a(i) or j=a(j)       && 出现相同元素或元素在自然位时返回
        g=0
        exit
      endif
    endfor
    if g>0 and i=n and a(n)!=n
       s=s+1
       for j=1 to n
           ??  str(a(j),1)          && 输出一个错位排列
       endfor
       ?? "   "
       if s%5=0
          ? " "
       endif
    endif
    if g>0 and  i<n
      i=i+1
      a(i)=1
      loop
    endif
    do while a(i)=n and i>1
      i=i-1                         && 回溯到前一个元素
    enddo
    if i=1 and a(i)=n
      exit
    else
      a(i)=a(i)+1
```

```
   endif
enddo
 ? "  共有："+ltrim(str(s))
return
```

4．程序运行示例

运行程序，输入 n=5，得

```
21453   21534   23154   23451   23514
24153   24513   24531   25134   25413
25431   31254   31452   31524   34152
34251   34512   34521   35124   35214
35412   35421   41253   41523   41532
43152   43251   43512   43521   45123
45132   45213   45231   51234   51423
51432   53124   53214   53412   53421
54123   54132   54213   54231
共有：44
```

输入 n=6，即得 265 个 6 位错位排列，也是上面所提竞赛题的解。

5．有限制条件的错位问题

部分元素在自然位，部分元素错位的排列问题，往往加上一些特定限制错位的条件。例如，在 1～n 的全排列中，展示偶数在其自然位而奇数全错位的所有排列。

（1）设计要点

在以上程序设计基础上修改两个条件：

1）当 a(j)=a(i) or j%2=0 and a(j)!=j or j%2!=0 and a(j)=j 时，即出现元素相同或偶数错位或奇数在自然位时返回。

2）以上返回不包括 a(n)，因此在输出时加上（n%2=0 and a(n)=n or n%2=1 and a(n)!=n）这一补充条件，确保最后一位输出准确。

（2）程序实现

```
*  有限制条件的错位排列 f982
 set talk off
 input "   input n  (n<10): " to n
 dime a(n)
 ? "   "
 s=0
 i=1
 a(i)=1
 do while .t.
    g=1
    for j=1 to i-1
       if  a(j)=a(i) or j%2=0 and a(j)!=j or j%2!=0 and a(j)=j
```

```
            g=0       &&  出现相同元素或偶数错位或奇数在自然位时返回
            exit
         endif
      endfor
      if g>0 and i=n and (n%2=0 and a(n)=n or n%2=1 and a(n)!=n)
         s=s+1
         for j=1 to n
            ??  str(a(j),1)    && 输出一个排列
         endfor
         ?? "   "
         if s%5=0
            ? "  "
         endif
      endif
      if g>0 and  i<n
         i=i+1
         a(i)=1
         loop
      endif
      do while a(i)=n and i>1
         i=i-1          && 回溯到前一个元素
      enddo
      if i=1 and a(i)=n
         exit
      else
         a(i)=a(i)+1
      endif
enddo
  ? "  共有："+ltrim(str(s))+"个。"
return
```

（3）程序运行示例

运行程序，输入 n=9，得

```
    321476985   321496587   325416987   325476981   325496187
    327416985   327496185   327496581   329416587   329476185
    329476581   521436987   521476983   521496387   527416983
    527436981   527496183   527496381   529416387   529436187
    529476183   529476381   721436985   721496385   721496583
    725416983   725436981   725496183   725496381   729416385
    729416583   729436185   729436581   921436587   921476385
    921476583   925416387   925436187   925476183   925476381
    927416385   927416583   927436185   927436581
    共有：44个。
```

考察输出的解，所有偶数都在自然位，所有奇数都错位。

*99　别出心裁的情侣拍照

1．问题提出

编号分别为 1，2，…，8 的 8 对情侣参加一聚会后拍照。主持人要求这 8 对情侣共 16 人排成一横排，别出心裁规定每对情侣男左女右且不得相邻：编号为 1 的情侣间有 1 个人，编号为 2 的情侣间有 2 个人，…，编号为 8 的情侣间有 8 个人。为避免重复，约定排左端编号小于右端编号。

问所有满足以上要求的不同拍照排队方式共有多少种？输出其中排左端为 1 同时排右端为 8 的排队。

2．设计要点

试对一般 n 对情侣拍照排列进行设计。

例如，n=3 时的一种拍照排队为“231213”。

在 n 组每组 2 个相同元素（相当于 n 对情侣）排列基础上，进行以下改动：

a 数组从 0 取到 2n-1 不重复，对 n 同余的两个数为一对编号：余数为 0 的为 1 号，余数为 1 的为 2 号，…，余数为 n-1 的为 n 号。

例如，n=4，数组元素为 0 与 4，对 4 同余，为一对“1”； 1 与 5 对 4 同余，为一对“2”；一般地， i 与 4+i 对 4 同余，为一对 i+1（i=0，1，2，3）。

返回条件修改为（当 j<i 时）：

```
a(j)=a(i) or a(j)%n=a(i)%n and (a(j)>a(i) or a(j)+2!=i-j)
```

其中 a(j)=a(i)，为使 a 数组的 2n 个元素不重复取值；

a(j)%n=a(i)%n and a(j)>a(i)，避免同一对取余相同的数左边大于右边，导致重复；

a(j)%n=a(i)%n and a(j)+2!=i-j，避免同一对数位置相差不满足题意相间要求。

例如，a(j)=0 时，此时 a(i)=n，为 1 号情侣，位置应相差 2（即中间有 1 人），即 i-j=2。

a(j)=1 时，此时 a(i)=n+1，为 2 号情侣，位置应相差 3（即中间有 2 人），即 i-j=3。

这些都应满足条件 a(j)+2=i-j。如果 a(j)+2!=i-j，不满足要求，返回。

设 m=2n，若满足条件（g>0 and i=m and a(1)%n<a(m)%n），为一个拍照排列，用 s 统计解的个数。

在满足以上条件下若还满足排左端为 1 号同时排右端为 n 号（a(1)=0 and a(m)%n=n-1），则输出解。

3．程序实现

```
* 情侣拍照：编号为 1，2，…n 的 n 对情侣排列 f991
```

```
* 使第i对中恰有i个人，0<i<=n
input " input n (2<n): " to n
? "  "
m=2*n
dime a(m)
s=0
i=1
a(i)=0
do while .t.
   g=1
   for j=1 to i-1
     if a(j)=a(i) or a(j)%n=a(i)%n and (a(j)>a(i) or a(j)+2#i-j)
        g=0                  && 出现相同元素或同余小在后时返回
        exit
     endif
   endfor
   if g>0 and i=m and a(1)%n<a(m)%n
      s=s+1                        && 统计解的个数
      if a(1)=0 and a(m)%n=n-1     && 满足输出解的条件
        for j=1 to m
          ??  str(a(j)%n+1,1)      && 输出一个拍照排列
        endfor
        ?? "  "
      endif
   endif
   if g>0 and  i<m
      i=i+1
      a(i)=0
      loop
   endif
   do while a(i)=m-1 and i>1
      i=i-1              && 回溯到前一个元素
   enddo
   if a(1)=m-1
      exit
   else
      a(i)=a(i)+1
   endif
enddo
? " 共有解 s="+ltrim(str(s))+"个。"
return
```

4．程序运行结果

运行程序，得

```
input n  (2<n): 8
1316738524627548   1317538642572468   1514678542362738
1516478534623728   1516738543627428   1517368534276248
1613758364257248   1713568347526428
共有解 s=150 个。
```

在n=8的共150个解中，只输出排左为1号且排右为8号的8个解。

```
input n  (2<n): 7
14156742352637   15146735423627   15163745326427
16135743625427
共有解 s=26 个。
```

在n=7的共26个解中，只输出排左为1号且排右为7号的4个解。

5．解的讨论

如果输入n为6，没有满足要求的解。

我们可证明n=6时无解。事实上，设12个位置的编号分别为1，2，…，12。

显然这12个编号加起来的和为

S1=1+2+3+4+5+6+7+8+9+10+11+12=78

同时设两个"1"的位置编号为a和a+2；

两个"2"的位置编号为b和b+3；

两个"3"的位置编号为c和c+4；

两个"4"的位置编号为d和d+5；

两个"5"的位置编号为e和e+6；

两个"6"的位置编号为f和f+7；

将12个数的位置编号加起来的和等于

S2=a+(a+2)+b+(b+3)+c+(c+4)+d+(d+5)+e+(e+6)+f+(f+7)

=2(a+b+c+d+e+f)+27

显然S2是一个奇数，与S1是一个偶数矛盾。可见，当n=6时无解。

同理可证，n=5时也无解（此时S2为偶数，S1为奇数）。

一般地，可证明当n%4=1或n%4=2时无解。

*100　德布鲁金环序列

1．问题提出

由2^n个0或1组成的环序列，沿环相连的n个数字（0或1）组成的一个二进制数。在共2^n个二进制数中没有任何一个重复，即2^n个二进制数恰好在环中都出现一次。这个环序列被称作n阶德布鲁金（Debrujin）环序列。

n 阶德布鲁金环序列实际上是一个环排列问题。为构造与序列输出方便，约定 n 阶德布鲁金环序列由 n 个 0 开头。

二阶德布鲁金环序列非常简单，显然只有 0011 这一个解，由 2 个相连数字组成的二进制数依次为 00，01，11，10（因为是环，尾部 0 即开头的 0），共 4 个，每个各出现一次。

三阶德布鲁金环序列也不复杂，约定 000 开头，即第 1，2，3 个数都是 0，第 4 个数字与第 8 个数字显然都为 1（否则会出现 0000 出界）。余下三个数字组合只能为 011，110，101 三种情形。而 00011011 未出现 111，且有 110，011 等重复，显然不满足三阶德布鲁金环序列条件。因而三阶德布鲁金环序列有 00010111 与 00011101 两个解：

解 00010111 中每 3 个相连数字组成的二进制数依次为 000，001，010，101，011，111，110，100（因为是环，尾部 0 即开头的 0，下同），共 8 个，每个各出现一次。

解 00011101 中每 3 个相连数字组成的二进制数依次为 000，001，011，111，110，101，010，100，共 8 个，每个各出现一次。

分析这两个解，事实上是互为顺时针方向与逆时针方向的关系，其中一个解为顺时针方向，另一个解为逆时针方向。

随着阶数的增加，求解德布鲁金环序列难度也相应增大。

2．4 阶德布鲁金环序列求解

求由 16 个 0 或 1 组成的环序列，形成的由每 4 个相连数字组成的 16 个二进制数恰好在环中都出现一次。

4 阶德布鲁金环序列问题可以“编码转动盘”形式提出：一个编码盘分成 16 个相等的扇面，每个扇面上标注 0 或 1，每相邻的 4 个扇面组成的 4 位二进制数，要求共 16 个 4 位二进制输出没有重复。

（1）设计要点

约定序列由 0000 开头，即第 1，2，3，4 个数字均为 0，第 5 个数字与第 16 个数字显然都为 1（否则会出现 00000）。余下 10 个数字应用二进制穷举探求。

分析第 6～15 共 10 个数字组成的二进制数，高位最多 2 个 0（否则出现 0001 或 0000 重复），即循环的初值可定为 m1=2^7。同时，高位最多 3 个 1（否则出现 11111 超界），即循环的终值可定为 m2=2^9+2^8+2^7+2^6。

对区间[m1, m2]中的每一个整数 a（为不影响循环，赋值给 n），通过除以 2 取余转化为二进制数（转化为字符串，长度不足 10 位时高位补 0）c。检验 c 中若恰有 4 个 0（即 c 中恰有 $2^{n-1}-n$ 个 0，其他不符合要求，连同序列开头的 0000 共 8 个 0），则该字符串加上开头 5 位的 00001 与结尾的 1000（因为是环，后加三个 0）形成 c。检验字符串 c 是否满足德布鲁金环序列条件，从头开始往后每取四位赋值给 d 数组，若 d 数组的 16 个元素没有相同的，满足德布鲁金环序列条件，c 作打印输出。

为了更加清楚，随后依次输出这16个4位二进制数相应的十进制数。

设置变量m统计解的个数。

（2）4阶德布鲁金环序列程序设计

```
* 4阶 Debrujin 序列 f001
set talk off
clear
dime d(16)
m=0
m1=int(2^7)
m2=2^9+2^8+2^7+2^6
for a=m1 to m2
    n=a
    c=[]
    do while n>0                    && 正整数a(即n)转化为二进制数c
      c=str(n%2,1)+c
      n=int(n/2)
    enddo
    c=right([000000]+c,10)         && c的长度不足10位时高位补0
    if at([0],c,4)=0 or at([0],c,5)>0      && 检验c中是否有4个零
      loop
    endif
    c=[00001]+c+[1000]              && 字符串c加上首尾字符
    for k=1 to 16                   && 从0000开始组成16个4位二进制数
      d(k)=substr(c,k,4)
    endfor
    k=0
    for i=1 to 15          && 比较16个4位二进制数，若有相同则k=1
      for j=i+1 to 16
          if d(i)=d(j)
            k=1
            exit
          endif
      endfor
      if k=1
        exit
      endif
   endfor
   if k=0                  && 若16个4位二进制数没有相同时输出结果
     m=m+1
     ? [No]+str(m,2)+[:  ]+left(c,16)+[ —]
     for i=1 to 16        && 顺便输出16个4位二进制数对应的十进制数
```

```
            t=1
            s=0
            for  j=4 to 1 step -1
               s=s+val(substr(d(i),j,1))*t
               t=t*2
            endfor
            ?? str(s,3)
         endfor
      endif
   endfor
   return
```

（3）程序运行结果与说明

运行程序，得 4 阶德布鲁金环序列：

```
No 1:  0000100110101111 --  0  1  2  4  9  3  6 13 10  5 11  7 15 14 12  8
No 2:  0000100111101011 --  0  1  2  4  9  3  7 15 14 13 10  5 11  6 12  8
No 3:  0000101001101111 --  0  1  2  5 10  4  9  3  6 13 11  7 15 14 12  8
No 4:  0000101001111011 --  0  1  2  5 10  4  9  3  7 15 14 13 11  6 12  8
No 5:  0000101100111101 --  0  1  2  5 11  6 12  9  3  7 15 14 13 10  4  8
No 6:  0000101101001111 --  0  1  2  5 11  6 13 10  4  9  3  7 15 14 12  8
No 7:  0000101111001101 --  0  1  2  5 11  7 15 14 12  9  3  6 13 10  4  8
No 8:  0000101111010011 --  0  1  2  5 11  7 15 14 13 10  4  9  3  6 12  8
No 9:  0000110010111101 --  0  1  3  6 12  9  2  5 11  7 15 14 13 10  4  8
No10:  0000110100101111 --  0  1  3  6 13 10  4  9  2  5 11  7 15 14 12  8
No11:  0000110101111001 --  0  1  3  6 13 10  5 11  7 15 14 12  9  2  4  8
No12:  0000110111100101 --  0  1  3  6 13 11  7 15 14 12  9  2  5 10  4  8
No13:  0000111100101101 --  0  1  3  7 15 14 12  9  2  5 11  6 13 10  4  8
No14:  0000111101001011 --  0  1  3  7 15 14 13 10  4  9  2  5 11  6 12  8
No15:  0000111101011001 --  0  1  3  7 15 14 13 10  5 11  6 12  9  2  4  8
No16:  0000111101100101 --  0  1  3  7 15 14 13 11  6 12  9  2  5 10  4  8
```

4 阶德布鲁金环序列共有以上 16 个解。

数环形成的由每 4 个数字组成的 16 个二进制数转化为十进制数标注在解的后面，可更清楚地看到这 16 个十进制数恰好各出现一次，没有重复。

分析这 16 个解，事实上可分为 8 组，每组两个解互为顺时针方向与逆时针方向的关系，即其中一个解为顺时针方向，则另一个解为逆时针方向。8 组具体配对为：1—15，2—11，3—16，4—12，5—7，3—13，8—9，10—14。这是与环序列的要求相符的，如果存在一个解没有相应的配对解，这个解的正确性是值得怀疑的。

3．5 阶德布鲁金环序列求解

把以上程序的对数作相应修改，即可求取 5 阶德布鲁金环序列。考虑到 5 阶德布鲁金环序列有 32 个位，其解太多，程序运行时间较长，只要求输出前 3 个解。

（1）5阶德布鲁金环序列穷举程序设计

```
* 5阶 Debrujin 序列 f002
set talk off
clear
dime d(32)
m=0
m1=int(2^21)          && 第7~31共25个数字组成的二进制数中，高位最多3个0
m2=2^24+2^23+2^22+2^21+2^20       && 25个二进制中，高位最多4个1
for a=m1 to m2
    n=a
    c=[]
    do while n>0                       &&  正整数a(即n)转化为二进制数c
       c=str(n%2,1)+c
       n=int(n/2)
    enddo
    c=right([000000]+c,25)
    if at([0],c,11)=0 or at([0],c,12)>0  && 检验c中是否有11个零
      loop
    endif
    c=[000001]+c+[10000]
    for k=1 to 32                      && 从00000开始组成32个5位二进制数
        d(k)=substr(c,k,5)
    endfor
    k=0
    for i=1 to 31                      && 比较32个5位二进制数，若有相同则k=1
        for j=i+1 to 32
            if d(i)=d(j)
               k=1
               exit
            endif
        endfor
        if k=1
           exit
        endif
    endfor
    if k=0                             && 若32个5位二进制数没有相同时输出结果
       m=m+1
       ? [No]+str(m,4)+[:  ]+left(c,32)+[ —]
       ? [  ]
       for i=1 to 32                   && 顺便输出32个5位二进制数对应的十进制数
          t=1
```

```
            s=0
            for  j=5 to 1 step -1
               s=s+val(substr(d(i),j,1))*t
               t=t*2
            endfor
            ?? str(s,3)
         endfor
         if m=3
            return
         endif
      endif
   endfor
   return
```

（2）程序运行结果与说明

运行程序，得 5 阶德布鲁金环序列的前 3 个解如下：

```
No  1:  00000100011001010011101011011111 -
    0  1  2  4  8 17  3  6 12 25 18  5 10 20  9 19  7 14 29 26 21 11 22 13 27 23 15 31 30 28 24 16
No  2:  00000100011001010011101101011111 -
    0  1  2  4  8 17  3  6 12 25 18  5 10 20  9 19  7 14 29 27 22 13 26 21 11 23 15 31 30 28 24 16
No  3:  00000100011001010011111010110111 -
    0  1  2  4  8 17  3  6 12 25 18  5 10 20  9 19  7 15 31 30 29 26 21 11 22 13 27 23 14 28 24 16
```

如果去掉程序中的 if m=3 这一分支结构，可得 5 阶德布鲁金环序列的所有解。

对于求解 6 阶以上的德布鲁金环序列，因位数太多，用以上二进制穷举显然难以实现，需改进算法设计。

附　录

为方便读者程序设计时查阅，下面列出 VFP 语法提要与常用函数。为简单计，没有采用严格的语法定义形式，只是依次列出并作简要说明，仅供查阅参考。

附录 A　VFP 语法提要

1．标识符

命令，函数，语句中字母不分大小写，但字符串中大小写字母是不同字符。

一行只能写一个语句，命令与语句关键词超过 4 个字母时可简写前 4 个字母。

2．常量

数值型常量（N 型），如-235.8，1998。

字符型常量（C 型），如"Foxpro 2.5"，'98 年等级考试'，[OK!]。

逻辑型常量（L 型），共两个：.t.（.T.，.y.，.Y.），.f.（.F.，.n.，.N.）。

日期型常量（D 型），如{^07/21/1998}。

3．变量

变量名以字母开头，由不超过 10 个的字母、数字、下划线组成，大小写字母等效。

变量类型：字段名变量（N，C，D，L，M，F，P），建立表结构时定义。

　　　　　内存变量（系统变量，用户定义的变量；全局变量，局部变量）。

数组：DIMENSION<数组各>（下标上界 1[，下标上界 2]）[，...] 定义数组。数组下标从 1 开始取。

4．表达式

数值表达式：其值为数值。

数值运算符有+、-、*、/、^（乘方，可写为**）%（求余数）。

字符表达式：其值为字符串。

字符运算符有+（直接连接）、-（连接时前字符尾空格后移）。

日期表达式：其值为一个日期量或整数。

<日期量>± <整数>，结果为一个日期量（相差整数天）。

<日期量> - <日期量>，结果为一个整数（相差的天数）。

关系表达式：其值为一个逻辑常量。

关系运算符有=、>、<、>=、<=、<>（#，!=，不等于）。

字符串关系运算还有：=（模糊比较）、==（精确比较）、$（子串比较）。

逻辑表达式：其值为一个逻辑常量。

逻辑运算符有.NOT.（!,非）、.AND.（与）、.OR.（或）。

5. 输入操作

（1）赋值语句

〈变量〉=〈表达式〉

STORE 〈表达式〉 TO 〈变量列表〉

计算表达式的值，把结果赋给指定的变量。

（2）键盘输入语句

INPUT ［提示字符串］ TO 〈变量〉，从键盘输入数据（N，C，L，D）给指定的变量。

ACCEPT ［提示字符串］ TO 〈变量〉，从键盘输入一个字符串给指定的变量。

WAIT ［提示字符串］［ TO 〈变量〉］，从键盘输入一个字符给指定的变量。

6. 输出操作

（1）?/?? 〈表达式〉

输出表达式（必要时先计算）的值。?为换行输出，??为在当前行输出。

（2）@ 行,列 SAY 〈表达式〉

在指定的行列位置输出表达式（先计算）的值。

7. 分支结构

（1）条件判别函数实现分支

IIF(<条件式>,<式 1>,<式 2>)

功能：当条件式为真时，取<式 1>的值，否则，取<式 2>的值。

（2）双分支结构

```
IF 〈条件式〉
   〈语句组 1〉
 [ ELSE
   〈语句组 2〉 ]
END IF
```

功能：条件式成立（为真），则执行语句组 1；否则，执行语句组 2。

应用 IF 嵌套可实现多分支。

（3）多分支结构

```
DO  CASE
CASE <条件式 1>
    <语句组 1>
   CASE <条件式 2>
    <语句组 2>
    ...
[ OTHERWISE
    <语句组 n+1> ]
ENDCASE
```

功能：实现多分支。当条件式 1 为真时，执行语句组 1；否则，当条件式 2 为真时，则执行语句组 2；……；其他情形，执行语句组 n+1。

其中 OTHE 短语可以省略。

8．循环结构

（1）条件循环结构

```
DO WHILE <条件式>
     <循环体>
ENDDO
```

功能：条件式为真，执行循环体；直至条件为假时，脱离循环。

（2）计数循环结构

```
FOR <循环变量>=<初值> TO <终值> [ STEP <步长量> ]
    <循环体>
ENDFOR
```

功能：循环变量取初值，若未超越终值，执行循环体，至 ENDFOR 按步长增值。若仍未超越终值，继续执行循环体至 ENDFOR 增值，直至循环变量的值超越终值，脱离循环。

（3）数据表循环结构

```
SCAN [<范围>] [FOR <条件式 1>] [WHILE<条件式 2>]
     <循环体>
ENDSCAN
```

功能：对当前表（已打开的表）指定范围内满足条件的记录循环操作。

以上三种循环的循环体中执行到分支中的 LOOP 语句，返回设置循环语句；执行到分支中的 EXIT 语句，脱离循环。

9．过程（子程序）结构

（1）过程

过程定义：　　<过程体>

　　　　　　RETURN

过程调用：　　DO <过程名> [WITH <参数表>]

功能：调用指定的过程。若过程中设置有参数（PARA），则带 WITH<实参>调用。执行到过程中的 RETURN 时，返回调用的地方。

通常程序都设计为过程，可供其他过程调用。

（2）程序中的子程序（内部过程）

定义：PROCEDURE <子程序名>

　　　　<子程序体>

　　RETURN

调用：DO <子程序名>

功能：调用程序中的子程序（内部过程）。

可把若干个内部过程组织为一个过程文件，可减少调用过程访问磁盘的次数。

（3）自定义函数

定义：FUNCTION <函数名>

　　[PARAMETERS　<形参表>]

　　　<函数体>

　　RETURN [<表达式>]

调用：通过赋值或? <函数名>(实参) 直接调用函数。

函数中若不带参数，调用时不带参数，但括号()不能省。函数可独立存盘，也可设计在程序（过程）中。

10. 建立与执行程序、调用过程命令

（1）建立与修改程序(过程)

MODIFY COMMAND <程序名>（或过程名）

（2）执行程序

DO <程序名>

（3）调用过程

DO <过程名> [WITH <参数表>]

附录 B　VFP 常用函数

本附录中使用的函数参数具有其英文单词（串）表示的意义，如 nEx 表示参数为数值表达式，cEx 为字符串表达式，lEx 为逻辑型表达式等。

函　　数	功　　能
&	宏代换函数
ABS(nEx)	求绝对值
ACOS(nEx)	返回弧度制余弦值
ALINES(ArrayName, cEx[, lTrim])	字符表达式或备注型字段按行复制到数组
ALLTRIM (cEx)	删除字符串前后空格
ASC(cEx)	取字符串首字符的 ASCII 码值
ASCAN(ArrayName, eEx[, nStartElement[, nElementsSearched]])	数组中找指定表达式
ASIN(nEx)	求反正弦值
ASORT(ArrayName[, nStartElement[, nNumberSorted[, nSortOrder]]])	将数组元素排序
AT(cSearchExpression, cExSearched[, nOccurrence])	求子字符串起始位置
ATAN(nEx)	求反正切值
ATC(cSearchExpression, cExSearched[, nOccurrence])	类似 AT，但不分大小写
ATCLINE(cSearchExpression, cExSearched)	子串行号函数
ATLINE(cSearchExpression, cExSearched)	子串行号函数，但不分大小写
ATN2(nYCoordinate, nXCoordinate)	由坐标值求反正切值
BINTOC(nEx[, nSize])	整型值转换为二进制字符
BITAND(nEx1, nEx2)	返回两个数值按二进制与的结果
BOF([nWorkArea|cTableAlias])	记录指针移动到文件头否
CEILING(nEx)	返回不小于某值的最小整数
CHR(nANSICode)	由 ASCII 码转相应字符
CHRTRAN(cSearchedEx, cSearchEx, cReplacementEx)	替换字符
CHRTRANC(cSearched, cSearchFor, cReplacement)	替换双字节字符，对于单字节等同 CHRTRAN
CMONTH(dEx|tEx)	返回英文月份
COL( )	返回光标所在列
COS(nEx)	返回余弦值
CREATEBINARY(cEx)	转换字符型数据为二进制字符串
CTOBIN(cEx)	二进制字符转换为整型值
CTOD(cEx)	日期字符串转换为字符型

续表

函　数	功　能
CTOT(cCharacterExpression)	从字符表达式返回日期时间
CURDIR( )	返回 DOS 当前目录
DATE([nYear, nMonth, nDay])	返回当前系统日期
DATETIME([nYear, nMonth, nDay[, nHours[, nMinutes[, nSeconds]]]])	返回当前日期时间
DAY(dEx|tEx)	返回日期数
DBF([cTableAlias|nWorkArea])	指定工作区中的表名
DOW(dEx, tEx[, nFirstDayOfWeek])	返回星期几
DTOC(dEx|tEx[, 1])	日期型转字符型
DTOR(nEx)	度转为弧度
DTOS(dEx|tEx)	以 yyyymmdd 格式返回字符串日期
DTOT(dDateEx)	从日期表达式返回日期时间
EOF([nWorkArea|cTableAlias])	记录指针是否在表尾后
ERROR( )	返回错误号
EVALUATE(cEx)	返回表达式的值
EXP(nEx)	返回指数值
FSIZE(cFieldName[, nWorkArea|cTableAlias]|cFileName)	指定字段字节数
FTIME(cFileName)	返回文件最后修改时间
FULLPATH(cFileName1[, nMSDOSPath|cFileName2])	路径函数
GOMONTH(dEx|tEx, nNumberOfMonths)	返回指定月的日期
HOUR(tEx)	返回小时
IIF(lEx, eEx1, eEx2)	IIF 函数，类似于 IF...ENDIF
INKEY([nSeconds][, cHideCursor])	返回所按键的 ASCII 码
INT(nEx)	取整
ISALPHA(cEx)	字符串是否以数字开头
ISBLANK(eEx)	表达式是否空格
ISDIGIT(cEx)	字符串是否以数字开头
LASTKEY( )	取最后按键值
LEFT(cEx, nEx)	取字符串左子串函数
LEFTC(cEx, nEx)	双字节字符串左子串函数

续表

函　　数	功　　能
LEN(cEx)	字符串长度函数
LENC(cEx)	字符串长度函数，用于双字节字符
LIKE(cEx1,cEx2)	字符串包含函数
LIKEC(cEx1,cEx2)	字符串包含函数，用于双字节字符
LINENO([1])	返回从主程序开始的程序执行行数
LOG(nEx)	求自然对数函数
LOG10(nEx)	求常用对数函数
LOWER(cEx)	大写转换小写函数
LTRIM(cEx)	除去字符串前导空格
MAX(eEx1,eEx2[,eEx3...])	求最大值
MDY(dEx|tEx)	返回 month-day-year 格式日期或日期时间
MIN(eEx1,eEx2[,eEx3...])	求最小值函数
MINUTE(tEx)	从日期时间表达式返回分钟
MOD(nDividend,nDivisor)	相除返回余数
MONTH(dEx|tEx)	求月份函数
PI( )	返回 π 常数
RAND([nSeedValue])	生成 0～1 之间一个随机数
RAT(cSearchExpression,cExSearched[,nOccurrence])	返回最后一个子串位置
RATLINE(cSearchExpression,cExSearched)	返回最后行号
RECCOUNT([nWorkArea|cTableAlias])	返回记录个数
RECNO([nWorkArea|cTableAlias])	返回当前记录号
RECSIZE([nWorkArea|cTableAlias])	返回记录长度
RELATION(nRelationNumber[,nWorkArea|cTableAlias])	返回关联表达式
REPLICATE(cEx,nTimes)	返回重复字符串
RIGHT(cEx,nCharacters)	返回字符串的右子串
ROUND(nEx,nDecimalPlaces)	四舍五入
ROW( )	光标行坐标
RTOD(nEx)	弧度转化为角度
RTRIM(cEx)	去掉字符串尾部空格

续表

函　　数	功　　能
SCOLS( )	屏幕列数函数
SEC(tEx)	返回秒
SECONDS( )	返回经过秒数
SIGN(nEx)	符号函数，返回数值 1，－1，或 0
SIN(nEx)	求正弦值
SPACE(nSpaces)	产生空格字符串
SQRT(nEx)	求平方根
STR(nEx[,nLength[,nDecimalPlaces]])	数字型转换成字符型
STRTRAN(cSearched,cSearchFor[,cReplacement][,nStartOccurrence][,nNumberOfOccurrences])	子串替换
STUFF(cEx,nStartReplacement,nCharactersReplaced,cReplacement)	修改字符串
SUBSTR(cEx,nStartPosition[,nCharactersReturned])	求子串
TAN(nEx)	正切函数
TIME([nEx])	返回系统时间
TRANSFORM(eEx[,cFormatCodes])	按格式返回字符串
TRIM(cEx)	去掉字符串尾部空格
TTOC(tEx[,1|2])	将日期时间转换为字符串
TTOD(tEx)	从日期时间返回日期
TXNLEVEL( )	返回当前处理的级数
TXTWIDTH(cEx[,cFontName,nFontSize[,cFontStyle]])	返回字符串表达式的长度
TYPE(cEx)	返回表达式类型
UPDATED( )	用 InteractiveChange 或 ProgrammaticChange 事件来代替
UPPER(cEx)	小写变大写
VAL(cEx)	字符串转换为数字型
YEAR(dEx | tEx)	返回日期型数据的年份

参考文献

[1] 杨克昌．计算机程序设计经典题解．北京：清华大学出版社，2007.

[2] 杨克昌．计算机程序设计典型例题精解（第二版）．长沙：国防科技大学出版社，2003.

[3] 杨克昌等．计算机常用算法与程序设计教程．北京：人民邮电出版社，2008.

[4] 杨克昌等．Visual FoxPro 程序设计教程．长沙：湖南科技出版社，2004.

[5] B.W.Kernighan，P. J. Plauger．晏晓焰编译．程序设计技巧．北京：清华大学出版社，1985.

[6] 何昭青，杨克昌等．Visual FoxPro 程序设计教程．武汉：武汉大学出版社，2007.

[7] 刘卫国．Visual FoxPro 程序设计教程．北京：北京邮电大学出版社，2003.

[8] 杰弗布列茨等著．李礼贤译．IBM BASIC 程序 100 例．北京：电子工业出版社，1986.

[9] 纪有奎，王建新．趣味程序设计 100 例．北京：煤炭工业出版社，1982.

[10] 肖铿，严启平．中外数学名题荟萃．武汉：湖北人民出版社，1994.

[11] 朱禹．大学生趣味程序设计．沈阳：辽宁人民出版社，1985.

[12] 谭浩强．趣味 BASIC 程序集锦．北京：水利电力出版社，1988.